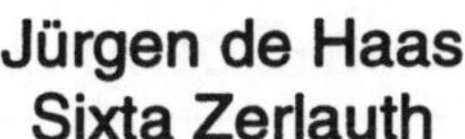

Jürgen de Haas
Sixta Zerlauth

DV-Revision

Zielorientiertes Business-Computing

Herausgegeben von Stephen Fedtke

Die Reihe bietet Entscheidungsträgern und Führungskräften wie Projektleitern, DV-Managern und der Geschäftsleitung wegweisendes Fachwissen, das zeigt, wie neue Technologien dem Unternehmen Vorteile bringen können.

Die Autoren der Reihe sind ausschließlich erfahrene Spezialisten. Der Leser erhält daher gezieltes Know-how aus erster Hand. Die Zielsetzung umfaßt:

- Nutzen neuer Technologien und zukunftsweisende Strategien
- Kostenreduktion und Ausbau von Marktpotentialen
- Verbesserung der Wertschöpfungskette im Unternehmen
- Praxisorientierte und präzise Entscheidungsgrundlagen für das Management
- Kompetente Projektbegleitung und DV-Beratung
- Zeit- und kostenintensive Schulungen verzichtbar werden lassen

Ohne Wenn und Aber kommen die Autoren zur Sache. Das Resultat: Praktische Wegweiser von Profis für Profis. Für diejenigen, die heute anpacken, was morgen bereits Vorteile bringen wird.

Der Herausgeber, Dr. *Stephen Fedtke*, ist Softwareentwickler, Berater und Fachbuchautor. Er gibt, ebenfalls im Verlag Vieweg, die Reihe „Zielorientiertes Software-Development" heraus, in der bereits zahlreiche Titel mit Erfolg publiziert wurden.

Bisher sind erschienen:

Unternehmenserfolg mit EDI
Strategie und Realisierung des elektronischen Datenaustausches
von Markus Deutsch

QM-Handbuch der Softwareentwicklung
Muster und Leitfaden nach DIN ISO 9001
von Dieter Burgartz

Client/Server-Architektur
Organisation und Methodik der Anwendungsentwicklung
von Klaus D. Niemann

DV-Revision
Ordnungsmäßigkeit, Sicherheit und Wirtschaftlichkeit von DV-Systemen
von Jürgen de Haas und Sixta Zerlauth

Jürgen de Haas
Sixta Zerlauth

DV-Revision

Ordnungsmäßigkeit, Sicherheit und Wirtschaftlichkeit von DV-Systemen

Herausgegeben von Stephen Fedtke

Das in diesem Buch enthaltene Programm-Material ist mit keiner Verpflichtung oder Garantie irgendeiner Art verbunden. Die Autoren, der Herausgeber und der Verlag übernehmen infolgedessen keine Verantwortung und werden keine daraus folgende oder sonstige Haftung übernehmen, die auf irgendeine Art aus der Benutzung dieses Programm-Materials oder Teilen davon entsteht.

ISBN 978-3-322-91571-9   ISBN 978-3-322-91570-2 (eBook)
DOI 10.1007/978-3-322-91570-2

Vorwort

Uns allen ist bewußt, daß die DV nun schon seit mehreren Jahrzehnten auf ihrem Siegeszug durch die Instanzen ist. Welcher Teilbereich von Wirtschaft und Verwaltung wäre heute noch in der Lage, ohne sie auszukommen und seine Aufgaben wieder „manuell" zu erledigen? Ebenso bewußt ist uns jedoch, daß im Zusammenhang mit der DV Vorsicht angeraten ist und manche Euphorie genauso schnell wieder verschwunden ist, wie sie entstand.

Die Abhängigkeit von modernen Informations- und Kommunikationsmedien, welche mit dem Fortschreiten der DV verbunden ist, wächst in dem Maße, wie sich Anwender von der DV kontrollieren lassen und nicht umgekehrt. Probleme, die bereits vor Einführung einer automatisierten Lösung bestanden, können durch DV noch verschärft werden. Unregelmäßigkeiten in bestehenden dv-gestützten Informations- und Abrechnungssystemen sind in der Lage, erhebliche Schäden zu verursachen, Manipulationsmöglichkeiten führen zu unkalkulierbaren Risiken. Unterbrechungen und Störungen im laufenden Betrieb werfen Fragen zu Kosten- und Sicherheitsaspekten auf, organisatorische und technische Schwachstellen beinhalten Verluste an Kontrollmöglichkeiten.

Verstöße gegen Anforderungen der Ordnungsmäßigkeit, Sicherheit und Wirtschaftlichkeit beim Betrieb von DV-Systemen können sich in vielen Konsequenzen niederschlagen. Das Unternehmen bewegt sich dabei in einem Umfeld, das von unterschiedlichen externen wie internen Rahmenbedingungen geprägt ist. Von gesetzlichen Vorschriften über technologische Entwicklungen bis zu ablauforganisatorischen Regelungen reicht hier das Spektrum möglicher Einflüsse auf vorhandene oder entstehende DV-Landschaften.

Die DV-Revision, veranlaßt durch externe oder interne Anforderungen, bietet hier wirkungsvolle Unterstützung, indem sie sich all dieser Fragen „prüfend" annimmt. Sie kann Gefahren eines Kontrollverlustes in der DV erkennen helfen und dadurch minimieren sowie ausreichende Handlungsalternativen liefern. In diesem Buch, das sich an Anwender, Hersteller aber auch Prüfer von dv-gestützten Informations- und Abrechnungssystemen richtet, wollen wir die Grundlagen hierfür aufzeigen. Mit Hilfe von „Kochrezepten" und Fallbeispielen aus der Prüfungspraxis werden wir

Hilfestellung dazu leisten, bestehende Anforderungen zu erkennen und sie erfolgreich umzusetzen.

Um zu verhindern, daß Sie sich dabei in einer Vielzahl von Einzelaspekten wie auch internen und externen Anforderungen verlieren, werden wir besonderen Wert auf die Vermittlung der „großen Linie" legen, d.h. auf einen pragmatischen roten Faden, der durch alle wesentlichen Bereiche führt und mithilft, den Überblick zu behalten und alle erforderlichen Aktivitäten richtig einordnen zu können.

In diesem Sinne wünschen wir Ihnen viel Freude bei der Lektüre des Buches und Erfolg bei der Umsetzung unserer Anregungen. Versuchen Sie sich dabei ruhig einmal in einem Rollenspiel. Stellen Sie alle Ihre bisherigen Standpunkte in Frage und versetzen Sie sich in eine neue Lage: Die des hartnäckigen, kritischen aber objektiven „DV-Revisors".

Jürgen de Haas, Sixta Zerlauth   Anzing, im April 1995

Inhaltsverzeichnis

1   DV-Revision – Behinderung oder Chance?

Die uns aus Sicht der DV-Revision sicherlich stark berührende Fragestellung, ob und inwieweit unsere Tätigkeiten von den Betroffenen, den „Geprüften", eher als Behinderung denn als Chance wahrgenommen wird, soll am Anfang unserer Betrachtung in Kapitel 1 stehen.

Wie schon im Vorwort versprochen, werden wir dabei wie auch im folgenden besonderen Wert auf die Vermittlung des „roten Fadens" legen. Um das zu erreichen, werden wir die *Einordnung* eines jeden Kapitels, den Fortgang unserer Überlegungen und ihre *Zusammenhänge* dort jeweils einleitend darstellen. Ein solches Vorgehen soll uns helfen, den Überblick über die Gedankengänge zu bewahren und alle angesprochenen Sachverhalte richtig miteinander in Beziehung setzen zu können.

Bild 1.1:
Einordnung
Kapitel 1

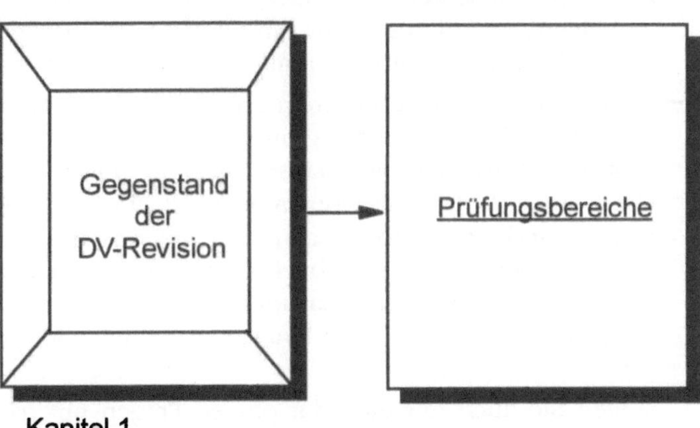

Wir werden uns als Ausgangspunkt aller weiteren Überlegungen im ersten Kapitel zunächst einmal vorrangig mit dem *Gegenstand* der DV-Revision und den wesentlichen *Prüfungsbereichen* befassen (siehe Bild 1.1). Im Zusammenhang damit setzen wir uns auch mit den beteiligten Akteuren und Interessengruppen auseinander und diskutieren ihre möglichen Zielsetzungen und deren Hintergründe.

          ## Von der Entwicklung zur Produktion: DV als Prüfungsobjekt

Läuft Ihre DV im wesentlichen störungsfrei und ohne Probleme? Gibt es in Ihrem Hause eigentlich keinen Anlaß, die DV zu prüfen? Sind letztlich noch nie ernsthafte Schwierigkeiten aufgetreten oder konnten Probleme schnell wieder bereinigt werden? Ist somit eigentlich eine Prüfung für Sie oder Ihr Haus überwiegend eine lästige Behinderung der Tagesarbeit? Ist der Prüfer eine Person, die Sie nur von der Arbeit abhält?

Solche oder ähnliche Fragestellungen ergeben sich nach unserer Erfahrung immer dann, wenn die Durchführung einer DV-Prüfung ein relativ neues Ereignis für ein Unternehmen und seine Mitarbeiter darstellt und kein akuter Anlaß für eine Prüfung vorliegt. Bisher erfolgte vielleicht noch nie eine Prüfung und nun soll sich dieses aus welchen Gründen auch immer ändern – die Hürde des Umdenkens ist in einer solchen Anfangsphase höher als man glaubt. Die DV als Prüfungsobjekt: Nein, kein Anlaß, kein Bedarf.

Selbst wenn in der Vergangenheit schon bei verschiedenen Anlässen leichte Zweifel an der Richtigkeit aller Ergebnisse rund um die DV aufgekommen sein sollten: das Tagesgeschäft und seine Sachzwänge haben dazu beigetragen, dieses Thema und damit verbundene unbequeme Erkenntnisse oder Entscheidungen immer wieder zu verdrängen.

Auch *Ihre* DV ist Prüfungsobjekt

Aber wofür setzen Sie in Ihrem Hause DV ein? Haben Sie nur ein paar PCs mit Standardsoftware oder größere Anlagen oder gar ein ganzes Rechenzentrum? Wird in Ihrem Hause Software selbst entwickelt, verfügen Sie über eine DV-Organisations-Abteilung? Wird Ihr Rechnungswesen mit Finanz- und Anlagenbuchhaltung sowie Kostenrechnung über DV abgewickelt, ebenso Ihre Lohnbuchhaltung? Hat sich mit diesen Themen Ihr Steuerberater oder Wirtschaftsprüfer bereits einmal befaßt, erwarten Sie möglicherweise Fragen der Finanzverwaltung oder Sozialversicherungsträger?

Sollten Sie auch nur eine der obigen Fragen mit „ja" beantwortet haben, können Sie davon ausgehen, daß auch Ihre DV jederzeit zum Prüfungsobjekt werden kann und vielleicht auch werden sollte. Die im Bereich der Hard- und Software gebundenen Mittel, die Tätigkeiten Ihrer Mitarbeiter und Kollegen in diesem Umfeld, die essentielle Bedeutung der DV für Ihr Unternehmen, all das allein sollte bereits genügen, die DV als Prüfungsobjekt einzustufen und die Notwendigkeit hiervon zu erkennen.

Trotz aller Vorbehalte und anderer Prioritäten, solange sich noch keine ernsthaften Probleme abzeichnen: Die DV von der Entwicklung bis zur Produktion mit allen zugehörigen Bereichen als Prüfungsobjekt einzustufen, bedeutet vorausschauend zu handeln und bereits im Vorfeld möglicher Schwierigkeiten vorbeugend tätig zu werden. „Klar sieht, wer aus der Ferne schaut, nebelhaft wer Anteil nimmt (Laotse)", gilt sicher uneingeschränkt auch in diesem Fall, und zwar nicht nur für den Prüfer. Anforderungen und Risiken der DV frühzeitig zu erkennen und diesen in geeigneter Weise zu begegnen, gehört zu den wesentlichen Aufgaben der DV-Revision.

Sofern wir das einmal erkannt haben, können wir den *Gegenstand* der DV-Revision oder synonym DV-Prüfung im vorliegenden Buch in einem ersten Schritt genauer abgrenzen.

DV als System verstehen

Wir werden im folgenden häufig den Begriff „System" gebrauchen, wenn wir die DV oder Teilbereiche im Unternehmen betrachten. Der Begriff wird in der Literatur recht unterschiedlich verwendet, wobei wir uns hier der allgemeinsten Definition anschließen. Demnach bestehen Systeme aus Elementen (Objekten, Komponenten, Bausteinen) mit Eigenschaften (Attributen), die durch Beziehungen (Zusammenhänge, Relationen, Schnittstellen) miteinander verknüpft sind [1].

So betrachtet ist das gesamte Unternehmen ein System, die DV hiervon lediglich ein Subsystem. Dieses Subsystem DV als Gegenstand der DV-Revision ist in Bild 1.2 mit seinen für uns wesentlichen Elementen dargestellt.

Kernbereich unserer Untersuchungen sind die dv-gestützten Informations- und Abrechnungssysteme, die letztlich aus Hardware- und Software-Komponenten bestehen. Hieraus wird ersichtlich, daß wir uns im folgenden überwiegend, auch in unseren Fallbeispielen, mit der kaufmännischen, d.h. kommerziellen DV beschäftigen werden. Wir möchten aber darauf hinweisen, daß alle Erkenntnisse und Anforderungen, die wir noch ableiten werden, im wesentlichen auch für technisch-wissenschaftliche DV gelten, die jedoch hier nicht im Vordergrund steht.

Was prüft die DV-Revision?

Dv-gestützte Informations- und Abrechnungssysteme bilden zwar den Kern der DV aus unserer Sicht, sind aber keinesfalls der alleinige Gegenstand der DV-Revision. Im Zusammenhang mit dem Betrieb dieses Kernbereichs sind weiterhin zu betrachten:

⇨ DV-Organisation,
⇨ DV-Entwicklung,
⇨ DV-Produktion sowie die
⇨ DV-Anwender.

Mit diesen Komponenten haben wir das System „DV" als Teilbereich des Unternehmens vollständig definiert. Wenn wir noch die ebenfalls in Bild 1.2 dargestellten Schnittstellen der DV zum übrigen, manuellen Informations- und Verarbeitungssystem des Unternehmens einbeziehen, haben wir den gesamten Gegenstand der DV-Revision aus unserer Sicht erfaßt und abgegrenzt.

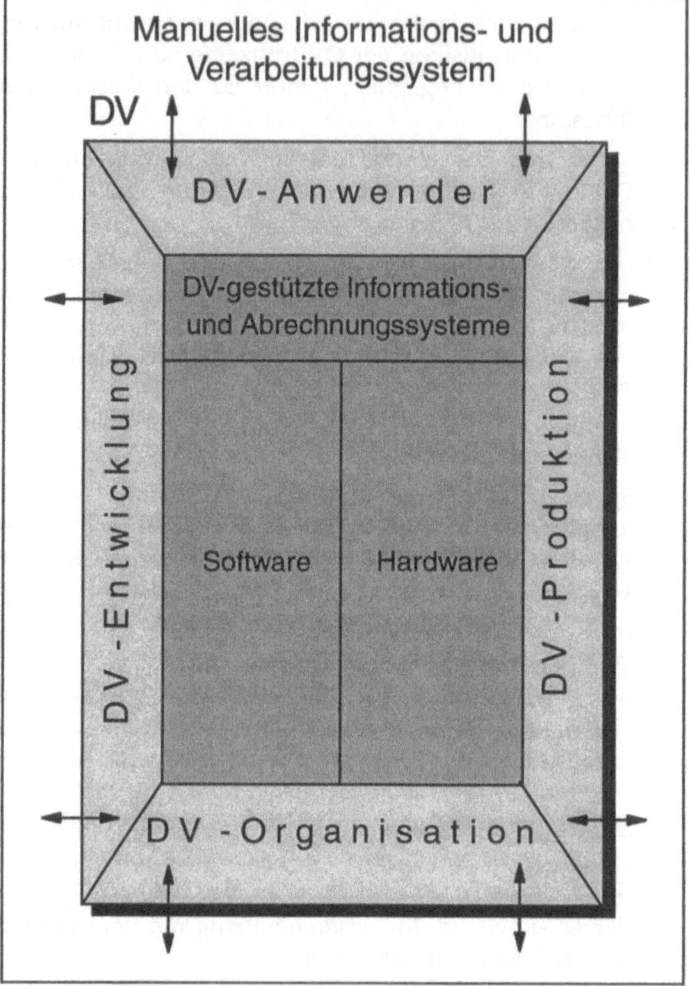

Bild 1.2: Gegenstand der DV-Revision

Klar wird bei dieser Definition, daß wir das Gesamtsystem als Prüfungsobjekt vor Augen haben, welches auch in seiner Gesamtheit und nicht nur in Teilbereichen unseren Anforderungen genügen muß.

Das gesamte System ist aus Prüfungssicht nur so gut wie sein schwächstes Glied.

Deshalb muß der ganzheitlichen Betrachtungsweise zunächst der Vorrang gegeben werden. Eine solche Betrachtungsweise erscheint uns wesentlich, wenn im folgenden der Schwerpunkt nicht auf Spezialfragen gelegt wird, die sicherlich auch ihre Berechtigung im Zusammenhang mit der Prüfung der DV haben. Dies ist z.B. der Fall, wenn sich im PC-Bereich die Frage nach der Virensicherheit von Windows-Anwendungen oder der Zugangssicherheit bei Novell-Netzen stellt – Sachverhalte, die bei Prüfung eines konkreten dv-gestützten Informations- und Abrechnungssystems durchaus zu berücksichtigen sind.

Die DV als Prüfungsobjekt von der Entwicklung bis zur Produktion zu verstehen, beinhaltet demgegenüber eine überwiegend ganzheitliche Betrachtungsweise – Spezialfragen sind für uns so gesehen erst von sekundärer Bedeutung.

1.2   Ordnungsmäßigkeit oder Wirtschaftlichkeit?

Die Bereiche der DV-Revision

Nachdem wir im vorigen Kapitel als ersten Schritt den Gegenstand der DV-Revision abgegrenzt haben, stellt sich die Frage, welche Bereiche von unserer Prüfung weiterhin erfaßt werden.

Vielleicht ist es uns nicht immer bewußt, doch die DV unterliegt direkt oder indirekt verschiedensten gesetzlichen Regelungen.

Aufzuführen sind hier zunächst die bekannteren Anforderungen gemäß

⇨ Bundesdatenschutzgesetz (BDSG): Schutz personenbezogener Daten [2],

⇨ Betriebsverfassungsgesetz (BVG): Mitbestimmungsrechte des Betriebsrates [3],

die sich direkt auf Sachverhalte und Verfahrensweisen im Rahmen der Unternehmens-DV beziehen. Weniger bekannt ist demgegenüber, daß auch Rechtsvorschriften z.B. im Bereich von

⇨ Vergleichsordnung (VerglO) [4],

⇨ Strafgesetzbuch (StGB) [5] und

⇨ Gesetz gegen den unlauteren Wettbewerb (UWG) [6]

bestehen, die mit der DV direkt oder indirekt in Zusammenhang gebracht werden können, so z.B. in Verbindung mit der Vorlegung von Urkunden und Geschäftsbüchern (BGB, ZPO, VerglO, StGB) oder dem Sachverhalt der Computersabotage (StGB).

Handels- und steuerrechtliche Anforderungen

Wenn wir uns mit der Anwendung oder Ableitung gesetzlicher Regelungen in Hinblick auf die DV beschäftigen (siehe Kapitel 2), werden wir darunter insbesondere handelsrechtliche und steuerrechtliche Regelungen gemäß

⇨ Handelsgesetzbuch (HGB) [7] und

⇨ Abgabenordnung (AO) [8]

verstehen, die für uns im Rahmen der DV-Revision von zentraler Bedeutung sind.

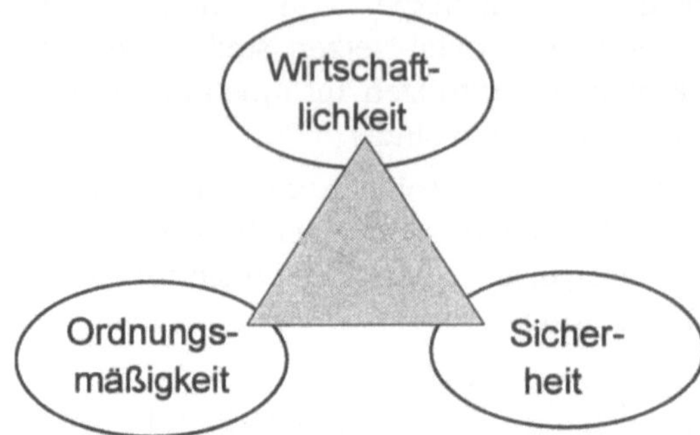

Genügt die DV insbesondere diesen letzteren Regelungen und daraus abgeleiteten Anforderungen, verwenden wir hierfür den Begriff der

Ordnungsmäßigkeit,

womit wir auch die Prüfung der Ordnungsmäßigkeit der DV als ersten Bereich der DV-Revision definieren. Nach Darstellung der gesetzlichen Grundlagen für die Anforderungen der Ordnungsmäßigkeit in Kapitel 2 werden wir in Kapitel 4 die Werkzeuge zur Prüfung und in Kapitel 5 die Rahmenbedingungen zur Sicherstellung der ordnungsmäßigen DV kennenlernen.

Weitere Anforderungen, die an die DV gestellt werden müssen, können sicherlich indirekt auch mit gesetzlichen Regelungen in Verbindung gebracht werden, entspringen aber eher den eigenen Bedürfnissen des Unternehmens.

Wenn Sie hier die Anforderungen betrachten, Ihr Unternehmen und seine DV vor

⇨ Unterbrechungen,
⇨ Fehlern,
⇨ Unregelmäßigkeiten,
⇨ Manipulationen,
⇨ kriminellen Handlungen usw.

zu schützen, sind dies ureigene Bestrebungen, ohne daß externe Regelungen und Vorschriften greifen müssen.

Sämtliche aufgezählte Sachverhalte laufen letztlich darauf hinaus, daß das Unternehmen Schutzmaßnahmen zu seiner

Sicherheit

ergreifen muß, die auch tief in die DV hineinreichen.

Die Prüfung der Sicherheit der DV können wir damit als den zweiten Bereich der DV-Revision definieren. Auch hinsichtlich dieses Bereiches werden wir in Kapitel 4 die Werkzeuge zur Prüfung und in Kapitel 5 die Rahmenbedingungen der sicheren DV kennenlernen.

Ökonomische Rahmenbedingungen

Der dritte und letzte Bereich, den wir in diesem Buch der DV-Revision zuordnen wollen, entspricht ebenfalls weniger gesetzlichen Regelungen als vielmehr einem ureigenen Bestreben des Unternehmens, nämlich dem nach wirtschaftlichem Handeln.

Für privatwirtschaftliche wie auch öffentlich-rechtliche Unternehmen gilt letztlich das Gebot des wirtschaftlichen Handelns, das sich in der Einhaltung des „ökonomischen Prinzips" niederschlagen muß. Dieses auf die Wirtschaft übertragene Vernunftprinzip, nach dem ein bestimmtes Ziel mit einem möglichst geringen Ierreicht werden muß, ist in unserem Zusammenhang in seiner Ausprägung als „Sparprinzip" von Bedeutung.

Hiervon abgeleitet ist ein gegebener Nutzen der DV, den wir auf Basis einer Kosten- oder Aufwands-/Nutzenrechnung zu ermitteln haben, mit dem geringstmöglichen Aufwand zu erreichen. Auf diese Weise quantifizieren wir die

Wirtschaftlichkeit

der DV und definieren diese als den dritten Bereich, den die DV-Revision umfassen muß. Mit der Wirtschaftlichkeit als Prüfungsobjekt werden wir uns genauer im Kapitel 7 dieses Buches befassen.

Welcher ist aber der wichtigste und welcher der am wenigsten wichtige Bereich der hier angesprochenen aus der Sicht unseres Unternehmens? Ist der am wenigsten wichtige Bereich die Ordnungsmäßigkeit, weil doch sicherlich die Wirtschaftlichkeit in der Reihenfolge am weitesten vorne steht? Lassen Sie uns versuchen, diese Frage zumindest tendenziell anhand unserer Darstellung in Bild 1.4 zu beantworten.

Die Beantwortung steht in Zusammenhang mit einer bei unseren Prüfungen immer wiederkehrenden Beobachtung. Viele der Geprüften sind der Ansicht, daß eine Reihe von Unterlagen, Darstellungen, Sachverhalten überwiegend *für den Prüfer* vorhanden sein müssen, an *seinen* Anforderungen auszurichten sind und weniger an denen des Unternehmens. Sollten Sie ebenfalls dieser Meinung sein, so ist eine unserer wesentlichen Aufgaben in diesem Buch, Sie vom Gegenteil zu überzeugen.

> *Im Rahmen der DV-Revision darf nichts für den Prüfer gefordert werden, sondern nur, was für das Unternehmen von Bedeutung ist.*

Betrachten wir in Bild 1.4 die Achse der gesetzlichen Vorschriften und externen Interessen, so läßt sich unschwer feststellen, daß die Ordnungsmäßigkeit aufgrund ihrer gesetzlichen Ableitbarkeit (siehe Kapitel 2) hier am weitesten oben steht.

Bild 1.4:
Einordnung Bereiche DV-Revision

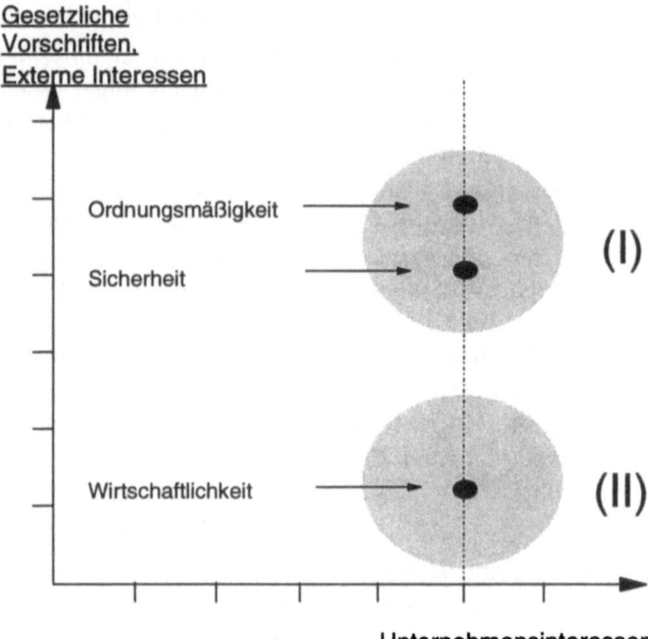

Die Anforderungen an die Sicherheit stehen demgegenüber weniger in Verbindung mit direkten gesetzlichen Vorschriften und externen Interessen. Sie können jedoch jederzeit indirekt damit in Zusammenhang gebracht werden, da ohne Berücksichtigung der Sicherheitsaspekte letztlich auch verschiedene gesetzlich vorgegebene Ordnungsmäßigkeitsanforderungen nicht erfüllt werden können. Aus diesem Grund haben wir die Sicherheit zwar auf der Achse unterhalb, jedoch in der Nähe der Ordnungsmäßigkeit angeordnet.

Deutlich weniger durch gesetzliche Vorschriften und externe Interessen vorgegeben ist die Wirtschaftlichkeit des Unternehmens und damit auch die seiner DV. Auf unserer Achse muß diese deshalb am weitesten unten angebracht werden.

Betrachten wir als andere Dimension die Achse der Unternehmensinteressen. Wir vertreten im folgenden die Meinung und werden dies auch noch im einzelnen belegen, daß Ordnungsmäßigkeit, Sicherheit und Wirtschaftlichkeit alle gleichermaßen im Unternehmensinteresse liegen und damit auch alle Anforderungen, die seitens der DV-Revision in diesen Bereichen gestellt werden.

Aus der Anordnung unserer Bereiche der DV-Revision und einer entsprechenden Gruppenbildung ist ersichtlich, daß eine gemeinsame Behandlung der Themenkomplexe Ordnungsmäßigkeit und Sicherheit einerseits (I) sowie der Wirtschaftlichkeit andererseits (II) erfolgen kann. Aufgrund dieses Sachverhaltes werden wir von nun an Ordnungsmäßigkeit und Sicherheit in der Regel gemeinsam betrachten und der Wirtschaftlichkeit einen eigenen Bereich im Rahmen der DV-Revision widmen.

Nachdem wir Gegenstand und Bereiche der DV-Revision hinreichend definiert haben, können wir uns im folgenden mehr auf die handelnden Personen konzentrieren – die Akteure im Umfeld der DV-Revision.

Bild 1.5:
Die Beteiligten

1.3   DV-Prüfer ante portas: Akteure und Interessengruppen

Nehmen wir an, eine Prüfung der DV in Ihrem Hause wäre – aus welchen Gründen auch immer – demnächst angesagt. Es wird sich mit Sicherheit herausstellen, daß Akteure aktiv werden, die in der Regel vier verschiedenen Interessengruppen zugeordnet werden können und auch dementsprechend ihre Karten im „Prüfungsspiel" und dessen Spannungsfeld einsetzen werden.

Bitte verstehen Sie die in Bild 1.6 vorgenommene Zuordnung nur als tendenzielle Aussage. Wir sind uns sehr wohl bewußt, daß wie immer auch bei dieser Einteilung der Welt Ausnahmen bestehen. Doch in diesem Fall gilt ebenfalls stark verkürzt: Ausnahmen bestätigen die Regel.

1.3.1   Die DV-Organisation

Wir werden hier zunächst einmal die Interessengruppe der direkt von der Prüfung Betroffenen vorfinden: die Mitarbeiter der DV-Organisation, die DV-Entwickler und ihre Kollegen von der Produktion. Sie sind die Verantwortlichen für die vorgefundenen Hardware- und Softwarelandschaften, sie sind in der Regel die technisch orientierten Spezialisten, empfinden ihre Tätigkeit vielleicht trotz erkennbarer gegenläufiger Entwicklungen auch heute noch mehr als Kunst denn als Tagesarbeit, die straffen Regelungen unterworfen sein sollte.

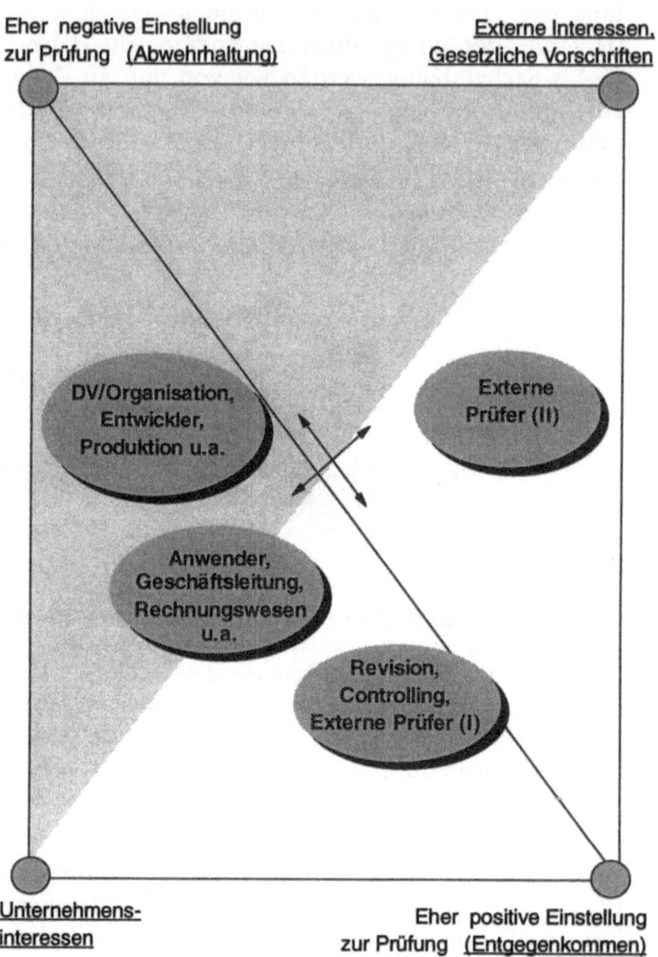

Abwehrhaltung
bei den „Betrof-
fenen"

So sind im Bereich der DV-Entwicklung häufig nur geringes Interesse und auch Unkenntnis hinsichtlich bestehender Anforderungen wie die der Ordnungsmäßigkeit anzutreffen. Bei der DV-Organisations-Leitung ist demgegenüber häufig der Wirtschaftlichkeitsaspekt dominierend, was insbesondere dann gilt, wenn die DV als Dienstleistungszentrum auch mit innerbetrieblicher Leistungsverrechnung zu kämpfen hat. Im Endeffekt können wir dann als Prüfer vielleicht die Konstellation antreffen, daß z.B. der Mitarbeiter der DV-Entwicklung das (unausgesprochene) Ziel hat, sowenig wie möglich Dokumentation zu erstellen, um durch geringe Transparenz seinen Arbeitsplatz zu sichern. Sein Vorgesetzter könnte dasselbe Ziel verfolgen, jedoch hier mit dem Hintergrund, sowenig wie möglich „unnötige", d.h. vom Anwender als Auftraggeber zu tragende Kosten zu erzeugen.

Bei der ersten Interessengruppe wird in der Regel nur geringes Interesse an der Prüfung vorzufinden sein und in der Tendenz eher eine negative Einstellung sowie Abwehrhaltung, da sie davon ausgeht, bezüglich aller Mängel, die vielleicht gefunden werden, selbst als „Schuldige" herhalten müssen. Diese Haltung wird in der Regel wenig abhängig davon sein, ob die Prüfung „internen" oder aber „externen" Interessen gilt, denn der Mitarbeiter des DV-Bereichs sieht sich derzeit noch eher selbst als der Geprüfte und weniger das Unternehmen. Deshalb dürfte es für ihn häufig zweitrangig sein, in wessen Auftrag der jeweilige Prüfer kommt. Niemand sollte sich also wundern, wenn Akteure dieser Interessengruppe bei der Prüfung zunächst nicht besonders hilfreich zur Seite stehen, wenn anfangs nur sehr knappe Unterlagen oder aber gar keine Informationen bereitgestellt werden.

Man mag uns die vereinfachende Sicht der Welt verzeihen, denn es gibt sicherlich auch DV-Verantwortliche und Mitarbeiter, die einer Prüfung positiv gegenüber eingestellt sind oder sie sogar selbst veranlaßt haben. Dennoch aber ist die hier getroffene „Pauschal"-Einstufung diejenige, die wir in unseren Prüfungen zunächst in aller Regel antreffen, was wir auch als eine menschlich äußerst verständliche Verhaltensweise verstehen.

1.3.2   Die Anwender

Die zweite Interessengruppe, die es in bezug auf die Akteure im Umfeld einer DV-Prüfung zu betrachten gilt, müssen auch wir bei aller Vereinfachung etwas heterogener einstufen als die erste. Wir definieren sie als Gruppe der Anwender, wobei wir als solche sowohl die Mitglieder der Geschäftsleitung ansehen als auch den Sachbearbeiter der Fachabteilung, der an einem Bildschirmarbeitsplatz seiner Tagesarbeit nachgeht.

Unterstützung bei den „Zuschauern"?

In dieser Gruppe finden wir sowohl Akteure, die der Prüfung indifferent gegenüberstehen sowie vorbehalt- und „leidenschaftslos" alle erforderlichen Unterlagen zur Verfügung stellen, sofern sie überhaupt davon betroffen sind. Andere Mitarbeiter oder auch Verantwortliche stehen einer Prüfung eher positiv gegenüber und unterstützen dabei, soweit es ihre Möglichkeiten zulassen. Hierzu kann sowohl eine Geschäftsleitung gehören, die, um Sicherheit bezüglich ihrer DV zu erlangen, selbst den Prüfungsauftrag erteilt hat. Ebenso zählt hierzu möglicherweise der Leiter des Rechnungswesens, der immer schon klären lassen wollte, ob „sein" Bereich auch ordnungsmäßig und sicher von der DV abgewickelt wird.

Auf der anderen Seite müssen wir jedoch auch in der Gruppe der Anwender mit Akteuren rechnen, die tendenziell eher eine Abwehrhaltung haben und der Prüfung gegenüber zunächst negativ eingestellt sind. Auch hier kann möglicherweise ein Interesse vorhanden sein, nicht geprüft zu werden und auch nicht gemeinsam mit der DV-Organisations-Abteilung „mitgefangen, mitgehangen" zu werden. Solche Konstellationen finden sich meistens dann, wenn die Betroffenen indirekt die ebenfalls Geprüften sind. Verstärkt finden sie sich dann, wenn sie gemeinsam mit der DV oder unabhängig davon Sachverhalte, Regelungen und Verfahrensweisen geschaffen haben, an deren kritischem Hinterfragen sie aus welchen Gründen auch immer nicht interessiert sind.

Anders als hier geschildert stellt sich der Sachverhalt natürlich dar, wenn es sich bei den Prüfern um „Externe" handelt, die nicht im Auftrag des Unternehmens oder letztlich für seine Interessen tätig sind. In diesem Fall ist auch bei der von uns definierten zweiten Interessengruppe mit Sicherheit eine in der Tendenz stärkere Abwehrhaltung der Prüfung gegenüber vorzufinden als im anderen Fall.

1.3.3   Die „internen" Prüfer

Die dritte Interessengruppe können wir in Hinblick auf ihre Akteure vereinfachend wieder so homogen wie die erste einstufen, wenn sicherlich auch hier in der Praxis Ausnahmen bestehen, auf die es zu achten gilt. Sie umfaßt allgemein alle diejenigen, die an einer Prüfung und deren Ergebnissen im Interesse des Unternehmens stark interessiert sind. Sie sind der Prüfung gegenüber eher positiv eingestellt, ja führen sie möglicherweise sogar selbst durch. Zu dieser dritten Interessengruppe gehören Bereiche wie Revision, Controlling und auch externe Prüfer, die direkt oder indirekt im Auftrag des Unternehmens tätig werden.

Während die interne Revision einschließlich einer eventuell vorhandenen DV-Revision sich eher auf die Prüfung aus Sicht der Unternehmensinteressen konzentriert, ohne dabei am operativen Geschäft beteiligt zu sein, ist dies z.B. beim verwandten DV-Controlling anders gelagert. Das DV-Controlling bedient sich hier eher der Zuarbeit der DV-Revision und sollte mit weit mehr Beteiligung am operativen Geschäft direkt an der Planung, Steuerung und Kontrolle der DV mitwirken.

Die Prüfungs-
„Macher" im
Unternehmen

Ebenfalls zur Interessengruppe der von uns als „interne" Prüfer bezeichneten Akteure gehört ein Personenkreis, bei dem es sich nicht um Mitarbeiter des Unternehmens handelt. Diese in Wirklichkeit externen Prüfer (siehe Bild 1.6: Externe Prüfer I) haben wir nur deshalb den „internen" Prüfern zugeordnet, weil sie direkt oder indirekt Auftragnehmer des Unternehmens sind. Hierzu gehören insbesondere Wirtschaftsprüfer und diejenigen DV-Prüfer, die im Auftrag der Wirtschaftsprüfer im Rahmen von Jahresabschlußprüfungen beteiligt sind (siehe hierzu Kapitel 4).

Derartige Externe sind bei ihrer Tätigkeit primär aufgrund gesetzlicher Vorschriften für außerhalb des Unternehmens angesiedelte Interessen tätig, müssen jedoch die Unternehmen als Mandanten und damit ihre „Kunden" zufriedenstellen. Aus solchem Zwiespalt heraus ergibt sich für die Personengruppe im Rahmen der Prüfungen häufig eine spezielle Gratwanderung. Unsere eigenen Prüfungstätigkeiten vollzogen sich im Laufe der letzten Jahre am häufigsten im Rahmen dieser letzteren Gruppe von Prüfern.

1.3.4   Die „externen" Prüfer

Auch die vierte und letzte Interessengruppe können wir in Hinblick auf ihre Akteure vereinfachend wieder als homogen einstufen. Sie umfaßt alle „reinrassig" externen Prüfer, die nicht im Auftrag und im Interesse des Unternehmens tätig sind (siehe Bild 1.6: Externe Prüfer II).

Interessen Außenstehender

Auch in dieser Gruppe findet sich sicherlich eine durchweg positive Einstellung zur Prüfung, jedoch sind die hier anzutreffenden Zielsetzungen anderer Natur als die bisher aufgeführten. Diese externen Prüfer, die sich ebenfalls mit Fragen der DV befassen, sind primär an den Interessen ihrer Auftraggeber ausgerichtet, die außerhalb des Unternehmens angesiedelt sind. Hierzu gehören insbesondere Prüfer im Auftrag der

⇨ Finanzverwaltung (Betriebsprüfer),
⇨ Renten- und Krankenversicherungen (Sozialversicherungsprüfer),
⇨ Arbeitsverwaltung,
⇨ Aufsichtsbehörden usw.

Alle aufgeführten Akteure der dritten wie auch der vierten Gruppe haben ein berechtigtes Interesse an der Durchführung von Prüfungen und sind vielleicht auch eher geneigt, sich aufgrund ihres gemeinsamen Ziels einer erfolgreichen Prüfung gegenseitig zu unterstützen, sofern sie bei der Durchführung ihrer Tätigkeiten aufeinander stoßen. Dennoch ist aber immer zu berücksichtigen, daß überall auch eigene vorrangige Interessenlagen bestehen, die im jeweiligen Kontext zu sehen sind.

Insgesamt müssen sich jedoch alle Prüfer bemühen, im Sinne einer erfolgreichen eigenen Tätigkeit die Interessen, Bedürfnisse und Ziele ihrer „Partner" im Unternehmen zu berücksichtigen, um ihre Arbeit weniger als Behinderung, sondern vielmehr auch als Chance für diese verständlich zu machen.

1.4   Womit zu rechnen ist und was es bringen kann

Von der Behinderung zur Chance ?

Wie bei unserer Betrachtung des DV-Revisions-Szenarios deutlich wurde, handelt es sich hier um eine Thematik, bei der bereits Gegenstand und Bereiche ein recht komplexes Umfeld bieten. Nimmt man die agierenden Interessengruppen und ihre unterschiedlichen Zielsetzungen, Erwartungen sowie Voraussetzungen hinzu, erhält man eine Mischung, die „Zündstoff" für verschiedene Entwicklungsmöglichkeiten enthält: Es darf mit allem gerechnet werden – in positiver wie auch negativer Hinsicht.

Im Rahmen unserer Prüfung treffen unterschiedliche Akteure mit unterschiedlichen Zielen, unterschiedlicher Ausbildung sowie unterschiedlichen Erwartungen aufeinander. Es kann dabei viel geschehen, jedoch ist besonders ein Effekt zu erwarten:

Sofern sich nicht alle Betroffenen redlich bemühen: Enttäuschungen sind „vorprogrammiert".

Wie könnten sie aussehen, die Fronten, die sich bei entsprechendem Ungeschick schnell bilden: Auf der einen Seite der zu prüfende Bereich, die DV-Organisation. Unverständnis mag der Prüfer registrieren, die oft vorgefundene Nachlässigkeit in der Tagesarbeit, die ungenügend erfüllten Ordnungsmäßigkeitsanforderungen. Der Prüfer als „Besserwisser" wird herausgekehrt.

Auf der anderen Seite: Der als ahnungslos und realitätsfern eingestufte Prüfer, möglicherweise ohne die ausreichende fachliche Kompetenz, kleinkariert in seinen Anforderungen aus der Sicht der Betroffenen. Fronten erhärten sich – erfolgen dabei zusätzlich noch für die Geprüften negative Feststellungen, kann einiges in Bewegung geraten: Versuche, Ergebnisse zu unter den Teppich zu kehren, politischen Nutzen im Unternehmen zu ziehen von der einen oder anderen Seite, Angst vor ungedeckten Flanken, Koalitionen, bitterböse Aktennotizen und Stellungnahmen – die Situation ist verpfuscht.

Der erfolgreiche Prüfer

Geht dagegen der Prüfer mit Psychologie und durch langjährige Erfahrung gewonnenem Fingerspitzengefühl vor und berücksichtigt in erforderlichem Umfang das politische Umfeld im Unternehmen, kann sich manches anders entwickeln. Sofern er fachliche Kompetenz beweist, die von der DV bis zur Fachseite bemerkt wird und für Akzeptanz sorgt, hat er dann noch das Glück in einem Unternehmen zu sein, das mit Prüfungen und ihren Ergebnissen umgehen kann, so wird seine Tätigkeit in diesem Fall möglicherweise ein voller Erfolg.

Der ideale DV-Prüfer, der Spezialist und Generalist in einer Person mit breitgestreuten Eigenschaften und Fähigkeiten sein sollte, muß sich in vielen Bereichen zuhause fühlen, um erfolgreich tätig zu sein. Er muß er nicht nur ausgefuchster Datenverarbeiter sein mit profunden Kenntnissen rund um Hardware und Software, sondern sollte zugleich noch über Spürhundinstinkte verfügen, sich bei Bedarf als Betriebswirt entpuppen und ein gerüttelt Maß an Juristerei beherrschen. Die Eigenschaften des Politikers und Psychologen auf dem glatten Parkett der Unternehmens-DV und ihrem Umfeld können weiterhin nur nutzen, wie wir schon gesehen haben.

Akzeptanz bei Geprüften? Bei fachlich kompetenter Arbeit wird der Prüfer sicherlich auf Akzeptanz bei seinen „Klienten" stoßen – die wesentlichen Vorteile eines Externen werden dort mit großer Wahrscheinlichkeit registriert:

⇨ Blick ohne Betriebsblindheit, dadurch
⇨ unverfälschte Hinweise auf Schwachstellen und Mängel,
⇨ Grundlage für echte Verbesserungen im Unternehmen.

Wenn deutlich gemacht wird, daß nicht die Arbeit des einzelnen „DV-Manns" kritisiert wird, sondern vielmehr die Unternehmens-DV zwar kritisch, aber konstruktiv hinterfragt wird, ist der erste Schritt schon getan. Es sollte die Erkenntnis um sich greifen, daß nicht nur der Blick zurückgewandt wird mit der Frage, wie gut oder schlecht der Bereich in der Vergangenheit nun war, sondern daß vielmehr nach vorne geschaut werden soll, um positive Veränderungen zu bewirken. Nur so kann Bereitschaft erzeugt werden, die Tätigkeit des Prüfers und ihre Ergebnisse als Basis für künftige Verbesserungen in der Arbeit der Unternehmens-DV zu sehen.

Wandel im Bewußtsein Mit einer solchen Erkenntnis kann sich auch der Wandel im Bewußtsein ergeben: Der Weg, die DV-Revision nicht mehr als Behinderung, sondern vielmehr als Chance wahrzunehmen. Wir wollen in den folgenden Kapiteln genauer zeigen, was auf diesem Weg wesentlich ist. Wir haben dabei die Hoffnung, zu einem gemeinsamen Fazit mit diesem Ergebnis im Schlußkapitel 8 zu kommen, in dem wir noch einmal zusammenfassen und zurückblicken werden.

2   Ordnungsmäßige und sichere DV als Voraussetzung

Gesetzliche Grundlagen

Mit welchen gesetzlichen und sonstigen Regelungen haben wir es in der DV-Revision zu tun? Auf was für Grundsätze können wir uns berufen und was müssen wir einfordern im Unternehmen? Gibt es überwiegend starre Vorschriften oder können auch Interpretationen im Ermessensspielraum des DV-Revisors eine wesentliche Rolle in der Prüfung spielen?

Nachdem wir uns in Kapitel 1 mit dem Gegenstand der DV-Revision befaßt und unsere Prüfungsbereiche definiert haben, kommen wir nun zum nächsten Schritt – der Ableitung von Grundsätzen, auf die wir unsere Prüfungsaktivitäten letztlich ausrichten müssen: die Grundsätze einer *ordnungsmäßigen Datenverarbeitung (GoDV)* (siehe Bild 2.1).

Bild 2.1:
Einordnung
Kapitel 2

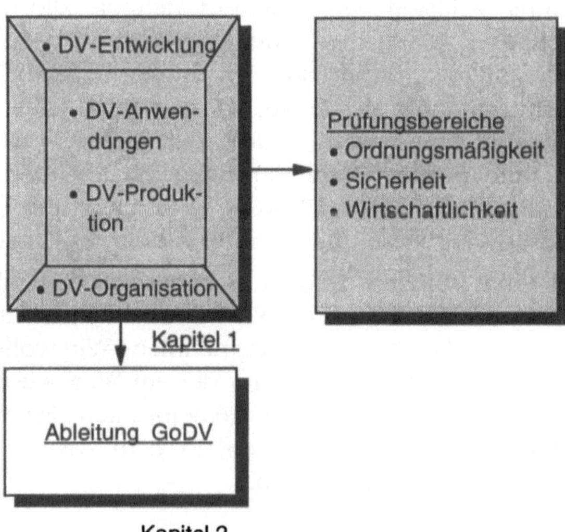

Wesentlich hierfür ist das Verständnis der *gesetzlichen Regelungen* und das Wissen um die einzelnen Schritte, wie wir von dort bis hin zu den genannten Grundsätzen gelangen können.

2.1   Die GoB als Ausgangspunkt

Prinzipien und Funktionen der Buchführung

2.1.1   Hintergrund der Betrachtung

Sollten Sie sich bisher nicht gerade vorrangig mit Fragen der Buchführung beschäftigt haben, sie möglicherweise auch nicht besonders schätzen oder sich fragen, was das Thema mit DV oder DV-Revision zu tun hat – in all diesen Fällen möchten wir Sie bitten, sich dennoch mit uns an den vermeintlich so „trockenen" Stoff heranzuwagen. Ihre Bemühungen werden nicht umsonst sein, da wir zur Klärung der Hintergründe von Anforderungen an Ordnungsmäßigkeit und Sicherheit der DV zu den Ursprüngen in den gesetzlichen Regelungen zurückkehren müssen.

Niemand wird vermutlich ernsthaft bestreiten, daß die „ordnungsmäßige" DV als Basis für unsere weiteren Überlegungen sinnvoll ist – wie können wir sie aber bestimmen?

Ordnungsmäßige Buchführung als Ausgangspunkt

Um die ordnungsmäßige DV zu definieren, bedarf es des unvermeidlichen Exkurses in die Welt der Buchführung, da Ausgangspunkt für eine solche Definition die Ordnungsmäßigkeit der Buchführung ist, wie sie vom Gesetzgeber in Form der „Grundsätze ordnungsmäßiger Buchführung" (GoB) in der Abgabenordnung (AO) sowie den Handelsgesetzen (HGB) gefordert wird.

Werfen wir zur Klärung der Hintergründe zunächst einen kurzen Blick auf das Wesen der Buchführung und ihre wesentlichen Aufgaben und Funktionen. Wie wir anhand der Darstellung in Bild 2.2 sehen können, lassen sich die Vorgänge im Rahmen der Buchführung auf einige zentrale Tätigkeiten reduzieren.

Vom Beleg zum Grundbuch

Ausgehend von einem Buchungsbeleg wird ein Buchungsvorgang erfaßt, den wir hier auch als Geschäftsvorfall bezeichnen können und in chronologischer Reihenfolge in einem Journal festgehalten wird. Es ist dabei unerheblich, um welche Art von Geschäftsvorfall es sich handelt, entscheidend ist lediglich, daß ein- und ausgabenrelevante Vorgänge entstehen, wie sie bei Einzahlungen, Auszahlungen, Umbuchungen, Erfassung von Forderungen usw. auftreten. In der Buchführung wird das Journal auch als „Grundbuch" bezeichnet, das letztlich als vollständiges Verzeichnis unserer Geschäftsvorfälle / Buchungsvorgänge in der Reihenfolge ihres Entstehens angesehen werden kann.

Vom Grundbuch zum Hauptbuch

Ausgehend vom Journal oder Grundbuch werden die Buchungsvorgänge je nach angewandtem Verfahren anschließend oder parallel hierzu in das „Hauptbuch" eingetragen. Im Gegensatz zur chronologischen Ordnung des Grundbuchs werden dieselben Vorgänge im Hauptbuch nach sachlichen Kriterien geordnet, d.h. es erfolgt eine Kontierung auf den unterschiedlichen Konten. Dies gilt unabhängig von einer Unterscheidung etwa zwischen Personen- und Sachkonten, Aktiv- und Passivkonten, Bilanz- und GuV-Konten oder anderen Einordnungen des Rechnungswesens. Es soll nur darauf hingewiesen werden, daß im Rahmen der Kontierung in der Regel eine „doppelte Buchführung" der Geschäftsvorfälle erfolgt, d.h. eine Buchung auf mindestens zwei unterschiedliche Konten, dem Ausgangs- und Gegenkonto.

Bild 2.2:
Inhalte der GoB

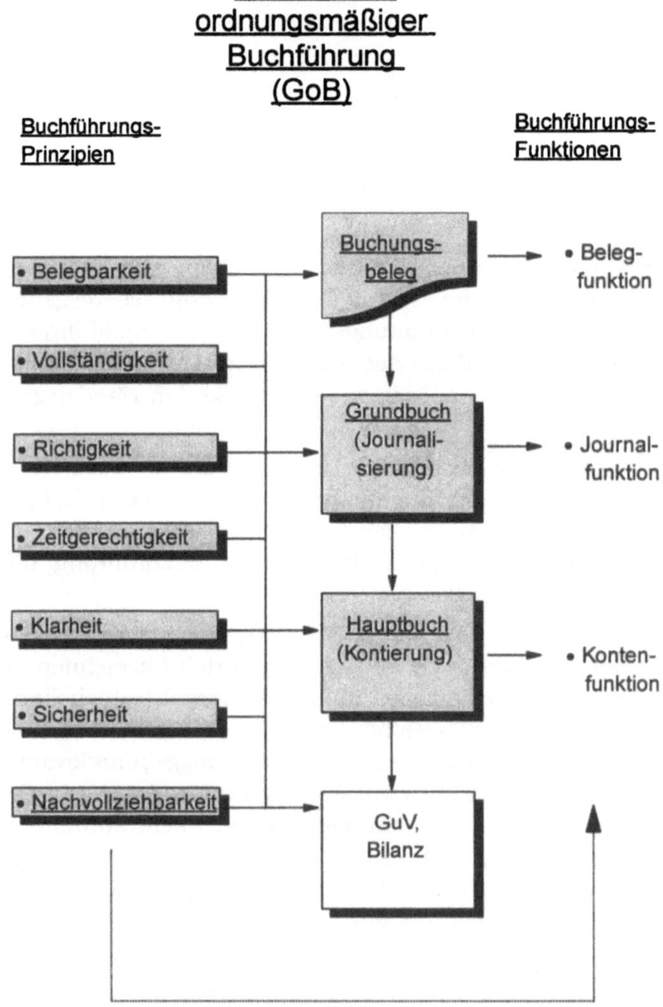

Nach der Kontierung ist der Vorgang buchhalterisch eindeutig zugeordnet, d.h. es ist entschieden, ob es sich um einen Zu- oder Abgang auf den betroffenen Konten handelt. Mit einer solchen Zuordnung ist der Vorgang jedoch noch nicht beendet, da es sich ggf. um einen Geschäftsvorfall handelt, der Auswirkungen auf die Gewinn- und Verlustrechnung (GuV) des Unternehmens hat und weiterhin in die Bilanz Eingang findet, die Aufstellung aller Vermögens- und Kapitalwerte des Unternehmens. Auch für unseren Geschäftsvorfall in Bild 2.2 haben wir einen derartigen Weg aufgezeichnet, womit alle Stationen seines buchhalterischen Durchlaufs durch unser Unternehmen erfaßt sind.

Was hat das alles mit unseren Ordnungsmäßigkeitsanforderungen zu tun? Der Gesetzgeber hat hier, sei es in seiner Eigenschaft als Empfänger von Steuern und Abgaben oder als Hüter der Interessen eines geordneten Wirtschaftslebens, entsprechende Regelungen erlassen, die tief in das Rechnungswesen eingreifen. Solche Regelungen formulieren letztlich vor allem ein Bestreben, nämlich die durch Buchungs- und Geschäftsvorfälle repräsentierte Finanz-, Ertrags- und Vermögenslage von Kaufleuten und sonstigen Buchführungspflichtigen im öffentlichen Interesse ausreichend *transparent und nachprüfbar* zu gestalten.

Zu nennen sind in diesem Zusammenhang zunächst die Anforderungen des Handelsgesetzbuches (HGB). In den §§ 238, 239 und 257 sind die Buchführungspflichten des Kaufmanns, die Führung der Handelsbücher und die Aufbewahrung der Unterlagen geregelt. Entsprechende Vorschriften aus steuerlicher Sicht befinden sich in der Abgabenordnung (AO) in den §§ 140 bis 148.

§ 238, Abs. 1
HGB

Im HGB findet man den Begriff der ordnungsmäßigen Buchführung, nach deren Grundsätzen ein Kaufmann verpflichtet ist, Bücher zu führen und hierin seine Handelsgeschäfte und die Lage seines Vermögens ersichtlich zu machen. Weiterhin ist hier einer der für uns wesentlichsten Grundsätze festgehalten.

> *Die Buchführung muß so beschaffen sein, daß sie einem sachverständigen Dritten innerhalb angemessener Zeit einen Überblick über die Geschäftsvorfälle und über die Lage des Unternehmens vermitteln kann.*

Die Geschäftsvorfälle müssen sich außerdem in ihrer Entstehung und Abwicklung verfolgen lassen.

2.1.2   Die Prinzipien der Buchführung

Neben den oben genannten bestehen noch eine Reihe weiterer Rechtsvorschriften, die sich ebenfalls mit den Fragen einer ordnungsmäßigen Buchführung in Verbindung bringen lassen. Hierzu sei jedoch nur soviel gesagt, daß sich aus den vorhandenen gesetzlichen Regelungen sowie den vorliegenden Interpretationen eine ganze Reihe von Prinzipien ableiten lassen, die maßgeblich für eine Buchführung sind, die den Anforderungen der GoB genügen will. Zu nennen sind insbesondere die Prinzipien der

⇨ Belegbarkeit,
⇨ Vollständigkeit,
⇨ Richtigkeit,
⇨ Zeitgerechtigkeit,
⇨ Klarheit,
⇨ Verfügbarkeit / Sicherheit und
⇨ Nachvollziehbarkeit.

Aufgrund der erheblichen Bedeutung, die die Prinzipien und ihre Ableitung auch für Grundsätze einer ordnungsmäßigen DV haben (siehe hierzu Kapitel 2.3), werden wir uns kurz mit den Inhalten der obigen Prinzipien beschäftigen, die auch als *formelle Grundsätze* bezeichnet werden [9].

Belegbarkeit

§ 238 Abs. 2
HGB

Die Belegbarkeit beinhaltet, daß für alle Geschäftsvorfälle Belege vorhanden sein müssen, die als Nachweis für deren Inhalte herangezogen werden können. Als Belege werden in der Fachliteratur Unterlagen verschiedener Art benannt, die solche Anforderungen erfüllen können.

Vollständigkeit

§ 239 Abs. 2
HGB

Die Eintragungen in den Büchern und die sonst erforderlichen Aufzeichnungen zu den Geschäftsvorfällen müssen vollständig sein, d.h. vollzählig und lückenlos. Die hier angesprochenen Aufzeichnungen entsprechen unserer Journalisierung im Grundbuch wie in Bild 2.2 dargestellt.

Richtigkeit

§ 239 Abs. 2
HGB

Die im vorhergehenden erwähnten Eintragungen und Aufzeichnungen müssen darüber hinaus richtig sein. Neben der Anforderung, objektiv zutreffend sein zu müssen [9], wird hierin auch die korrekte sachliche Zuordnung zum Konto (Kontierung in Bild 2.2) und Überleitung in die Bilanz und GuV-Rechnung, die Anforderung der rechnerischen Richtigkeit sowie die Tatsache der Unverfälschtheit gesehen [10].

Zeitgerechtigkeit

§ 239 Abs. 2
HGB

Auch diese Anforderung an die Eintragungen und Aufzeichnungen ist direkt im Gesetzestext enthalten. Hierunter ist sowohl die Anforderung an eine Aufzeichnung in chronologischer Reihenfolge zu verstehen (Journalisierung, Grundbuch), als auch insbesondere die der zeitnahen Aufzeichnung, d.h. eine nur kurz nach Entstehung des Geschäftsvorfalls erfolgende Eintragung ohne nennenswerten Zeitverzug.

Klarheit

§ 239 Abs. 2
HGB

Da der Begriff der Klarheit nicht direkt im Wortlaut enthalten ist, handelt es sich um eine Ableitung der bestehenden Anforderung an eine geordnete Aufzeichnung. Die sachliche Ordnung ist, wie bereits schon bei der Richtigkeit angesprochen, ebenfalls mit dem Prinzip der Kontierung in Verbindung zu bringen, da eine geordnete Kontierung auch zur Klarheit bezüglich der zugrundeliegenden Sachverhalte beiträgt.

Verfügbarkeit / Sicherheit

§ 239 Abs. 4
§ 257 Abs. 3
HGB

Die Anforderung der Verfügbarkeit „bei der Führung der Handelsbücher und der sonst erforderlichen Aufzeichnungen auf Datenträgern" ist ebenfalls direkt im Gesetzestext enthalten. Weiterhin wird gefordert, daß die Wiedergabe oder die Daten selbst „während der Dauer der Aufbewahrungsfrist verfügbar sind und jederzeit innerhalb angemessener Frist lesbar gemacht werden können." Da das ebenfalls auf die dortigen Regelungen hin „sichergestellt" sein muß, wird das Prinzip der Verfügbarkeit häufig auch als Anforderung an die Sicherheit interpretiert und aus den bestehenden Vorschriften abgeleitet (siehe Kapitel 1.2).

Nachvollziehbarkeit

§ 238 Abs. 1
§ 239 Abs. 3
HGB

Wenngleich auch unter dem Begriff nicht direkt im Gesetz zu finden, besteht jedoch die bereits erwähnte Anforderung, daß man Geschäftsvorfälle in ihrer Entstehung und Abwicklung verfolgen können und der ursprüngliche Inhalt auch später noch feststellbar sein muß. Hieraus läßt sich unschwer die Anforderung an Unveränderbarkeit, Nachvollziehbarkeit und nachträgliche Prüfbarkeit ableiten.

Die Nachvollziehbarkeit bzw. Prüfbarkeit der Eintragungen und Aufzeichnungen ist eine der für die Revision wesentlichsten Forderungen der GoB.

In der Darstellung in unserem Bild 2.2 bedeutet dies, daß sich der Weg des Geschäftsvorfalls ausgehend vom Buchungsbeleg bis in die Bilanz und GuV-Rechnung hin verfolgen lassen muß.

Bild 2.3:
Der sachverständige Dritte

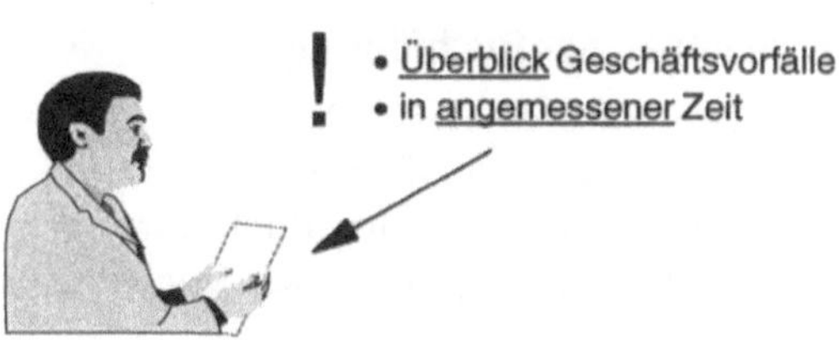

Eine wesentliche Rolle im Rahmen der Nachvollziehbarkeit spielt der ebenfalls bereits erwähnte „sachverständige Dritte", der sich in angemessener Zeit einen Überblick hinsichtlich der Geschäftsvorfälle verschaffen können muß. Da wir als Prüfer in der Regel eine solche Rolle spielen werden, müssen wir uns mit dem Gedanken vertraut machen, daß wir alle Eigenschaften der so charakterisierten Person auf uns zu vereinen haben. Doch was kennzeichnet den sachverständigen Dritten und über welche Eigenschaften muß er verfügen?

Da auch die Steuergesetzgebung den Begriff verwendet (§ 145 AO fordert ebenfalls den Überblick, den die Buchführung dem sachverständigen Dritten vermitteln muß), hat sich die Rechtsprechung insbesondere des Bundesfinanzhofs (BFH) des Begriffs angenommen und verwendet ihn mehrfach, ohne ihn allerdings zu definieren [11]. Festzuhalten ist jedoch im Zusammenhang mit den GoB, daß der sachverständige Dritte nach Ausbildung und Kenntnissen in der Lage sein muß, ein Rechnungswerk zu verstehen und zu beurteilen. In Hinblick auf computergestützte Rechnungswerken ist dabei von zusätzlichen Anforderungen auszugehen (siehe Kapitel 2.2).

Wie Sie bemerkt haben, legen wir auf den Punkt der Nachvollziehbarkeit und den sachverständigen Dritten ein erhebliches Augenmerk, da uns beide Begriffe als wesentliche Komponenten unserer Revisionstätigkeit durch dieses Buch begleiten werden. Die Anforderung der Nachvollziehbarkeit durch den sachverständigen Dritten muß von Prüfern wie Geprüften akzeptiert und als fester Bestandteil unseres Vorgehens verstanden werden. Dies allen Beteiligten immer wieder zu verdeutlichen, ist eine nicht zu unterschätzende Aufgabe im Rahmen unserer regelmäßigen Prüfungsarbeit.

Doch bleiben wir noch bei der Nachvollziehbarkeit im Bereich der GoB. Gefordert ist hier zum einen, wie bereits angesprochen, die Nachvollziehbarkeit des einzelnen Geschäftsvorfalls, zum anderen jedoch auch die des gesamten Buchungsverfahrens. Letzteres stellt innerhalb des Ablaufs in Bild 2.2 sicherlich noch kein Problem dar, wird jedoch spätestens dann zum Thema, wenn ein komplexes Buchungsverfahren oder sogar ein dv-gestütztes Rechenwerk dahinter steht (siehe Kapitel 2.2).

2.1.3   Die Funktionen der Buchführung

Im Rahmen unseres Beispiels ist vor allem die Nachvollziehbarkeit des einzelnen Geschäftsvorfalls von Bedeutung, die sich auch in der Anforderung an die Funktionen der Buchführung niederschlägt [12], auf die wir zum Abschluß des Kapitels noch kurz eingehen wollen. Zu nennen sind die

⇨ Belegfunktion,
⇨ Journalfunktion und
⇨ Kontenfunktion.

Die Funktionen der Buchführung lassen sich aus den im vorhergehenden aufgeführten Prinzipien ableiten, stellen aber eigenständige Anforderungen dar, die zu erfüllen sind, wenn es um die „Beweiskraft" des zugrundeliegenden Rechnungswesens geht.

Belegfunktion

Die Belegfunktion, abgeleitet aus dem bereits erwähnten Prinzip der Belegbarkeit, wird als Grundvoraussetzung dafür eingestuft, daß der einzelne Geschäftsvorfall nachgewiesen werden kann. Damit solches sichergestellt ist, müssen Informationen vorhanden sein wie

⇨ Erläuterungen,
⇨ Beträge, Mengen und Werte,
⇨ Datum Geschäftsvorfall / Buchung,
⇨ Bestätigungsvermerke,
⇨ Angaben zur Kontierung und
⇨ Ordnungskriterien / Belegnummern.

Wesentlich ist hierbei, daß nicht für jede Buchung ein schriftlicher Einzelnachweis vorhanden sein muß, sondern daß es vielmehr genügt, wenn die Geschäftsvorfälle als solche belegt werden können. Das kann z.B. auch durch „Dauerbelege" oder sogar Verfahrensdokumentationen erfolgen. Hierauf werden wir noch zurückkommen, wenn es um die Ableitung der „Grundsätze ordnungsmäßiger Datenverarbeitung" (GoDV) aus den bisher besprochenen GoB geht.

§ 147 AO — Eintragungen und Aufzeichnungen mit Belegfunktion sind im Rahmen der gesetzlichen Aufbewahrungsfristen sechs Jahre lang aufzubewahren.

Journalfunktion

Die Journalfunktion wird in unserer Darstellung in Bild 2.2 durch die Aufzeichnung der Geschäfts- oder Buchungsvorfälle im Grundbuch erfüllt. Daß die Aufzeichnungen vollständig, zeitnah und in chronologischer Reihenfolge erfolgen müssen, haben wir bereits bei der Behandlung der entsprechenden Prinzipien der Buchführung herausgearbeitet.

§ 147 AO — Wie bei der Belegfunktion ist auch bei der Journalfunktion zu beachten, daß die hierdurch geforderten Nachweise für die gesamte Dauer der gesetzlichen Aufbewahrungsfristen vorhanden sein müssen. Im Gegensatz zu Eintragungen und Aufzeichnungen mit Belegfunktion sind solche mit Journalfunktion jedoch nicht nur sechs, sondern vielmehr zehn Jahre lang aufzubewahren.

Kontenfunktion

Die Buchungen müssen in richtiger sowie verständlicher Form den entsprechenden Konten zugeordnet werden, was wir bereits bei Besprechung der Prinzipien Richtigkeit und Klarheit festgestellt haben. Ergänzend zu den Angaben, die im Rahmen der Belegfunktion aufgeführt wurden, sollten jedoch noch weitere Informationen vorhanden sein zu

⇨ Kontenbezeichnungen,
⇨ Nachweisen der Lückenlosigkeit,
⇨ Buchungen, Summen, Salden,
⇨ Buchungstexten und
⇨ Belegverweisen.

Auch für diese Informationen gilt, daß sie nicht unbedingt in einer fest vorgeschriebenen Form vorhanden sein müssen, sondern vielmehr dazu beitragen sollen, die Klärung zugrundeliegender Inhalte und Sachverhalte in angemessener Zeit zu ermöglichen und damit die Ordnungsmäßigkeit sicherzustellen.

§ 147 AO Wie bei Eintragungen und Aufzeichnungen mit Journalfunktion sind auch solche mit Kontenfunktion zehn Jahre lang im Rahmen der gesetzlichen Aufbewahrungsfristen nachweispflichtig.

Alle aufgeführten Prinzipien und Funktionen der Buchführung im Sinne der GoB waren bereits lange vor Einführung der DV im Bereich des Unternehmens und seines Rechungswesens vorhanden. Daß sie aber dennoch auch heute wesentliche Grundlage für die Beurteilung einer ordnungsmäßigen DV sind, die wir im Rahmen unserer DV-Revision zu berücksichtigen haben, ist vor allem auf Ableitungen, Interpretationen sowie Ergänzungen zurückzuführen, die in der Folgezeit vorgenommen wurden und nun neben den GoB den Maßstab für die Beurteilung der Ordnungsmäßigkeit der DV bilden.

2.2 Interpretationen und Ergänzungen

Von den GoS zu FAMA-Richtlinien

Lassen Sie uns nach unserem kurzen, aber zum Verständnis der Ursprünge unverzichtbaren Exkurs zur Buchhaltung wieder zur DV zurückkommen. Mit dem Wissen um die Zusammenhänge der Ordnungsmäßigkeitsanforderungen an die Buchführung wird es uns möglich, auch die entsprechenden Anforderungen an die DV nachzuvollziehen, so wie sie durch den Gesetzgeber und fachliche Stellungnahmen maßgeblicher Institutionen formuliert wurden.

Erleichternd wirkt sich in diesem Kontext aus, daß die wesentlichen Interpretationen, Ableitungen und Ergänzungen relativ überschaubar sind und wir sie in unsere Betrachtung demzufolge auch weitgehend vollständig und chronologisch aufnehmen können.

Zu nennen sind für uns folgende wesentliche „historische" Quellen:

⇨ Nochmals die GoB,

⇨ Das Bundesdatenschutzgesetz (BDSG),

⇨ Die Grundsätze ordnungsmäßiger Speicherbuchführung (GoS),

⇨ Der Leitfaden zur Erstellung von Verfahrensdokumentationen für EDV-Buchführungen (AWV-Leitfaden),

⇨ Das Merkblatt für die Prüfung von Rechnungswerken, die mit ADV erstellt sind (ADV-Merkblatt),

⇨ Die Stellungnahme vom Fachausschuß für moderne Abrechnungssysteme (FAMA 1/1987) des Instituts der Wirtschaftsprüfer in Deutschland e.V. (IDW),

⇨ Mindestanforderungen der Rechnungshöfe des Bundes und der Länder zum Einsatz der Informationstechnik (IT-Mindestanforderungen),

⇨ Die DIN Normen 66230 bis 66232, 66285.

2.2.1   Nochmals zu den GoB

Berücksichtigt man, daß das HGB in seiner ursprünglichen Fassung aus dem Jahr 1897 stammt, so kann man unschwer nachvollziehen, daß der Kaufmann und die Grundsätze seiner ordnungsmäßigen Buchführung damals noch anders gesehen wurde, als wir das heute tun. Jedoch findet sich selbst Anfang der siebziger Jahre im HGB immer noch kaum ein Hinweis auf neue Technologien und dadurch veränderte Anforderungen, wenn man einmal von „Mikrokopien" und „Bildträgern" o.ä. absieht.

Demgegenüber enthalten das HGB in seiner heutigen Fassung wie auch die AO einschließlich der dort aufzufindenden GoB nunmehr etliche Vorgaben, die auf die DV und die damit verbundenen Veränderungen abzielen. In der zweiten Hälfte der siebziger Jahre wurden viele auch heute noch gültige Stellungnahmen und Interpretationen formuliert, wie wir im folgenden sehen werden.

Wie wir bereits im vorigen Kapitel angedeutet haben, wurde als Bedingung für die Ordnungsmäßigkeit der Buchführung u.a. festgelegt:

Auch die dv-technisch verarbeitete und auf Datenträgern gespeicherte Buchhaltung muß die Beleg-, Journal- und Kontenfunktion erfüllen.

Die Daten sind sechs bzw. zehn Jahre nachweis- und aufbewahrungspflichtig ohne Rücksicht darauf, ob der Buchungsnachweis ausgedruckt wird oder nicht.

§ 239 Abs. 3 HGB, § 146 Abs. 4 AO

Weiterhin ist davon auszugehen, daß *sämtliche Prinzipien der Buchführung* von der Belegbarkeit bis zur Nachvollziehbarkeit selbstverständlich auch für dv-gestützte Rechenwerke gelten. Explizit angesprochen sind die Sachverhalte, daß Veränderungen nicht vorgenommen werden dürfen, „deren Beschaffenheit es ungewiß läßt, ob sie ursprünglich oder erst später gemacht worden sind." Hier wird insbesondere abgezielt auf die Kontrollierbarkeit vovon Dateneingaben und -änderungen im Rahmen der dv-technischen Verarbeitung.

§ 238 Abs. 1
§ 257 Abs. 1
HGB,
§ 147 Abs. 1
AO

Jeder Kaufmann ist verpflichtet, außer Buchungsbelegen (Dateneingaben), Handelsbüchern und Bilanzen etc. (Datenausgaben) insbesondere auch „die zu ihrem Verständnis erforderlichen Arbeitsanweisungen und sonstigen Organisationsunterlagen" geordnet aufzubewahren. Vor allem der letzte Punkt enthält einen klaren Hinweis auf die Notwendigkeit der Erstellung und Aufbewahrung von aktuellen, ausreichenden *Dokumentationsunterlagen* zur jeweiligen dv-gestützten Verarbeitung. Ebenfalls wird die *Nachvollziehbarkeit* des Verfahrens durch den bereits erwähnten sachverständigen Dritten angesprochen. Noch weiter können wir gehen, indem wir bereits hieraus die Anforderung der „Programmidentität" ableiten, d.h. die Forderung, nach der das in der Dokumentation beschriebene Verfahren auch dem in der Praxis eingesetzten, nämlich der aktuellen Programmversion, voll entsprechen muß.

§ 257 Abs. 3
HGB,
§ 147 Abs. 2
AO

Bereits erwähnt haben wir im vorhergehenden Kapitel die Anforderungen, gemäß der man Aufzeichnungen auf Datenträgern jederzeit wieder innerhalb angemessener Frist lesbar und verfügbar machen muß. Hieraus wird gemeinhin die Anforderung der Betriebsbereitschaft sowie der *Funktionssicherheit* der dv-gestützten Verarbeitung des Rechnungswesens abgeleitet. Angesprochen ist damit außer der Speicherung auf Magnetplatten, Magnetbändern, optischen Speichermedien, dem COM-Verfahren (Computer Output Microfilm) etc. auch die Betriebsbereitschaft und Sicherheit der gesamten DV-Anlage einschließlich der betreffenden Anwendungs- und Systemsoftware-Komponenten.

Für die Einhaltung der GoB insgesamt ist auch bei dv-gestützter Buchhaltung der Buchführungspflichtige verantwortlich. Das ist nicht nur bei der schon seit langem üblichen Buchführung außer Haus zu beachten, sondern genauso bei neueren Entwicklungen wie z.B. dem Outsourcing, d.h. der Auslagerung der Unternehmens-DV im ganzen oder zu Teilen auf Service-Rechenzentren o.ä. Auch in solchen Fällen bleibt der buchführungspflichtige Kaufmann, d.h. unser Unternehmen, in vollem Umfang für die Ordnungsmäßigkeit des Verfahrens verantwortlich.

2.2.2   Das Bundesdatenschutzgesetz (BDSG)

Wenn wir uns mit gesetzlichen Regelungen befassen, die direkt auf die DV abzielen, ist auch das BDSG kurz anzusprechen, da von ihm Themen behandelt werden, die unmittelbar im Zusammenhang mit unseren Aufgaben in der DV-Revision zu sehen sind.

Das BDSG trat nach einer langwierigen Vorgeschichte, die von 1973 bis 1976 dauerte, Anfang des Jahres 1977 in Kraft. Abgelöst durch die derzeit geltende Fassung von 1990 enthält es einen mittlerweile modifizierten Katalog von Sicherungsmaßnahmen.

In erster Linie betrifft das Gesetz die Speicherung und Verarbeitung *personenbezogener* Daten, worunter es „Einzelangaben über persönliche oder sachliche Verhältnisse" von natürlichen Personen versteht. Der einzelne soll dabei vor Beeinträchtigungen seines Persönlichkeitsrechtes durch den befugten wie unbefugten Umgang mit seinen personenbezogenen Daten geschützt werden. Entgegen den Bedürfnissen nach Informationen durch den Staat wie auch die Wirtschaft steht somit das Interesse von Individuen nach einer „Privatsphäre" im Vordergrund.

§ 9 Satz 1 BDSG

Eingegrenzt wird der Gültigkeitsbereich des BDSG auf öffentliche und nicht-öffentliche Stellen, die selbst oder im Auftrag personenbezogene Daten verarbeiten und damit die geforderten technischen und organisatorischen Maßnahmen [13] zu treffen haben. Eine nicht unerhebliche Einschränkung ist indes dadurch gegeben, daß die Maßnahmen auch nur dann erforderlich sind, „wenn ihr Aufwand in einem angemessenen Verhältnis zu dem angestrebten Schutzzweck steht." Ohne dies in Hinblick auf unsere Zielsetzungen im Rahmen der DV-Revision werten zu wollen, erscheinen dadurch jedoch viele Möglichkeiten offen gelassen, um entsprechende Maßnahmen im Zweifel eben *nicht* durchführen zu müssen.

Maßnahmen mit Allgemeingültigkeit

Dennoch wollen wir den Katalog für uns als wesentlich einstufen und werden ihn somit auch in mehr oder weniger modifizierter Form noch an verschiedenen Stellen im Buch wiederfinden. Wenngleich der Katalog vergleichsweise unstrukturiert ist, haben wir ihn im Vorgriff auf spätere Zuordnungen im Bereich der Ordnungsmäßigkeit der DV bereits grob eingeteilt in solche Maßnahmen, die durch

⇨ DV-Anwendungen,
⇨ DV-Produktion und
⇨ DV-Organisation

sicherzustellen sind (siehe Bild 2.4).

Wir möchten dem Katalog insofern eine Allgemeingültigkeit zusprechen, als daß wir die in ihm genannten Maßnahmen für gewöhnlich umfassender im Unternehmen einfordern werden als nur im Zusammenhang mit der Verarbeitung von personenbezogenen Daten. In einem solchen Zusammenhang kann man den Katalog von Sicherungsmaßnahmen durchaus gemeinsam mit den bekannten handels- und steuerrechtlichen Vorschriften sowie den noch anzusprechenden Stellungnahmen dazu heranziehen, die Ordnungsmäßigkeit und Sicherheit der DV im Unternehmen zu beurteilen.

§ 37 Abs. 2 BDSG

Außer dem Maßnahmenkatalog nennt das BDSG noch gewisse Anforderungen bezüglich der *Dokumentation*, die dem Datenschutzbeauftragten von nicht-öffentlichen Stellen zur Verfügung gestellt werden muß. Da es sich jedoch lediglich um recht globale Angaben handelt, wie Übersichten zu

⇨ eingesetzten DV-Anlagen,

⇨ Bezeichnung und Art der Dateien,

⇨ Art der gespeicherten Daten,

⇨ Geschäftszwecken,

⇨ regelmäßigen Empfängern,

⇨ Zugriffsberechtigten etc.,

stufen wir die Vorgaben nicht als sonderlich richtungsweisend für den Bereich der Dokumentation ein und werden demzufolge auch nicht weiter darauf eingehen.

Bild 2.4:
Maßnahmenka-
talog BDSG

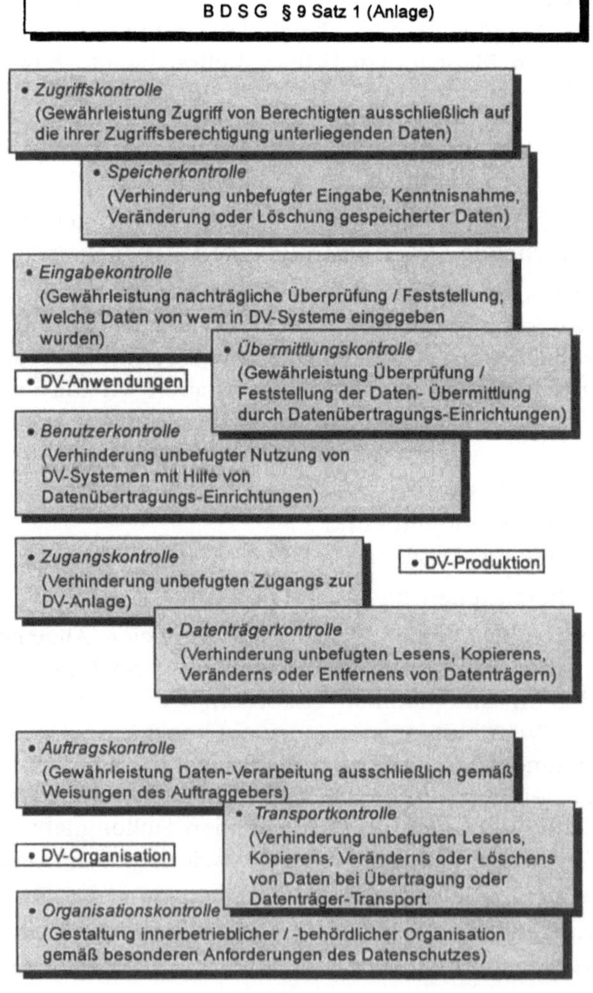

Neben dem HGB sowie der AO haben wir mit den Anforderungen des BDSG die wichtigsten allgemein gültigen gesetzlichen Vorschriften betrachtet, die sich mit dem Thema Ordnungsmäßigkeit und Sicherheit der DV befassen. Weitere Ausführungen hierzu sind im wesentlichen Erläuterungen, Ableitungen sowie Interpretationen der gesetzlichen Regelungen.

2.2.3   Die Grundsätze ordnungsmäßiger Speicherbuchführung   (GoS)

Wie wir schon andeuteten, erwies sich die zweite Hälfte der siebziger Jahre als äußerst fruchtbarer Zeitraum für eine ganze Anzahl von dv-bezogenen Neuregelungen im Bereich der Ordnungsmäßigkeitsanforderungen. So arbeitete 1977 der „Ausschuß für wirtschaftliche Verwaltung in Wirtschaft und öffentlicher Hand e.V. (AWV)" mit Vertretern von Wirtschaft und Finanzverwaltung ein Verhandlungsergebnis aus, das 1978 als „Grundsätze ordnungsmäßiger Speicherbuchführung (GoS)" mit Begleitschreiben veröffentlicht wurde [14]. Die als Erlaß der Finanzminister der Länder und des Bundesfinanzministeriums (BMF) bekanntgewordenen Grundsätze sollten als Ergänzung der GoB und von § 146 AO den Bereich von Speicher- bzw. EDV-Buchführungen regeln.

Bild 2.5:
Dokumentations-Anforderungen GoS

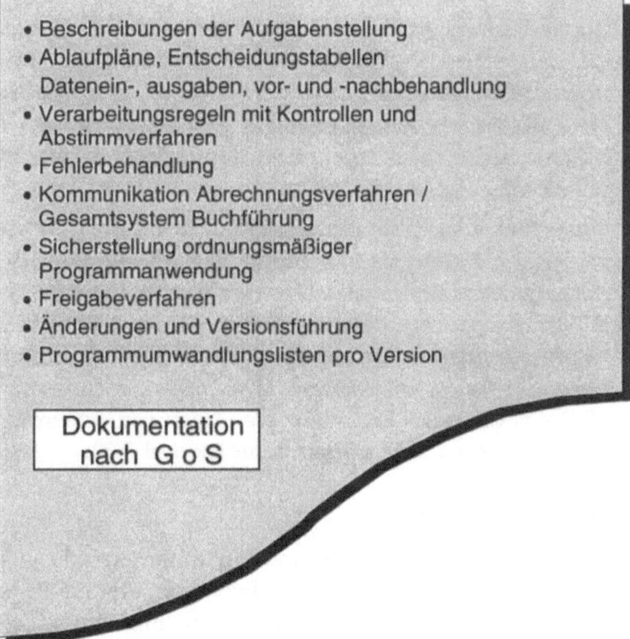

Folgerichtig sind hierin auch eine Reihe von Aussagen zu Bereichen enthalten, die wir bereits im Rahmen der GoB kennengelernt haben, wie Belegfunktion, Buchung, Kontrolle und Abstimmung etc. Erwähnenswert sind auch weitere Grundsätze zur *Funktionssicherheit*:

⇨ Datensicherung,

⇨ Aufbewahrung und Sicherung von Datenträgern sowie

⇨ Wiedergabe auf Datenträgern geführter Unterlagen.

Wesentlich ist demgegenüber jedoch:

---

*Kernstück der GoS sind die Regelungen über die Prüfbarkeit und
Dokumentation mit der Rechtsqualität einer Verwaltungsanweisung.*

Die Finanzverwaltung hat in einschlägigen Veröffentlichungen darauf hingewiesen, daß den GoS hinsichtlich dieser Anforderungen „grundsätzliche Bedeutung für *jede* Buchführung auf Datenträgern zukommt" [15].

Doch was fordern die GoS für uns so wesentliches? Zunächst wird die Prüfbarkeit im Rahmen von *Verfahrensprüfungen* und *fallweisen Prüfungen* verlangt und die Forderung aufgestellt, daß hierfür eine *Verfahrensdokumentation* vorhanden sein muß, aus der Aufbau und Ablauf des Abrechnungsverfahrens vollständig ersichtlich sind. Die Verfahrensdokumentation soll sich auf die sachlogische Beschreibung verschiedener Bereiche des DV-Verfahrens erstrecken (siehe Bild 2.5).

Zu bedenken ist bei der Dokumentations-Anforderung der GoS wie auch der folgenden fachlichen Stellungnahmen, daß im wesentlichen Informationsinhalte formuliert werden und nicht starre körperliche Bestandteile. Deshalb ist uns ein erheblicher *Interpretationsspielraum* gegeben, den wir insbesondere dann nutzen wollen, wenn es um Beachtung aktueller Entwicklungen in der DV geht.

GoS als wichtige Vorschrift

Unter Berücksichtigung dieses Sachverhaltes ist die aus heutiger Sicht sicherlich historische Aufstellung der GoS bezüglich Dokumentations-Anforderungen immer noch als wesentliche Vorschrift einzustufen. Bei unseren DV-Prüfungen werden wir uns in Ermangelung neuerer verbindlicher und allgemeingültiger Regelungen unverändert immer dann auf den Erlaß berufen, wenn wir Mängel in der DV-Dokumentation feststellen und vor allem aber eine *Basis für die Ableitung* unserer eigenen Vorschläge zu diesem Thema benötigen (siehe Kapitel 5.3).

2.2.4   Der AWV-Leitfaden

Wieder war es der uns schon bekannte Ausschuß AWV, der bereits für die Erarbeitung der GoS maßgeblich war, der in Fortsetzung seiner Tätigkeit im Jahre 1979 den „Leitfaden zur Erstellung von *Verfahrensdokumentationen* für EDV-Buchführungen (AWV-Leitfaden)" herausbrachte [16].

Wie der Name schon sagt, befaßt sich der Leitfaden insbesondere mit *dem* Teil der Dokumentation, der neben der „Technischen Dokumentation" vielfach als einer der beiden Hauptbestandteile einer DV-Dokumentation bezeichnet wird (siehe hierzu Kapitel 5.3).

Die Verfahrensdokumentation nach AWV gliedert sich in

⇨ Gesamtüberblick,
⇨ Funktionsübergreifende Beschreibung und die
⇨ Detailbeschreibung.

Während für den Gesamtüberblick noch Datenflußpläne als geeignet angesehen werden, befaßt sich die funktionsübergreifende Beschreibung mit

⇨ Beschreibungen von Dateiinhalten,
⇨ Formularbeschreibungen,
⇨ Verzeichnissen von Tabellen und Schlüsseln,
⇨ Datensicherungs- und -schutzmaßnahmen,
⇨ Datenprüfung und Fehlerbehandlung,
⇨ Testunterlagen,
⇨ Freigabe- und Änderungsdokumentation.

Die Detailbeschreibung enthält mit

⇨ Eingaben und Ausgaben sowie
⇨ Verarbeitungsregeln

wesentliche Informationen zum DV-Verfahren.

Wie bei allen fachlichen Stellungnahmen handelt es sich auch in diesem Fall um Informationsinhalte, die zu der Zeit ihrer Zusammenstellung als wesentlich angesehen wurden (siehe Bemerkung zu GoS). Wir gehen deshalb nicht weiter auf Einzelheiten ein, sondern werden stattdessen derartige Konzepte im Rahmen unserer eigenen, auf die heute bestehenden Anforderungen und Entwicklungen ausgerichteten Vorschläge zur DV-Dokumentation mitberücksichtigen (siehe Kapitel 5.3).

2.2.5   Das ADV-Merkblatt

Zwei Jahre nach dem GoS-Erlaß wurde 1980 erneut vom BMF sowie den Finanzministerien der Länder das „Merkblatt für die Prüfung von Rechnungswerken, die mit ADV erstellt sind (ADV-Merkblatt)" herausgegeben [11]. Wie noch zu Beginn der achtziger Jahren üblich, wurde in diesem Dokument die DV als „Automatisierte Datenverarbeitung (ADV)" bezeichnet.

Vorgesehen als Richtschnur für den *steuerlichen Betriebsprüfer* behandelt das ADV-Merkblatt außer der

⇨ Verfahrensdokumentation

insbesondere die *Prüfung der DV* von Unternehmen mit „ADV im Haus" und „ADV außer Haus".

Einleitend wird auch im ADV-Merkblatt der bereits im vorigen Kapitel angesprochene „sachverständige Dritte" definiert. Im Zusammenhang mit den dort ausschließlich betrachteten dv-gestützten Abrechnungssystemen muß eine solche Person, die hier als Betriebsprüfer auftritt, allerdings über mehr Kenntnisse verfügen, als nur im Zusammenhang mit den GoB. „Computergestützte Rechnungswerke können von einem sachverständigen Dritten nur verstanden werden, wenn er über ADV-Kenntnisse (im Regelfall ohne Programmierkenntnisse) verfügt."

Bild 2.6:
Prüfung gemäß
ADV-Merkblatt

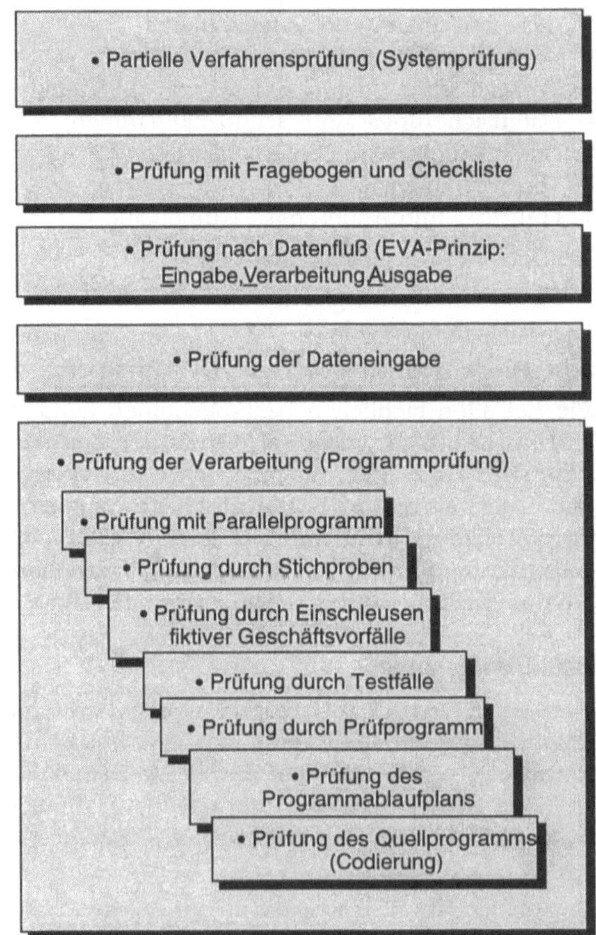

Wie wir sehen, werden nur bescheidene Kenntnisse vorausgesetzt, um bereits als sachverständig im Sinne der steuerlichen Betriebsprüfung zu gelten. Wenn wir im folgenden *für uns* dennoch höhere Maßstäbe anlegen, muß uns deshalb sehr wohl bewußt sein, daß wir das ohne die

„Rückendeckung" einer rechtsverbindlichen Vorschrift oder Stellungnahme tun, die solches belegt oder fordert.

Zum Bereich der Verfahrensdokumentation wird modifiziert erneut gefordert, was wir schon bei GoS oder AWV-Leitfaden vorgefunden haben, so daß wir uns hiermit in Hinblick auf die noch ausstehende Definition aktueller Dokumentations-Anforderungen nicht beschäftigen müssen.

Erwähnenswert erscheint demgegenüber der für den Betriebsprüfer erstmalig definierte „Prüfungsleitfaden", der sich ausführlich mit dem Prüfungsverfahren sowie den zu prüfenden Sachverhalten beschäftigt. In Bild 2.6 haben wir einige wesentliche Anregungen und Hinweise aufgenommen, die der Prüfer bei Prüfung der „ADV im Haus" dem Merkblatt entsprechend berücksichtigen soll.

Unterschieden wird im wesentlichen zwischen den Prüfungsbereichen einer *Systemprüfung* sowie denen einer *Verarbeitungsprüfung (Programmprüfung)*. Dem Prüfer werden zusätzliche Fragebogen sowie eine Checkliste an die Hand gegeben, mit denen er sich vor Ort ein genaues Bild der DV-Situation im Bereich Rechnungswesen machen soll.

Da auch wir uns im Kapitel 4 mit den heute sinnvollen Werkzeugen des DV-Prüfers noch eingehend befassen werden, gehen wir auf die Vorstellungen des ADV-Merkblatts an dieser Stelle nicht weiter ein.

2.2.6   Die FAMA-Stellungnahme 1/1987

Eine gewisse Berühmtheit genießt (insbesondere in Kreisen der Wirtschaftsprüfer) die Stellungnahme „Grundsätze ordnungsmäßiger Buchführung bei computergestützten Verfahren und deren Prüfung" vom Fachausschuß für moderne Abrechnungssysteme (FAMA) beim Institut der Wirtschaftsprüfer in Deutschland e.V. (IDW). Die Stellungnahme ist unter der Bezeichnung FAMA 1/1987 [12] insofern als bedeutend einzustufen, weil sie immer noch eine der wesentlichsten Grundlagen für die *Prüfung von dv-gestützten Rechnungswerken* darstellt.

Daß eine solche Stellungnahme aus dem Bereich der *Wirtschaftsprüfung* kommt, ist nicht weiter verwunderlich, da die Wirtschaftsprüfer im Rahmen ihrer Jahresabschlußarbeiten zunehmend mit Fragen der Ordnungsmäßigkeit und Sicherheit der DV konfrontiert werden und demzufolge auch einen erheblichen Bedarf an richtungsweisender Hilfe in diesem Bereich haben.

FAMA-Stellungnahme als richtungsweisend

Die FAMA-Stellungnahme leitet wesentliche Ordnungsmäßigkeitsanforderungen aus den GoB ab, wobei aus der Notwendigkeit der Prüfbarkeit bzw. Nachvollziehbarkeit der Buchführung ein theoretischer Unterbau für DV-Anforderungen mit folgenden Schwerpunkten abgeleitet wird:

⇨ Nachvollziehbarkeit des einzelnen Geschäftsvorfalls,

⇨ Nachvollziehbarkeit der Verarbeitung auf Basis einer Verfahrensdokumentation,

⇨ Nachweis der Entsprechung von Verfahren und Dokumentation,

⇨ Internes Kontrollsystem als Kriterium für die Ordnungsmäßigkeit des Buchführungssystems [10].

Da wir uns im Rahmen der Kapitel 3 und 4 noch ausführlicher sowohl mit Fragen des Internen Kontrollsystems (IKS) als auch mit der DV-Systemprüfung nach FAMA befassen werden, vertiefen wir die Themen hier nicht weiter.

2.2.7　Die IT-Mindestanforderungen

Als Beispiel für die in neuerer Zeit laufenden „Forschungsarbeiten" im Bereich der Ordnungsmäßigkeit von dv-gestützten Abrechnungsverfahren seien die „Mindestanforderungen der Rechnungshöfe des Bundes und der Länder zum Einsatz der Informationstechnik (IT-Mindestanforderungen)" von 1991 genannt [17].

Von der EDV zur IT

Neuere Entwicklungen sind zunächst immer erkennbar an der gewählten Bezeichnung. Wurden entsprechende Aussagen in den siebziger Jahren zur „EDV" gemacht, wonach in den achtziger Jahren die „ADV" folgte, wird nun auch in der Terminologie der Schwenk zur zeitgemäßen „IT" erkennbar, durch die die DV der neunziger Jahre gekennzeichnet ist. Mittlerweile wird die IT nunmehr ihrerseits zunehmend durch die „IuK" abgelöst, die Informations- und Kommunikations-Technologie, die sich bisher allerdings noch nicht dominierend in entsprechenden Regelwerken zur Ordnungsmäßigkeit der DV niederschlagen konnte.

Inhaltlich sind die IT-Mindestanforderungen der Rechnungshöfe für den von ihnen zu prüfenden Bereich gültig, d.h. die öffentlichen Haushalte bzw. deren dv-gestützte Rechenwerke.

Dennoch aber kann man auch in diesem Fall eine gewisse Allgemeingültigkeit ableiten, denn wenn auch nicht verbindlich für den Bereich der privaten Wirtschaft, so sollte uns jedoch nichts daran hindern, sinnvolles und vertretbares aufzugreifen.

Während die Aussagen zur Verfahrensdokumentation, die selbstverständlich auch in den IT-Mindestanforderungen enthalten sind, uns keine neuen Erkenntnisse bringen, auf die wir im einzelnen eingehen müßten, so erscheint doch die neue Betrachtungsweise der IT insgesamt bemerkenswert.

DV-Landschaft in ganzheitlicher Betrachtung

Aus unserer Darstellung in Bild 2.7 wird erkennbar, daß die in den Mindestanforderungen erfolgende *ganzheitliche Betrachtung* von DV-Vorhaben (auch des Rechnungswesens) sinnvoll und notwendig ist. Eine Betrachtung, die bei der Gesamtplanung des IT-Einsatzes beginnt, seine

Wirtschaftlichkeit ausreichend berücksichtigt sowie sich mit wesentlichen Aspekten der Abwicklung der Vorhaben bis zum Betrieb der realisierten Verfahren befaßt, verdient auch unsere weitere Berücksichtigung.

Bild 2.7:
IT-Mindestan-
forderungen

- *Gesamtplanung und Koordinierung*
  - Ziele, Organisation, Prioritäten, Zeitbedarf, Einführungsstrategien
  - Sicherheit, Wirtschaftlichkeit, Koordinierung

- *IT-Vorhaben*
  - Zuständigkeiten, Vorgehen
  - Vor- und Hauptuntersuchung:
    Ziele, Ist-Analyse, Alternativen, Soll-Vorschlag, Risiko-Analyse,
    Zeit-, Personal-, Sachmittelbedarf, Wirtschaftlichkeit
  - Ausführung IT-Vorhaben:
    Beschaffung Hard- und Software, Vergabe Entwicklungsaufträge,
    Verfahrensentwicklung mit Programmierung:
      Regeln, Aufbau, Benutzerfreundlichkeit, Verfahrensdoku-
      mentation
    Test und Freigabe, Einführung
  - Verfahrenspflege und -änderungen

- *Betrieb von IT-Verfahren*
  - Funktionentrennung und Verantwortlichkeiten
  - Verfahrensbetrieb bei Funktionentrennung:
    Datenerfassung, Eingabe, Arbeitsplanung und -vorbereitung
    Datenverarbeitung
  - Verfahrensbetrieb bei eingeschränkter Funktionentrennung:
    Sicherheitsmaßnahmen
  - Einsatz von Netzwerken: Vernetzung, Verwaltung und Steuerung
  - Einsatz von Datenbanksystemen: Datenintegrität, -konsistenz,
    Zugriffsschutz

- *Erfolgskontrolle*
  Kostenentwicklung, Dokumentation

- *Qualitätssicherung*
  Beachtung Vorgehensweisen, Arbeitstechniken (Methoden, Werkzeuge), Ordnungsmäßigkeit Verfahren, Schwachstellen

- *Sicherheit beim Einsatz der IT*
  - Risikoanalyse und Sicherheitskonzept
  - Regelungen zur Sicherheit der IT
  - Notfallplanung und Notorganisation

2.2.8   Die Normen

Lassen Sie uns abschließend noch einen Blick auf denjenigen Bereich werfen, der sich ebenfalls mit prüfungsrelevanten Sachverhalten der DV befaßt, jedoch bisher noch gar nicht angesprochen wurde: Der Bereich der deutschen, europäischen sowie internationalen Normen (DIN, EN, ISO).

Im Bereich der deutschen Normen [18] regeln die

⇨ DIN 66230 von 1981 den Dokumentationsumfang sowie die
⇨ DIN 66231 von 1982 den Projektentwicklungs-Dokumentationsumfang,
⇨ DIN 66232 von 1985 die Dokumentation von Dateien, Datensätzen usw.,
⇨ DIN 66285 von 1994 (Entwurf) die Prüfungsgrundsätze für Anwendungssoftware, (übereinstimmend mit ISO / IEC 12119 von 1993).

Die DIN 66230 unterscheidet ähnlich wie bereits andere aufgeführte Quellen im wesentlichen zwischen dem

⇨ Anwendungshandbuch sowie dem
⇨ Datenverarbeitungstechnischen Handbuch.

Da keine entscheidenden neuen Gedankengänge vorzufinden sind und wir uns mit den aufgeführten Dokumentationsinhalten noch intensiv befassen werden, soll an dieser Stelle die Norm zur DV-Dokumentation lediglich genannt werden, ohne weiter darauf einzugehen.

Im Rahmen der DIN 66231 zur Projektentwicklung erscheint erwähnenswert, daß wie bereits bei den IT-Mindestanforderungen auch hier der Aspekt der DV-Entwicklung in Form von Projekten in die Betrachtung einbezogen wird. Demzufolge soll laut Norm in die Dokumentation aufgenommen werden:

⇨ Auftrag mit Aufgaben, Zielen, Begründung, ...
⇨ Systemunterlagen zur Vorgabe, Lösung, Organisation, Test und Einführung,
⇨ Bewertungsunterlagen mit Kosten / Nutzen, Methoden, ...
⇨ Entscheidungsunterlagen.

Wie schon bei den IT-Mindestanforderungen aufgeführt, ist ein derartiger Katalog mit einer ganzheitlicheren Betrachtungsweise der DV-Vorhaben auch für die weiterführende Untersuchung notwendig, wenn wir nicht in Gefahr laufen wollen, wesentliche Aspekte unseres Arbeits- und Prüfungsbereichs in der DV-Revision außer Acht zu lassen.

Zusätzlich zu den oben aufgeführten Normen werden wir in Kapitel 6 die Normen für den Bereich Qualitätssicherung DIN ISO 9000 - 9004, sowie DIN ISO 10011 und 10013 [18] mit ihrer Bedeutung für die DV-Revision näher betrachten.

2.3   Ergebnis: Die Ableitung der GoDV

Nach unserem Exkurs in die Ordnungsmäßigkeit der Buchführung und den aus diesen Ursprüngen resultierenden Ableitungen, Interpretationen und Ergänzungen gilt es nun ein Ergebnis für unsere weiteren Betrachtungen abzuleiten.

Im wesentlichen befaßten sich die meisten Regelungen, soweit wir sie untersucht haben, ausschließlich mit dv-gestützten Rechenwerken bzw. mit Anforderungen an die Dokumentation, um die DV-Verfahren nachvollziehbar zu machen.

Veränderungen in Unternehmensabläufen
Seit Herausgabe z.B. der GoS im Jahre 1978 ist die Entwicklung der DV jedoch erheblich fortgeschritten und hat zu tiefgreifenden Veränderungen nicht nur im Bereich des kaufmännischen Rechnungswesens und seinen Arbeitsabläufen geführt. War anfänglich noch die reine Speicherbuchführung Ausgangspunkt, bei der Buchungen auf maschinell lesbaren Datenträgern gespeichert wurden, um sie nur für bestimmte Zwecke lesbar zu machen, so erweiterte sich der Blickwinkel später zunehmend. Wenn die GoS schon für alle DV-Buchführungen Gültigkeit haben sollten, dann letztlich auch für jeden Einsatz der DV im Rahmen des kaufmännischen Rechnungswesens. Aufgrund der rasanten Entwicklung der DV in den letzten Jahren und den damit verbundenen Veränderungen in den Unternehmensabläufen können somit heute Begriffe wie Buchhaltung oder Speicherbuchführung nicht mehr eindeutig abgegrenzt werden.

> *Durch umfassende Systemintegration sind die meisten Teilsysteme der kommerziellen DV mittlerweile mehr oder weniger Zuliefersysteme der Buchhaltung bzw. des Rechnungswesens und unterliegen damit letztlich auch den Anforderungen der GoS.*

Aus den Prinzipien der GoS werden damit zunehmend Grundsätze, die weite Bereiche der Unternehmens-DV umfassen.

Doch werfen wir noch einmal einen Blick auf unseren im Kapitel 1 definierten Gegenstand der DV-Revision. Wir haben die DV dort als Subsystem unseres Unternehmens abgegrenzt, bestehend aus

➪ DV-Anwendungen (dv-gestützte Informations- und Abrechnungssysteme) und zugehörigen Anwendern,

➪ DV-Entwicklung und DV-Produktion,

➪ DV-Organisation.

Weiterhin haben wir die Ordnungsmäßigkeit und Sicherheit (neben der Wirtschaftlichkeit) für alle Komponenten als erforderlich und damit zu Prüfungsbereichen erklärt. Wie wir allerdings feststellen mußten, befassen sich die wesentlichen gesetzlichen Vorschriften, Interpretationen und Ableitungen insbesondere mit dem dv-gestützten Rechnungswesen und weniger mit dem von uns definierten Gegenstand der DV-Revision. Zwischen unserem Anspruch und den vorhandenen Regelungen besteht somit noch eine Lücke, die es zu schließen gilt.

Um zur Ordnungsmäßigkeit und Sicherheit aller genannten Komponenten etwas aussagen zu können, erscheint es nur wenig befriedigend, lediglich z.B. die GoS mit dem Hinweis heranzuziehen, daß vieles in der DV als *Zuliefersystem* zur Buchhaltung eingestuft werden kann. Erforderlich ist demgegenüber vielmehr ein *wesentlich erweiterter Ansatz* – wir müssen umfassende „Grundsätze ordnungsmäßiger Datenverarbeitung (GoDV)" definieren, mit denen wir alle aufgeführten Komponenten der DV erfassen und den Gegenstand der DV-Revision vollständig abdecken können.

Bild 2.8:
Erweiterung der
Grundsätze

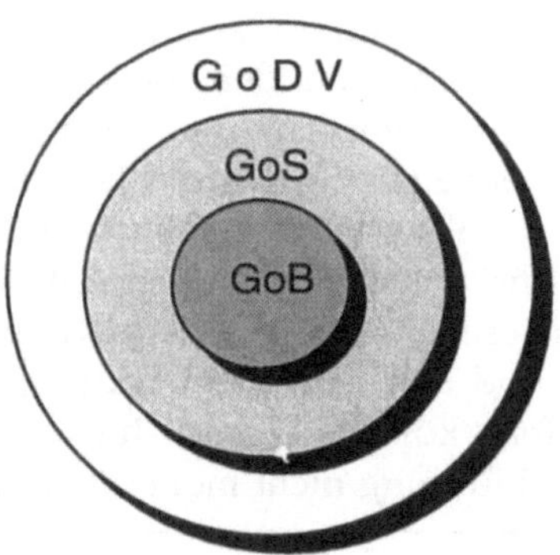

Doch wie läßt sich das bewerkstelligen? Greifen wir beispielsweise die DV-Entwicklung heraus, so haben wir bereits festgestellt, daß weder im HGB, noch in der steuerlichen Gesetzgebung oder den resultierenden Veröffentlichungen wie GoS bzw. ADV-Merkblatt hierzu Anforderungen oder Regelungen vorliegen. Ansätze und Aussagen finden sich lediglich z.B. in der FAMA-Stellungnahme, auf die wir noch zurückkommen werden, oder aber in den IT-Mindestanforderungen. Grundsätze und Regeln in diesem Bereich sind somit frei abgeleitet aus selbstbestimmten Prüfungsaufträgen oder Stellungnahmen.

Betrachten wir die Literatur zu dem Thema, so haben sich in der Vergangenheit verschiedene Arbeitskreise mit der Erarbeitung von Grundsätzen ordnungsmäßiger DV befaßt. Zu nennen ist z.B. der GUIDE-Arbeitskreis, der bereits 1981 erste Überlegungen hierzu formuliert hat [19], die wenig später als GoDV erschienen sind. Zu nennen ist weiterhin *Schuppenhauer,* der sich als GoDV-„Papst" mit großer Intensität der damit verbundenen Fragen angenommen hat und auch kontroverse Auseinandersetzungen mit Fachkollegen zu dem Themenkomplex nicht scheut [10].

Wir wollen nicht die Auseinandersetzung nachvollziehen, ob es nun der GoDV wirklich bedarf oder nicht bzw. ob nicht auch aus GoB oder GoS ausreichende Ableitungen möglich sind usw. Es soll uns in dem Zusammenhang genügen, die GoDV als notwendig einzustufen und ihre Existenz legitimieren zu können. Weiterhin erscheint es erforderlich, ihre Ableitung hinreichend nachvollziehbar zu machen.

In zwei Schritten zu den GoDV

Unseren Ansatz für die Ableitung der GoDV haben wir in Bild 2.9 dargestellt. Im *ersten Schritt* legen wir gesetzliche Vorschriften zugrunde, wie sie in Form der GoB für den Bereich des Rechnungswesens oder des BDSG für die personenbezogenen Daten vorhanden sind. Wesentliche Interpretationen und Ergänzungen wie die GoS, die FAMA-Stellungnahme sowie andere von uns aufgeführte Quellen ziehen wir im *zweiten Schritt* hinzu. Für den Bereich des dv-gestützten Rechnungswesens können wir alle genannten Anforderungen wie Prinzipien der Buchführung, zu treffende Maßnahmen oder Informationsinhalte von Dokumentationen nun problemlos zuordnen. Sofern *nicht* das Rechnungswesen betroffen ist, das unter Berücksichtigung der Zuliefersysteme heute allerdings bereits den größten Teil der Unternehmens-DV im kommerziellen Bereich umfaßt, müssen die *Eigeninteressen* unseres Unternehmens zu denselben Anforderungen und Ergebnissen führen.

GoDV als Gegenstand der DV-Revision

Im Endeffekt erstrecken sich die GoDV nach einer solchen Interpretation nun auf alle bereits erwähnten Bereiche der Unternehmens-DV, nämlich wie in Bild 2.9 ersichtlich, auf die

⇨ Anwendungen,
⇨ Informationstechnologie (IT) sowie die
⇨ Organisation.

Unter den Anwendungen verstehen wir im wesentlichen die *Software-Komponenten* der bereits in Kapitel 1 aufgeführten dv-gestützten Informations- und Abrechnungssysteme.

In diesem Bereich sind die GoDV maßgeblich für

⇨ Verarbeitung und Datenhaltung, weiterhin jedoch auch für
⇨ Ein- und Ausgaben sowie Schnittstellen.

Daß auch Aspekte wie Funktionssicherheit und Transparenz auf der Basis einer den Ordnungsmäßigkeitsanforderungen genügenden Dokumentation hierzu gehören, versteht sich nach den bisherigen Ausführungen fast von selbst.

Neben den Anwendungen haben wir auch die IT aufgenommen, worunter wir die Teilbereiche *DV-Entwicklung* und *DV-Produktion* verstehen. Außerdem unterliegt nach unserem Verständnis ebenfalls die *DV-Organisation* den Anforderungen der GoDV.

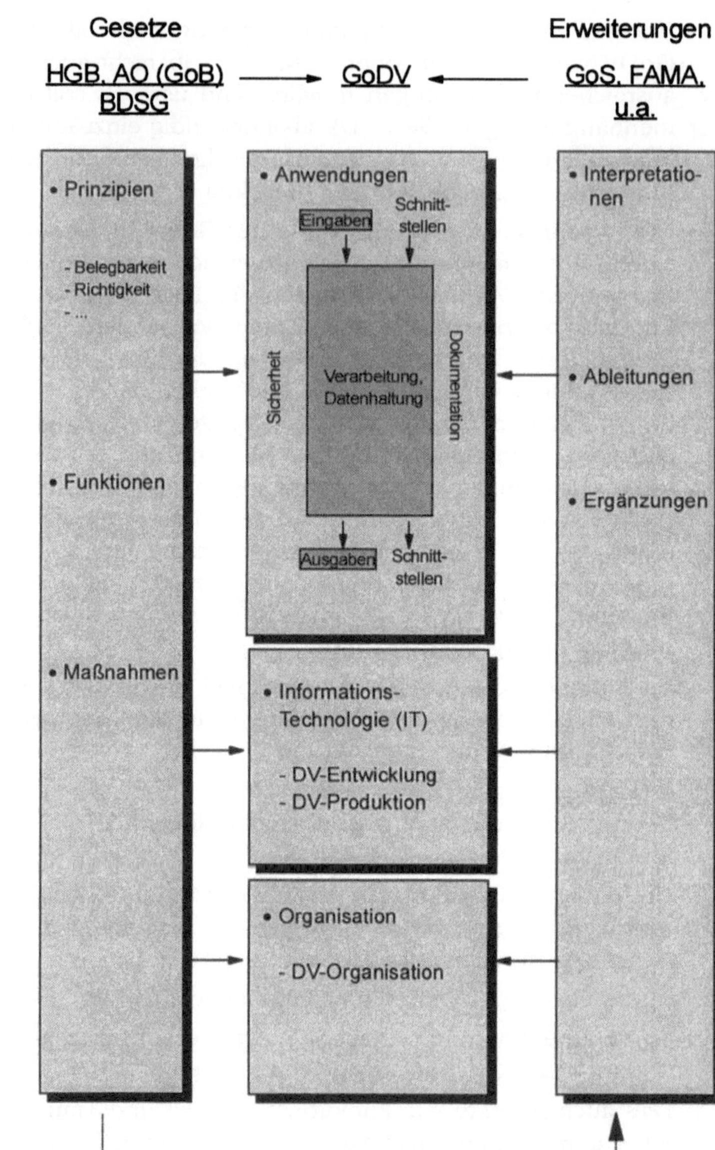

Daß sich hinter der noch recht pauschalen Einordnung eine Vielzahl von Einzelanforderungen verbirgt, die einer weiteren Erläuterung bedürfen, muß kaum besonders herausgestellt werden. Wir werden deshalb für eine detailliertere Betrachtung der Einzelanforderungen unseren Gedankengang weiterentwickeln, aufgrund dessen wir nun eine *Deckungsgleichheit*

zwischen den GoDV einerseits und dem *Gegenstand der DV-Revision* andererseits (siehe Kapitel 1.1 und Bild 1.2) herausgearbeitet haben.

Folgerichtig betrachten wir somit in Kapitel 3 die mit dem Wirkungsbereich der GoDV ebenfalls deckungsgleichen Risiken der DV näher. In Kapitel 5 werden wir dann alle wesentlichen Einzelaspekte beleuchten, die aus der Sicht der GoDV Ordnungsmäßigkeit und Sicherheit von DV-Anwendungen, DV-Entwicklung, DV-Produktion sowie DV-Organisation ausmachen.

3   DV als Risiko – Gefahrenerkennung und Bewertung

Gegenstand und Bereiche der DV-Revision sind uns mittlerweile bekannt, die Grundsätze einer ordnungsmäßigen Datenverarbeitung haben wir im letzten Kapitel abgeleitet, das nötige Rüstzeug und Basiswissen um die Rahmenbedingungen unserer Tätigkeit sollte somit vorhanden sein.

Wir wollen uns mit einem derartigen Hintergrund nun in die Alltagspraxis der DV-Revision begeben und zunächst einen Blick auf die bestehenden Risiken der DV werfen. Daß dabei die GoDV als Voraussetzung unserer Betrachtung hilfreich sind, liegt auf der Hand: Art und Umfang der Anwendung und Einhaltung der GoDV sind wesentliche Bestimmungsfaktoren der *Risikobereiche* (siehe Bild 3.1).

Bild 3.1:
Einordnung
Kapitel 3

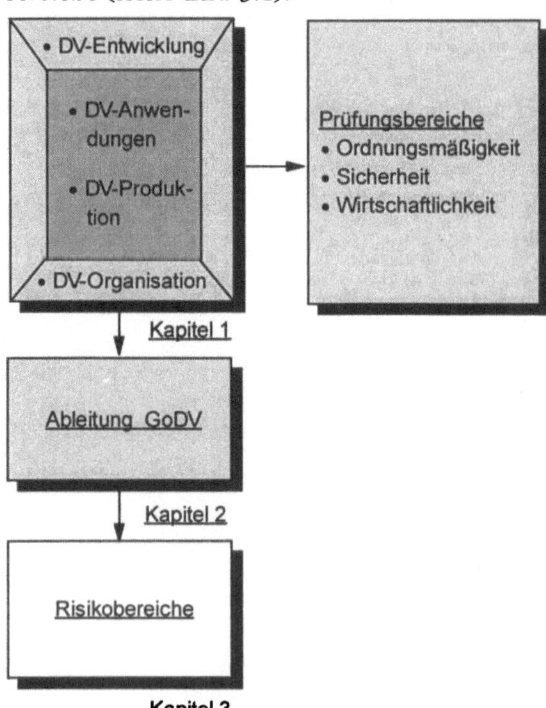

3.1   Risikopotentiale und deren Analyse

Wir werden uns im vorliegenden Kapitel mit Beobachtungen befassen und versuchen, sie im Gesamtzusammenhang zu bewerten. Hierbei werden wir erkennen, ob es sich bei den Beobachtungen möglicherweise um Hinweise handelt, die auf Risiken deuten.

> *Ein **Risiko** ist die Möglichkeit, daß eine Handlung oder Aktivität körperlichen oder materiellen Schaden oder Verlust zur Folge hat oder mit anderen Nachteilen verbunden ist [20].*

Bei der Erforschung von Risiken müssen wir uns zuerst mit den möglichen Quellen befassen, die ursächlich für das Entstehen von Risiken sind. Dabei können wir drei Gruppen identifizieren (siehe Bild 3.2):

Bild 3.2:
Risikopotentiale

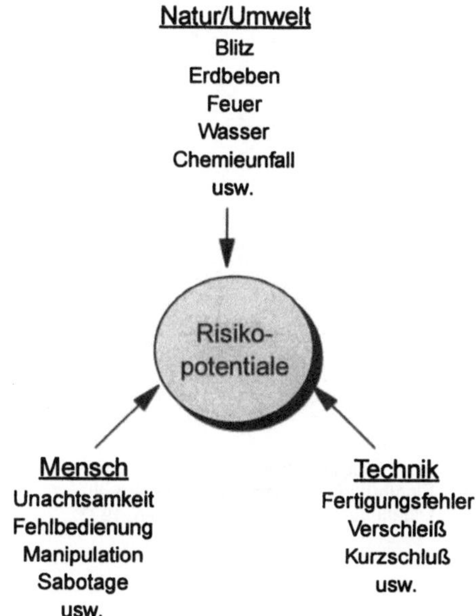

⇨ Natur /Umwelt
   Hierbei umfaßt das Risiko z.B. Blitz, Feuer, Wasser, Erdbeben. Die verursachten Schäden sind unbeabsichtigt, kaum direkt beeinflußt und je nach Region mehr oder weniger wahrscheinlich.

⇨ Mensch
   Hierbei reicht das Risiko von simpler Fahrlässigkeit bis hin zu kriminellen Aktivitäten wie Sabotage, Spionage u.ä. Der Mensch ist der größte Risikofaktor [21] und verursacht sowohl beabsichtigte als auch unbe-

absichtigte Schäden (Vorsatz, Fahrlässigkeit). Die Wahrscheinlichkeit der Schadensverursachung ist als hoch einzustufen.

⇨ Technik
Hierbei umfaßt das Risiko jede Form von technischen Defekten. Hierzu gehören Verschleiß (z.B. Ausfall von Laufwerken), Unzulänglichkeiten bei der Fertigung (z.B. Fehler auf Datenträgern) u.ä. Das Risiko ist stets vorhanden, die Schäden sind in der Regel unbeabsichtigt.

Bei einer Umfrage bezüglich Beeinträchtigungen im DV-Bereich (siehe Bild 3.3) ergaben sich Ursachen, die zum überwiegenden Teil auf fehlerhafte Arbeit sowie technische Defekte hinweisen [22].

Bild 3.3:
Beeinträchtigungen DV-Bereich

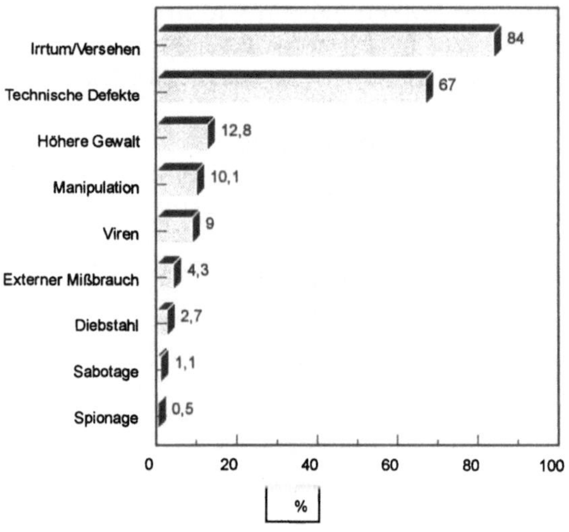

Quelle: nach Pohl, H., Weck, G.(Hrsg.): Handbuch 1, Einführung in die Informationssicherheit, Oldenbourg Verlag München Wien, 1993

Gemeinsam ist den Risiken, die für die DV des Unternehmens zu betrachten sind, daß sie sich auf alle Bereiche der IT-Sicherheit (siehe Bild 3.4) auswirken.

Durch solche Risiken wird direkt und indirekt auch die Sicherstellung der GoDV bedroht. Es erscheint deshalb erforderlich, frühzeitig Risiken zu erkennen und sowohl vorbeugende Maßnahmen als auch solche zur Reduzierung von Schäden bei deren Eintritt zu definieren. Hierzu müssen für jedes erkannte Risiko folgende Faktoren zur Risikobewertung und -bewältigung bestimmt werden:

⇨ Wahrscheinlichkeit des Schadenseintritts,

⇨ Höhe des möglichen Schadens bei
  ◦ unmittelbaren Schäden,
  ◦ mittelbaren Schäden,
  ◦ materiellen Schäden,
  ◦ immateriellen Schäden,

⇨ Maßnahmen zur Reduzierung des Risikos
  (vorbeugende Maßnahmen),

⇨ Kosten/Aufwand zur Reduzierung des Risikos,

⇨ Maßnahmen zur Behebung und Reduzierung des Schadens
  (Maßnahmen bei Schadenseintritt),

Bild 3.4:
IT-Sicherheit

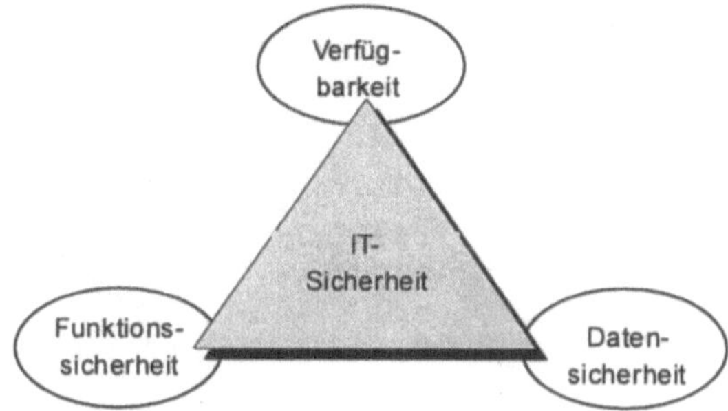

⇨ Kosten/Aufwand zur Behebung und Reduzierung des Schadens.

Die Zusammenstellung solcher Faktoren bezeichnen wir als *Risikoanalyse*, aus deren Ergebnissen wir ein Sicherheitskonzept mit den zu ergreifenden Maßnahmen entwickeln können (siehe Bild 3.5).

Die wesentliche Voraussetzung zur Erstellung einer Risikoanalyse und eines Sicherheitskonzepts ist die *Erkennung* von Risiken. Ein guter Ansatz zur Erkennung ist die Fragestellung, inwieweit es sich bei Beobachtungen, die wir im Rahmen von Untersuchungen machen, um *Risikoindikatoren* handelt.

Risikoindikatoren sind Anzeichen für mögliche, bereits existierende oder erst zukünftig entstehende Risiken.

Risikoindikatoren wirken für sich allein gesehen oft recht harmlos und unproblematisch, doch sie sind in ihrer Gesamtheit ein hilfreiches Mittel, tatsächlichen Risiken auf die Spur zu kommen und somit das Risikopotential beurteilen zu können. In Anhang 1 haben wir eine Liste der Risikoindikatoren zusammengestellt. Nicht jeder Risikoindikator birgt zwangsläufig Risiken. Risiken ergeben sich vielmehr dort, wo Risikoindikatoren gehäuft auftreten und keine Maßnahmen zu ihrer Behandlung oder besser noch Kompensation ergriffen werden. Eine klare Abgrenzung vom Risiko-indikator zum Risiko ist nicht immer möglich, denn der Übergang ist flie-ßend. Für unsere weiteren Betrachtungen ist eine solche Abgrenzung allerdings auch nicht zwingend erforderlich.

Bild 3.5:
Risikoanalyse
und Sicher-
heitskonzept

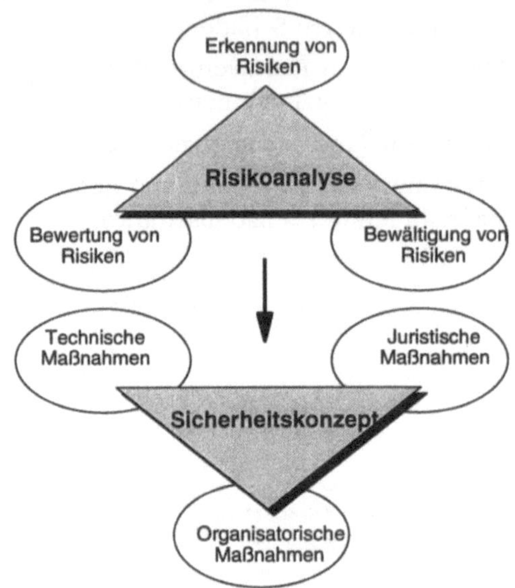

3.2   Fallbeispiel: Fiktion oder Wirklichkeit?

In unserem Fallbeispiel gehen wir von einem größeren mittelständischen Unternehmen aus, das über 3 Niederlassungen verfügt. Da wir keine branchenspezifischen Besonderheiten zu berücksichtigen haben, müssen wir das Unternehmen nicht weiter spezifizieren.

Bei der Jahresabschlußprüfung stellt der Wirtschaftsprüfer fest, daß es sinnvoll ist, den Einsatz der DV im Unternehmen umfassend zu untersuchen (z.B. durch eine Systemprüfung, siehe Kapitel 4.1). Wir werden uns dabei weniger um die Methodik der durchgeführten Prüfung kümmern als vielmehr um die Beobachtungen, die im Rahmen der Untersuchung erfolgten.

Geschäftsfüh-
rung positiv ein-
gestellt

Bei Eintreffen im Unternehmen werden wir von der Geschäftsführung begrüßt, die uns versichert, daß für sie unsere Untersuchung wichtig ist, denn sie sei sich des Stellenwerts der DV bewußt. Alle Mitarbeiter sind angewiesen, uns die erforderlichen Informationen zur Verfügung zu stellen.

Aus Gesprächen mit den Mitarbeitern und Einsicht in verschiedene Unterlagen sammeln wir folgende Beobachtungen:

Personelle Organisation

DV-Leiter unersetzlich

- Aus dem Organigramm ist ersichtlich, daß der DV-Leiter z.Zt. über keinen Stellvertreter verfügt.

- Die Systementwicklung besteht aus 3 Mitarbeitern, wovon 2 erst im vergangenen Quartal eingestellt wurden. Die Systementwicklung verfügt zeitweise über 2 freie Mitarbeiter zusätzlich, die mit der Betreuung der dezentralen Anwendungen in den Niederlassungen betraut sind.

Abhängig von externen Dienstleistern

- Aufgrund der personellen Situation verfügen nur der DV-Leiter und ein Mitarbeiter über umfangreiches Anwendungswissen bezüglich der Anwendungen am Stammsitz des Unternehmens. Das Anwendungswissen bezüglich der dezentralen Anwendungen in den Niederlassungen ist auf die beiden externen Mitarbeiter konzentriert.

Hardwareausstattung

- Am Stammsitz des Unternehmens sind 2 Rechner vom Typ XY (Produktionsrechner I und II) vorhanden, mit insgesamt 140 angeschlossenen Arbeitsplätzen (PCs). Zusätzlich existieren einige Einzel-PCs.

- In den Niederlassungen sind PC-Netzwerke im Einsatz mit ca. 120 Benutzern.

- Die Server in den Niederlassungen sind mit dem Produktionsrechner II durch Fernsprech-Wählleitungen verbunden, über die täglich Daten ausgetauscht werden.

Überblick fehlt

- Eine Übersicht zu vorhandenen Systeme liegt nicht vor, wird jedoch vom DV-Leiter kurz skizziert.

- Eine genaue Aufstellung über die Konfiguration der Netzwerke ist nicht vorhanden.

Anwendungssoftware

Gewachsene Anwendungslandschaft

- Das Unternehmen setzt seit 6 Jahren auf dem Produktionsrechner II die Standardsoftware-Pakete FIBU und LOHN ein (für den Finanzbuchhaltungs- bzw. Lohnabrechnungsbereich).

- Für Kalkulation / Inventur sind zusätzliche, eigenerstellte PC-Anwendungen auf Basis von Tabellenkalkulationen im Einsatz.

- Weitere Standard-Pakete finden sich im Bereich Textverarbeitung sowie in sonstigen Einsatzgebieten auf den vorhandenen PCs im Hause.

- Für die Materialwirtschaft wurde eine eigene Anwendung MATERIAL erstellt, die ebenfalls 6 Jahre alt ist.

- In den Niederlassungen werden mit Individual-PC-Anwendungen Arbeitszeiten erfaßt, weiterhin die Rechnungen von Lieferanten sowie Lagerzu- bzw. -abgänge.

<u>Übersicht und Zusammenspiel der Anwendungen</u>

- Eine Übersicht über die im Einsatz befindlichen Anwendungen mit Schnittstellen existiert nicht.

Maschinelle und manuelle Schnittstellen parallel

- Die mittels der PC-Anwendungen in den Niederlassungen erfaßten Arbeitszeiten und Rechnungen von Lieferanten werden über Wählleitung an die Anwendungen FIBU und LOHN übermittelt. Die Lagerzu- und -abgänge werden einmal im Monat als Druckliste protokolliert und anschließend manuell am Stammsitz des Unternehmens in die Anwendung MATERIAL eingegeben.

Brennpunkt dezentrale Anwendungen

- Die dezentralen Anwendungen, die in den Niederlassungen Rechnungen von Lieferanten und Arbeitszeiten verarbeiten, sind fehlerbehaftet. Die externen Mitarbeiter sind dort mit Beseitigung der Fehler und regelmäßiger Datenbereinigung beschäftigt. Aufgrund dieser Fehler und der komplexen Bedieneroberfläche sind die Mitarbeiter der Fachabteilungen unzufrieden. Hinzu kommt, daß durch die Fehlerbereinigung den externen Mitarbeitern nur wenig Zeit bleibt, erforderliche Änderungen und Erweiterungen an den Anwendungen vorzunehmen.

- Bei der dezentralen Anwendung, die die Lagerbewegungen verarbeitet, sind derzeit keine Fehler bekannt.

Fehlerkorrektur mit unprotokollierten Systemeingriffen

- Bedingt durch die teilweise fehlerhaften Daten verfügen 2 Mitarbeiter der Abteilung Lohnabrechnung über die Berechtigung, Daten mittels des Dienstprogramms für den Datenbankadministrator zu verändern. Das Dienstprogramm protokolliert die Eingriffe nicht. Die Mitarbeiter sind hierfür nicht gesondert geschult. Eingriffe werden von den Mitarbeitern handschriftlich festgehalten und vom Leiter der Abteilung abgezeichnet.

Interne Revision ist aktiv

- Die interne Revision kümmert sich zur Zeit schwerpunktmäßig um die fehlerhaften sowie korrigierten Daten und prüft, ob hierfür nicht ein gezielter Prüfungsauftrag an einen externen Gutachter vergeben werden soll.

Trend zu Standards

- Zur Zeit wird eine Anwendung erstellt, die als Unterstützung zur Vertragsverwaltung eingesetzt werden soll. Im Rahmen des Projekts wird das Entwicklungs-Werkzeug CASE eingesetzt. Dafür werden Projektstandards erarbeitet, die auch für zukünftige Projektarbeiten bindend sind.

<u>Kontrollmöglichkeiten und -maßnahmen</u>

- Organisationshandbücher existieren nicht, vielmehr wurden für Teilbereiche Arbeitsanweisungen erstellt, die jedoch nicht mehr gepflegt werden.

- Die Erstellung von handschriftlichen Nachweisen bei Eingriffen in den Datenbestand erfolgt angabegemäß nicht lückenlos.

Kontrollen wegen fehlerhafter Daten

- Als funktionssicher ist die Verarbeitung im Bereich FIBU einzustufen. Vor Übernahme der Rechnungsdaten aus den dezentralen Anwendungen in die Anwendung FIBU am Stammsitz werden diese in den Niederlassungen gedruckt und gegen das Rechnungseingangsbuch abgeglichen. Fehlerhafte Daten werden so vor Übernahme identifiziert und von den externen Mitarbeitern korrigiert. Zu den Korrekturen wird jeweils ein Protokoll erstellt, das einmal im Monat an den Stammsitz übermittelt wird.

Stichproben zur Risiko-Minderung

- Im Bereich LOHN werden die fehlerhaften Daten nur bei Stichproben erkannt. Aufgrund der kurzen Zeit zwischen Übernahme der Daten aus den Niederlassungen und der monatlicher Lohnabrechnung ist es den Sachbearbeitern nicht möglich, alle Daten zu prüfen.

Ungeprüfte Doppeleingaben

- Fehler bei der Eingabe von Daten zu Lagerbewegungen werden lediglich bei der Inventur erkannt und dabei korrigiert.

<u>Dokumentation</u>

Wenig Dokumentation – aufwendige Wartung

- Fachkonzepte, Technische Entwürfe o.ä. existieren zu den Anwendungen, die in Produktion sind, kaum.

- Zu den Standardsoftware-Paketen stehen den Benutzern aktuelle Handbücher zur Verfügung.

- Die umfangreichen Benutzerhandbücher zu den dezentralen Anwendungen sind zwischenzeitlich veraltet.

- Eine Verfahrensbeschreibung, die den Ordnungsmäßigkeitsanforderungen genügt, wird nicht vorgefunden.

<u>Programmänderungsverfahren</u>

Unbürokratisches Änderungsverfahren

- Es existiert kein Änderungsverfahren. Änderungsanforderungen der Fachabteilungen werden soweit möglich, direkt „auf Zuruf" erledigt. Die Übernahme von Anwendungen in die Produktion erfolgt nach dem Test durch die Entwickler. Die Fachabteilung führt keine eigenen Tests durch. Das Verfahren hat angabegemäß noch nie zu größeren Problemen geführt.

- Die Wartung der zentralen Anwendungen erfolgt auf dem Produktionsrechner I in einer eigenen Wartungs- und Testumgebung.

<table>
<tr><td>

**Produktions-
daten als
Testdaten**

</td><td>

- Die Wartung der dezentralen Anwendungen erfolgt auf Entwicklungs-PCs. Getestet wird jedoch auch in der Produktionsumgebung, was angabegemäß die Mitarbeiter der Fachabteilungen zeitweise behindert.

</td></tr>
</table>

<u>Geplante Veränderungen im Bereich DV</u>

<table>
<tr><td>

**Wenige Krite-
rien bei Aus-
wahl Standard-
software**

</td><td>

- Es ist geplant, die Anwendungen FIBU und LOHN im nächsten Geschäftsjahr durch das integrierte Standardsoftware-Paket FI&LO PLUS des gleichen Herstellers abzulösen. Eine Planung hierzu existiert noch nicht. Alternative Lösungen wurden nicht betrachtet. Man entschied sich für FI&LO PLUS, da der Hersteller einen einfachen Übergang von den Altanwendungen zugesichert hat Die Fachabteilungen wurden darüber lediglich informiert.

</td></tr>
</table>

<table>
<tr><td>

**Materialwirt-
schaft nach-
vollziehbar?**

</td><td>

- Für die Anwendung MATERIAL ist ein Reverse Engineering Projekt geplant, mit dem Ziel, eine Dokumentation zu erstellen, die im Wartungsfall den Aufwand deutlich verringern soll.

</td></tr>
</table>

- Geplant ist die Integration einer neuen Benutzerverwaltung für die Anwendung MATERIAL.

- Die interne Revision betreut die Erstellung eines neuen Organisationshandbuchs, das Teil einer Verfahrensbeschreibung werden soll. In das Organisationshandbuch fließen alle bereits vorhandenen Arbeitsanweisungen ein.

<u>Zugriffskontrollen und Zugangssicherung</u>

- In sämtlichen Anwendungsbereichen erfolgen die Benutzerzugriffe nach Eingabe einer Benutzerkennung sowie eines Paßwortes. Während die Vergabe der Benutzerkennung durch die DV-Abteilung erfolgt, werden die Paßworte durch die Benutzer selbst eingegeben und auch gewechselt. Ein Zwang zum Paßwortwechsel erfolgt nicht

- Im Bereich der zentralen Anwendungen werden die Benutzerrechte gekoppelt an Menüs und Benutzergruppen vergeben. Die Rechte sind bei der Anwendung MATERIAL in Quellprogrammen fest programmiert und werden z.T. im Programm auch benutzerabhängig modifiziert. Bei den Standardsoftware-Paketen gibt es hierzu Funktionen, die von den Mitarbeitern der DV-Abteilung genutzt werden.

<table>
<tr><td>

**DV-Mitarbeiter
uneinge-
schränkt privi-
legiert**

</td><td>

- Alle Mitarbeiter der DV-Abteilung haben uneingeschränkte Zugriffsrechte.

- Die externen Mitarbeiter haben für die dezentralen Anwendungen den Benutzerstatus „Systemverwalter" und somit uneingeschränktes Zugriffsrecht.

</td></tr>
</table>

    • Die Mitarbeiter haben die Möglichkeit, im Notfall von zu Hause aus über Modems in die Rechner einzugreifen.

Ehemalige Mitarbeiter im System

    • In der Liste der Benutzerkennungen sind solche von Mitarbeitern vorhanden, die das Unternehmen bereits vor längerer Zeit verlassen haben.

    • Eine Aufstellung aller Benutzer mit Namen, Benutzerkennungen sowie Zugriffsrechten kann nur für die Standardsoftware-Pakete erstellt werden.

Mehrere Wege zum Rechenzentrum

    • Das Rechenzentrum mit den Produktionsrechnern I und II wurde vor kurzem in neue, im Erdgeschoß gelegene Räumlichkeiten verlagert. Der Zugang erfolgt vom Gebäude her durch eine verschlossene Tür mit Klingel und Sprechanlage, weiterhin vom Hof aus. Sichtkontakt vom Operator zum Besucher besteht nicht.

Wenig Angst vor Sabotage

    • Der weitere Zugang vom Hof aus verfügt über eine Tür, die mit dem Schild „Rechenzentrum" versehen ist. Die Tür wird tagsüber unverschlossen vorgefunden.

    • Der eigentliche Rechnerraum ist durch eine weitere verschließbare Tür gesichert, in der jedoch der Schlüssel steckt.

<u>Datensicherung und Archivierung</u>

Datenverlust wird inkauf genommen

    • Es findet eine tägliche Datensicherung statt, die Sicherungsbänder werden im Rechnerraum in einem verschlossenen Schrank aufbewahrt.

    • Einmal im Monat wird eine Sicherung in den Tresor eines Nebengebäudes zu den archivierten Datenbeständen ausgelagert.

<u>Einbruchs- und Brandschutz</u>

    • Der Rechnerraum verfügt über eine Brandschutzanlage und ist klimatisiert.

Papier im Rechnerraum

    • Das Papierlager befindet sich im Rechnerraum, ist jedoch durch eine Stellwand abgetrennt.

    • Eine Alarmanlage ist geplant, jedoch noch nicht installiert.

    • Ein Katastrophenplan existiert nicht.

Real oder konstruiert?

Sicher erscheinen die oben aufgeführten Beobachtungen in ihrer Gesamtheit etwas gehäuft, doch sind alle Punkte in der Praxis vorgefunden worden, weshalb der eine oder andere Sachverhalt auch dem Leser vertraut sein wird.

Die Risiken, die sich aus unseren Beobachtungen ableiten lassen, reichen von Arbeitsmehraufwand der Mitarbeiter (z.B. durch vollständige Prüfung der Rechnungsdaten), der Verfälschung und dem Verlust von Vermögenswerten (z.B. durch falsche Eingabe von Lagerbewegungen) bis hin zum Gesetzesverstoß (z.B. durch falsche Lohnabrechnung, unprotokollierte Systemeingriffe).

Wir erkennen, daß Risiken verschiedene Bedeutung haben. Arbeitsmehraufwand der Mitarbeiter ist sicher nicht einem Gesetzesverstoß gleichzusetzen. Um dies zu verdeutlichen, ordnen wir die Risiken im folgenden hierarchisch ein (siehe Bild 3.6).

Bild 3.6:
Risikohierarchie

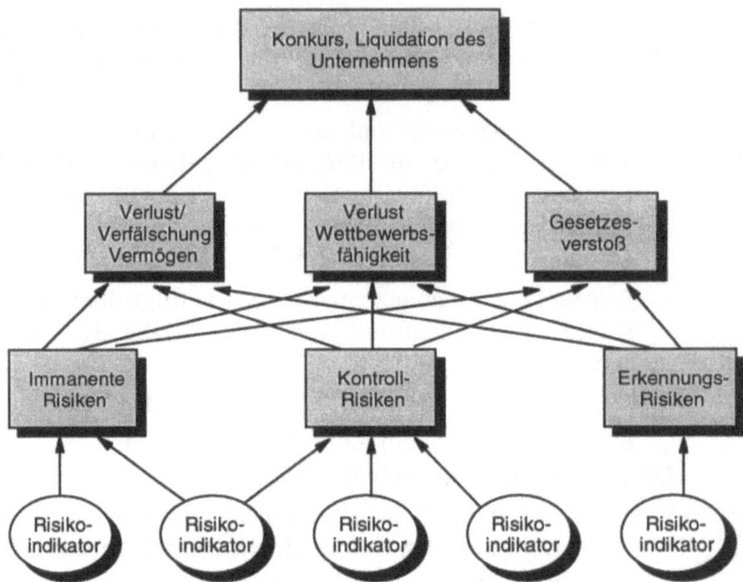

Wir haben für unseren Überblick 3 Ebenen in der Hierarchie vorgesehen. Mehr Ebenen sind bei weiterer Detaillierung möglich, jedoch für die Betrachtung nicht erforderlich. Als Basis für die Hierarchiestufen haben wir unter dem Gesichtspunkt der Risiken, die mit dem Einsatz der betrieblichen DV zusammenhängen, wie folgt 3 Gruppen definiert.

Immanente Risiken

Darunter verstehen wir alle Risiken, die sich durch den Einsatz von DV *an sich* im Betrieb ergeben.

Kontrollrisiken

Darunter verstehen wir alle Risiken, die sich dadurch ergeben, daß Kontrollmaßnahmen nur unzureichend vorhanden oder wirksam sind.

Erkennungsrisiken

Darunter verstehen wir alle Risiken, die sich dadurch ergeben, daß bei Prüfungen Risiken nicht oder nicht vollständig *erkannt* werden.

Den aufgeführten Gruppen können wir erkannte Risikoindikatoren und notwendige Maßnahmen gezielt zuordnen. Risikoindikatoren, die wir in diesen Gruppen erkennen, geben Aufschluß zu allen darüber gelagerten

Risiken bis hin zum Überleben oder Nicht-Überleben des Unternehmens. Deshalb stellen wir die genannten Gruppen in den Mittelpunkt unserer Risikobetrachtungen aus der Sicht der DV-Revision (siehe Bild 3.7).

Bild 3.7:
Risiken aus Sicht DV-Revision

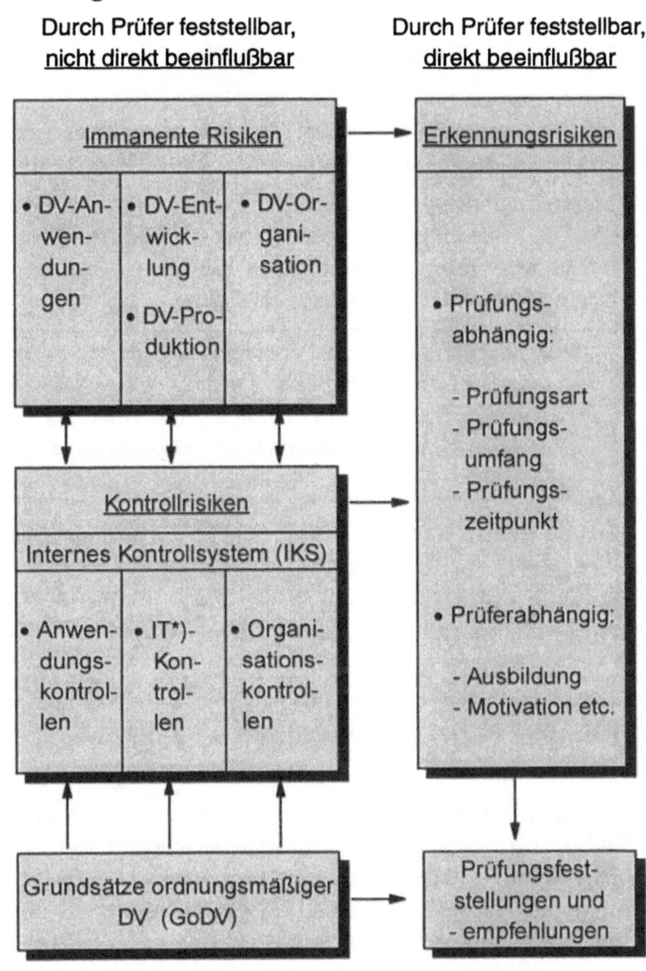

3.3   Immanente Risiken

Organisation, Entwicklung, Produktion

Durch den Einsatz der DV im Unternehmen ergeben sich eine Vielzahl von Risiken, die ein Prüfer oder Revisor zwar erkennen und feststellen, auf die er jedoch direkt keinen Einfluß nehmen kann.

Immanente Risiken bilden eine grundsätzliche Bedrohung der *Sicherheit* von DV-Systemen. Was unter solcher Sicherheit von IT-Systemen zu verstehen ist, wurde z.B. im Projekt REMO (gefördert vom Bundesminister für Forschung und Technologie) definiert.

Unter Sicherheit von IT-Systemen versteht man eine Eigenschaft des IT-Systems, bei der Maßnahmen gegen die im jeweiligen Einsatzumfeld als bedeutsam angesehenen Bedrohung der Integrität, der Verfügbarkeit und der Vertraulichkeit in dem Maße wirksam sind, daß die verbleibenden Risiken tragbar sind.

Deutlich wird, daß von einem verbleibenden Restrisiko ausgegangen wird. Wie hoch ein solches Restrisiko ausfällt, ist abhängig von den Maßnahmen, die wir z.B. mittels der Risikoanalyse und dem daraus entwickelten Sicherheitskonzept (siehe Kapitel 3.1) bewerten und festlegen können.

Ohne Restrisiko lassen sich DV-Systeme nicht betreiben.

Betrachten wir zunächst die Risiken im Bereich

DV-Anwendungen.

Wie werden Risiken bei DV-Anwendungen erkannt? Hierzu gibt es eine Reihe von Faktoren, die untersucht werden müssen, so insbesondere die sogenannten „Grundbedrohungen", denen IT-Systeme generell und damit auch die DV-Anwendungen ausgesetzt sind. Zu solchen Grundbedrohungen oder wesentlichen Grundrisiken [30, 23] gehört der Verlust von

⇨ Vertraulichkeit,
⇨ Verfügbarkeit,
⇨ Integrität und
⇨ Verbindlichkeit.

Vertraulichkeit

Der Verlust an Vertraulichkeit bedeutet einen *unberechtigten Informationsgewinn* durch Unbefugte. Demnach richtet sich die Grundbedrohung insbesondere gegen Daten (bzw. Informationen) der DV-Anwendungen. Das Risiko nimmt in dem Maße zu, wie Berechtigungskonzepte, Zugangsregelungen und Anforderungen des Datenschutzes nur unzureichend realisiert sind oder vorhandene Sicherheitsmaßnahmen nur nachlässig genutzt werden.

Verfügbarkeit — Die unzureichende Verfügbarkeit kann sich sowohl auf die Daten als auch auf die Funktionalität der DV-Anwendungen beziehen. So steigt das Risiko mit der Häufigkeit des Auftretens von Systemfehlern, Abstürzen usw., kurzum mit all den Effekten, die wegen mangelnder Fehlererkennung, Fehlertoleranz und Fehlerverarbeitung zur *Instabilität* von Anwendungen führen. Doch neben der Instabilität sind auch lange Wartezeiten auf Daten Ursache für die Beeinträchtigung der Verfügbarkeit.

Integrität — Hierbei handelt es sich um Risiken, die sich auf Daten der DV-Anwendungen auswirken. Der Verlust an Integrität kann durch unzureichende Berücksichtigung von Integritätsbedingungen, *mangelnde Plausibilitätsprüfungen* und vor allem durch *Viren* riskiert werden. Das Risiko steigt in dem Maße, wie Daten ungeprüft verarbeitet und *Redundanzen* (mehrfaches Verwalten gleicher Daten) unkontrolliert erzeugt werden.

Verbindlichkeit — In zunehmendem Maße gewinnt die Möglichkeit, Verträge auf elektronischem Wege zu schließen, an Bedeutung (elektronische Unterschrift). Deshalb muß sichergestellt werden, daß die Urheber zweifelsfrei feststehen. Die Verbindlichkeit ist dort bedroht, wo mittels Verfälschung oder Betrug die Korrektheit der Informationen nicht mehr gewährleistet ist. Das Risiko betrifft hierbei sowohl den Empfänger solcher Informationen als auch den u.U. vermeintlichen Absender.

Zusätzlich zu den vier Grundrisiken müssen Faktoren untersucht werden, die eine Bewertung der konkreten Risiken ermöglichen:

⇨ Strategische Bedeutung der Anwendung,
- Verbindungen zu anderen Anwendungen,
  - Abhängigkeit anderer Anwendungen,
  - Abhängigkeit von anderen Anwendungen,
- Verhältnis Anzahl Mitarbeiter/Anzahl Anwender,
- Nutzungshäufigkeit und -dauer,

⇨ Anwenderakzeptanz,

⇨ Wartungsintensität.

Aus den genannten Faktoren läßt sich die Zuverlässigkeit der DV-Anwendungen sowie die Abhängigkeit des Unternehmens ableiten und somit das Risiko ermitteln und bewerten, das sich aus dem Einsatz der DV-Anwendungen ergibt.

Weitere immanente Risiken finden wir vor in den Bereichen

DV-Entwicklung

DV-Produktion.

Risiken DV-Entwicklung

Betrachten wir die *DV-Entwicklung* als Auftragnehmer für Entwicklungs-, Wartungs- und Installationsaufträge (z.B. bei Standardsoftware) und die Fachbereiche als Auftraggeber für ebengenannte Aufträge, so ergeben sich hieraus alle Risiken, die sich aus einem Auftraggeber-/Auftragnehmerverhältnis ableiten lassen. Ist das Zusammenspiel in einem Unternehmen nicht erkennbar, kann daraus auf eine unklare Zuordnung von Verantwortlichkeit geschlossen werden und somit ein wesentliches Risiko vorliegen.

Auftraggeber / Auftragnehmer

Ist das Verhältnis zwischen Auftraggebern/Auftragnehmern (Fachbereich/ DV-Entwicklung) unklar, so ist das oft an *fehlenden Zuständigkeiten* und Verantwortlichkeiten zu erkennen. Hinzu kommen Risiken von Fehlentwicklung bei DV-Anwendungen, wenn die Fachbereiche nur unzureichend eingebunden werden, was sich in fehlenden, unvollständigen oder *nicht abgestimmten fachlichen Vorgaben* widerspiegelt.

Projektmanagement / -controlling

Mit Mängeln im Bereich Projektmanagement und -controlling wächst das Risiko in der DV-Entwicklung, Termine und Budgets zu überschreiten, oder aber auch am Bedarf der Fachbereiche vorbei zu entwickeln. Entscheidungen werden intransparent und sind u.U. nicht nachvollziehbar, die *Wirtschaftlichkeit* ist in Frage gestellt.

Qualitätssicherung

Die Risiken, die sich aus einem unzureichendes Qualitätsmanagement (siehe Kapitel 6) ergeben, sind breit gefächert und oftmals die Basis der Risiken, die wir bei den DV-Anwendungen betrachtet haben. Risiken aufgrund von Mängeln in der Qualitätssicherung machen sich auch dadurch bemerkbar, daß der Entwicklungsprozeß nicht nachvollzogen oder nachgeprüft werden kann. Hinzu kommt das Fehlen von Methoden, Standards, Dokumentation sowie tragfähigen Testkonzepten.

Entwickler

Auch die Entwickler bilden ein nicht zu unterschätzendes Risikopotential. So ergeben sich Risiken durch deren oftmals *uneingeschränkte Kompetenzen*, so daß sie in DV-Anwendungen unbemerkt und unkontrolliert Eingriffe vornehmen können. Das Risiko steigt in dem Maße, wie Schutzmaßnahmen gegen Manipulationen durch Entwickler unzureichend vorhanden sind.

Zusätzlich sind bei den Entwicklern Risiken zu untersuchen, die sich durch Entwurfs- und Programmierfehler, Bequemlichkeit bei Tests, unzulässige Vereinfachungen, mangelnde Sorgfalt oder einfach *menschliches Versagen* ergeben.

Risiken DV-Produktion

Die Risiken im Bereich der *DV-Produktion* richten sich demgegenüber vor allem gegen die *Sicherheit der Daten* und den *uneingeschränkten Betrieb* von DV-Anwendungen. Insbesondere die Sicherheit der Daten ist hier in den Vordergrund zu stellen, berücksichtigt man die hohe Abhängigkeit der Unternehmen von der DV. Oftmals befindet sich das gesamte Wissens- und Erfahrungspotential eines Unternehmens auf Datenträgern. So ist es kaum erstaunlich, daß der Wert der Daten den Wert an Hardware und Software um ein Vielfaches überschreiten kann. Ist eine Wiederherstellung von Daten erforderlich, so ist das immer nur mit immensen Kosten sowie erheblichem Personal- und Zeitaufwand möglich.

Um das zu verdeutlichen, haben wir in einem Beispiel unterstellt, daß sämtliche Daten nach einem Verlust „nur" nacherfaßt werden müssen, somit also noch vollständig irgendwo vorliegen (Papier, Mikrofilm o.ä.) – sicherlich der günstigste aller Fälle eines derartigen „worst case". Selbst unter solchen Voraussetzungen muß als Kalkulationsbasis die folgende Tabelle angesetzt werden [24].

Bild 3.8:
Kosten Daten-
Wiederherstel-
lung

Daten MB	Kosten DM
1	1.900
10	19.500
40	77.800
80	155.600
120	233.300
250	486.100
525	1.021.000
1000	1.940.000
1350	2.625.000

Quelle: ohne Autor: Standardrisiken und Katastrophen,
EDV und Kommunikation 5/94

Kalkulationsbasis: 300 Anschläge/Minute und
DM 35,--/Std.

Die Risiken in der DV-Produktion erstrecken sich beginnend bei den Räumlichkeiten über höhere Gewalt bis hin zu kriminellen Aktivitäten.

Räumlichkeiten
Die Räumlichkeiten, in denen die DV-Produktion angesiedelt ist, können durch Unsauberkeit wie z.B. Staub, Schimmel oder Luftverschmutzung das Risiko erhöhen, aber auch durch Restfeuchtigkeit bei Neubauten, Gemäuerfeuchtigkeit bei Altbauten, Wasserschäden durch Undichtigkeiten usw.

Feuer / Wasser
Eines der bedeutendsten Risiken ist das Feuer, denn insbesondere durch die damit verbundene Hitze, Explosionen, korrosive Brandgase und eindringendes Löschwasser kann die DV-Produktion vollkommen zerstört werden. Das Risiko steigt, je weniger Brandschutzmaßnahmen (passiv z.B. Feuermelder, aktiv z.B. Löschanlage) installiert sind.

Strahlungen
Zusätzlich zum Feuer bedeuten unsichtbare Magnetfelder, elektromagnetische Strahlungsquellen u.ä., alles was zur Entmagnetisierung von Da-

tenträgern oder auch zu Störungen im Betrieb der Hardware führen kann, Risiken, gegen die vorbeugende Maßnahmen zu ergreifen sind.

Der Mensch

Wie bereits ausgeführt, stellt der Mensch den größten Risikofaktor dar. So muß die DV-Produktion gegen das Risiko krimineller Aktivitäten wie Einbruch, Diebstahl, Vandalismus, Hacker u.ä. geschützt werden. Ein unzureichendes Sicherheitsbewußtsein, das sich z.B. dadurch kennzeichnet, daß Rechnerräume uneingeschränkt zugänglich sind, ist ebenso ein hohes Risiko, wie alle Formen des menschlichen Versagens. Die Kenntnis und Beachtung von Sicherheitsregeln und gesetzlichen Vorschriften stellt auch dabei eine Basis zur Verringerung von Risiken dar.

Ausstattung

Zusätzliche Risiken können für die DV-Produktion bestehen, wenn sie über eine nur unzureichende Ausstattung verfügt. Ist die Hardware überlastet, die Kapazität der Datenträger nahezu ausgeschöpft, sind die Antwort- und Verarbeitungszeiten zu lang, die Netze überlastet, so ist das Risiko, daß der Betrieb nicht lange uneingeschränkt aufrecht erhalten werden kann, als hoch einzustufen.

Verträge

Einen weiteren Bereich, der bezüglich Risiken zu untersuchen ist, stellen die Verträge dar, die für die DV-Produktion abgeschlossen werden. Zu betrachten sind in dem Zusammenhang z.B. Versicherungspolicen, Outsourcingverträge, Wartungs- und Servicevereinbarungen, Miet-, Leasing- oder Kaufverträge. Die Gestaltung solcher vertraglichen Vereinbarungen sollte in Hinblick auf eine reibungslose Abwicklung der DV-Produktion gestaltet werden.

Den letzten Bereich der immanenten Risiken, mit dem wir uns befassen wollen, finden wir in der

DV-Organisation.

Risiken DV-Organisation

Risiken verringern sich hier in dem Maße, wie eine straffe DV-Organisation im Unternehmen überhaupt wirksam und erkennbar ist. So birgt z.B. der dv-interessierte Sachbearbeiter, der von organisatorischen Regelungen unbeeinflußt seine Arbeit durch eigene PC-Anwendungen optimieren will, DV-Anwendungen zu Hause in seiner Freizeit entwickelt, Daten selbst sichert und für die Pausengestaltung das eine oder andere PC-Spiel mitbringt, eines der höchsten Risiken.

Verantwortlichkeit

Sind Verantwortlichkeiten und Zuständigkeiten nicht geklärt, so ergibt sich daraus das Risiko, daß Aufgaben gar nicht, mehrfach oder sogar mehrfach unterschiedlich erledigt werden. Eine Kontrolle ist nicht sicherzustellen. Treten Fehler auf, so fühlt sich in der Regel niemand verantwortlich und niemand wird Maßnahmen dagegen ergreifen.

Aufgabengebiete

Ähnlich verhält es sich, wenn Aufgabengebiete nicht oder nur unvollständig definiert sind. Auch dabei besteht das Risiko, daß die Aufgaben nicht in angemessenem und sinnvollem Umfang bearbeitet werden.

**Aufgaben-
trennung** — Ist eine Aufgabentrennung nicht oder nur unvollständig realisiert, ergeben sich alle Risiken, die mit einem Verlust an Kontrollmöglichkeiten auf der einen Seite oder aber auch mit einer starken Abhängigkeit auf der anderen Seite verbunden sind. Risiken sind dort zu untersuchen, wo eine personelle Trennung der folgenden Bereiche nicht realisiert ist:

⇨ Entwicklung,

⇨ Wartung,

⇨ Produktion,

⇨ Qualitätsmanagement,

⇨ Sicherheitsmanagement,

⇨ Anwender.

**Aus- / Weiter-
bildung** — In der DV-Organisation sind Mitarbeiter mit einer unzureichenden Aus- und Weiterbildung ein Risiko, daß durch Fehlbedienungen, Fehlentscheidungen, mangelnde Effizienz oder aber auch durch geringe Motivation erkennbar wird.

Bild 3.9:
Maßnahmen
gegen imma-
nente Risiken

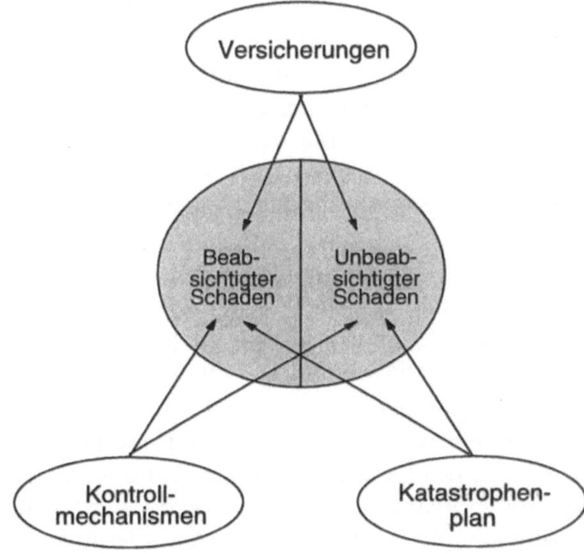

Insgesamt erkennen wir, daß es uns kaum gelingen wird, alle immanenten Risiken zu vermeiden. Um sie jedoch möglichst gering zu halten bzw. sicherzustellen, daß Risiken frühzeitig erkannt werden, lassen sich allerdings als vorbeugende Maßnahmen Kontrollmechanismen installieren und Katastrophenpläne ausarbeiten. Als Maßnahmen zur Reduzierung des Schadens für das Unternehmen sind sinnvolle Versicherungen hierzu eine notwendige Ergänzung.

3.4　Kontrollrisiken

Bedeutung des Internen Kontrollsystems

Zur Kompensation von immanenten Risiken müssen als vorbeugende Maßnahmen Kontrollmechanismen installiert werden, die wir als *Internes Kontrollsystem (IKS)* bezeichnen.

> *Das Interne Kontrollsystem ist die Gesamtheit aller Methoden, Einrichtungen und Maßnahmen des Unternehmens, mit denen die Anforderungen an Ordnungsmäßigkeit und Sicherheit erfüllt werden sollen.*

Somit ist die Wirksamkeit eines Internen Kontrollsystems ein wesentliches Kriterium für die Ordnungsmäßigkeit von DV-Systemen, wobei wir uns auch bei diesem Systembegriff auf unsere Definition in Kapitel 1 stützen.

Die Ausgestaltung des IKS ist stets in Zusammenhang mit den immanenten Risiken zu sehen und zu bewerten.

Das Kontrollrisiko steigt allgemein in dem Maße, wie die Wirksamkeit des IKS den vorhandenen immanenten Risiken *nicht* Schritt hält. Aus der Tabelle in Bild 3.10 (grau unterlegter Bereich) können wir erkennen, daß hohe immanente Risiken auch hohe Wirksamkeit des IKS erfordern, wenn das Kontrollrisiko ein geringes bis normales Maß nicht überschreiten soll.

IKS und immanente Risiken

Folglich kann die Wirksamkeit des IKS ohne Kenntnis der immanenten Risiken nicht zuverlässig bewertet werden. Ebenso sind immanente Risiken ohne Kenntnis des IKS nicht vollständig zu bewerten. Deshalb ist es unumgänglich, immer wieder zu prüfen, welche immanente Risiken bestehen und inwieweit das IKS ihnen gerecht wird oder ggf. anzupassen ist.

Dokumentation

Daraus ergibt sich zwangsläufig, daß das IKS auch dokumentiert werden muß, wenn es nachvollziehbar und überprüfbar sein soll. Eine Dokumentation des IKS kann in vielfältiger Form vorliegen, so z.B. in Arbeitsanweisungen, Organisationshandbüchern, Verträgen, Dokumentationen und entsprechender Umsetzung von Anforderungen in DV-Anwendungen.

Methoden, Maßnahmen und Einrichtungen des IKS bestehen aus Kontrollen, die wir zum einen nach ihrem Zeitpunkt in

⇨ Vorgelagerte Kontrollen (fehlerverhindernd),

⇨ Nachgelagerte Kontrollen (fehleraufdeckend)

gliedern, zum anderen je nach ihrer Verbindlichkeit einordnen können:

⇨ Obligatorische Kontrollen (zwingend durchzuführen),

⇨ Optionale Kontrollen (wahlfrei durchzuführen).

Bild 3.10:
Risikoabhän-
gigkeit vom IKS

Wirksamkeit IKS *) / Immanente Risiken	Hoch	Normal	Gering
Hoch	Risiko NORMAL	Risiko ÜBER NORMAL	Risiko HOCH
Normal	Risiko UNTER NORMAL	Risiko NORMAL	Risiko ÜBER NORMAL
Gering	Risiko GERING	Risiko UNTER NORMAL	Risiko NORMAL

*) Internes Kontrollsystem

Die Wirksamkeit des IKS ergibt sich durch eine günstige Zusammenstellung aller oben aufgeführten Kontrollen und deren tatsächliche Anwendung. Ziel der Kontrollen ist es, Fehler zu vermeiden bzw. die Entdeckung von Fehlern in angemessener Zeit zu gewährleisten. Dabei ist zu beachten, daß Kontrollen auch wiederum gegenseitig wirksam werden und sich ergänzen müssen. Werden nur vorgelagerte Kontrollen durchgeführt, so kann nicht erkannt werden, ob die Kontrollmaßnahmen alle Fehler vollständig verhindern. Beim Vorhandensein von nur nachgelagerten Kontrollen ist demgegenüber der Aufwand zur Fehlerbereinigung ggf. nicht unerheblich.

Oft kann die Wirksamkeit des IKS erhöht und der Arbeitsaufwand verringert werden, wenn z.B. vorgelagerte Kontrollen ergänzt oder wahlfreie Kontrollen zwingend vorgeschrieben werden.

Kontrollen gemäß GoDV

Wir haben in unserem Bild 3.7 die Kontrollen des IKS nach solchen Bereichen gruppiert, in denen sie wirksam werden. Fehlende Kontrollen sind hierbei als Indikatoren für Kontrollrisiken anzusehen. Damit wir derartige Risiken aufspüren können, haben wir mögliche Kontrollen und

Kontrollmechanismen zusammengestellt, die z.B. als Checkliste für die Gestaltung des IKS benutzt werden können. Wie wir im Vergleich mit Bild 2.9 erkennen können, decken sich die im folgenden aufgeführten Kontrollen mit dem Wirkungsbereich der GoDV – genau dies herauszuarbeiten, hatten wir uns in Kapitel 2.3 vorgenommen.

Kontrollen, die in DV-Anwendungen realisiert sind, bezeichnen wir als

Anwendungskontrollen,

die sich wie folgt zusammensetzen.

⇨ Kontrollen bezüglich Berechtigungen,
- Kompetenzsysteme mit Regelungen für
  - Zugang zur Anwendung,
  - Zugang zu einzelnen Funktionsbereichen/Funktionen,
  - Zugriff auf Datenbereiche/Daten,

⇨ Kontrollen bezüglich Datenein-/-ausgabe bzw. -übernahme/-übergabe,
- Schnittstellen,
- Plausibilitätsprüfungen,
- Abstimmsummen,
- Prüfziffern,

⇨ Kontrollen bezüglich Verarbeitung und Datenhaltung,
- Verfahrensdokumentation,
- Verarbeitungsprotokolle,
- Plausibilitätsprüfungen,
- Abstimmsummen,
- Journale,

⇨ Kontrollen bezüglich Benutzung,
- Verarbeitungsprotokolle,
- Sitzungsprotokolle,
- Journale,
- Prüfspur,
- Protokolle bezüglich Ablehnungen von Zugriffen durch das Kompetenzsystem.

Neben den Anwendungskontrollen können wir Kontrollen definieren, die im Umfeld des Einsatzes von DV-Anwendungen vorzufinden sind. Sie bezeichnen wir als

Organisationskontrollen,

die sich wie folgt ausprägen:

⇨ Arbeitsanweisungen,
- Arbeitsvorbereitung,
- Arbeitsnachbereitung,
- Prüf- und Kontrollverfahren,
- Aufgabentrennung von Verarbeitung und Kontrolle

⇨ Belegwesen,
  ▫ Ablage,
  ▫ Inhalt,
  ▫ Aufbereitung,
  ▫ Verarbeitung,

⇨ Abstimmung,
  ▫ Summen-/Saldenlisten,
  ▫ Auswertungen,
  ▫ Abgrenzungen,

⇨ Änderungsmanagement,

⇨ Abnahmeverfahren,

⇨ Übernahmeverfahren in Produktion.

Als dritte und letzte in Bild 3.7 dargestellte Gruppe betrachten wir die

IT-Kontrollen,

die aus Maßnahmen im Bereich der DV-Entwicklung sowie DV-Produktion bestehen. Hier wollen wir aufzählen:

⇨ Kontrollen auf Basis der Qualitätssicherung (siehe Kapitel 6),
  ▫ Einhaltung von Standards und Vorgaben,
  ▫ Reviews von Dokumenten, Codeinspektionen u.ä.,
  ▫ Testverfahren,

⇨ Zugangsbeschränkungen für das Rechenzentrum,

⇨ Überprüfung und Wartung der technischen Ausstattung,

⇨ Überprüfung des Datensicherungs- und -auslagerungsverfahren,

⇨ Überprüfung Sicherheitsstandards und deren Umsetzung.

Das IKS muß an Veränderungen angepaßt werden und seine Wirksamkeit ohne Unterbrechung bewahren. Ob dies in ausreichendem Maße der Fall ist, sollte regelmäßig zu festgelegten Zeiten überprüft werden (z.B. im Rahmen von Jahresabschlußprüfungen). Bei einer solchen Überprüfung werden sowohl die immanenten Risiken als auch das IKS selbst zum Prüfungsgegenstand.

3.5 Erkennungsrisiken

Die Abhängigkeit vom Prüfer

In der letzten Gruppe stoßen wir auf Risiken, die sich bei der Durchführung von Prüfungen zusätzlich zu allen bisher betrachteten Risiken ergeben und die wir auch gesondert berücksichtigen müssen. Derartige Risiken entstehen zum einen aus der Gestaltung der Prüfung, zum anderen insbesondere aus Qualifikation und Motivation des Prüfers selbst.

Als Bestimmungsfaktoren des Erkennungsrisikos können wir bei der Gestaltung von Prüfungen neben dem Prüfungsgegenstand die Art der Prüfung (z.B. Systemprüfung, Einzelfallprüfung), den Umfang (z.B. Stichprobe, Vollprüfung) sowie den Zeitpunkt (z.B. Jahresabschluß, Inventur) heranziehen. Ausgangspunkt hierfür sollten neben regelmäßigen Prüfungsplänen insbesondere immanente Risiken und Kontrollrisiken sein. In dem Maße, wie bei der Prüfung immanente Risiken und Kontrollrisiken erkannt, untersucht und berücksichtigt werden können, sinkt auch das Erkennungsrisiko.

Prüfungsart Bei der Art der Prüfung kann das Risiko darin bestehen, daß Beobachtungen, die z.B. bei einer Bestandsaufnahme dokumentiert werden, in weiteren Prüfungshandlungen nicht ausreichend zum Tragen kommen. Erkennt der Prüfer, daß eine Anwendung instabil arbeitet und zieht darauf hin z.B. eine Einzelfallprüfung nicht in Betracht, so besteht das Risiko, das Ausmaß der durch die Anwendung verursachten möglichen Fehler nicht zu erkennen.

Prüfungsumfang Weitere Risiken können mit dem Umfang der Prüfung verbunden sein. Zum einen kann ein zu geringes Budget (Zeit und/oder Geld) den Umfang der Prüfung soweit einschränken, daß das Risiko besteht, wesentliche Fehler oder Fehlermöglichkeiten nicht mehr erkennen zu können. Zum anderen kann der Prüfungsumfang zu klein sein (z.B. nur Stichproben in der Finanzbuchhaltung ohne Berücksichtigung von Schnittstellen), ungünstig sein (z.B. Prüfung der testierten Finanzbuchhaltung, nicht jedoch der individuell entwickelten Anlagenbuchhaltung) oder so groß gewählt werden, daß aufgrund der Details der Überblick verloren geht.

Prüfungszeitpunkt Das Risiko, das mit der ungünstigen Festlegung des Prüfungszeitpunktes verbunden ist, besteht z.B. darin, daß Prüfungshandlungen oder nachgelagerte Arbeiten in größerem Umfang erforderlich sind, als vielleicht nötig wäre. Betrachten wir das Vorhaben einer Migration von Daten einer alten zu einer neuen DV-Anwendung. Wird bereits *vor* der Migration geprüft, inwieweit das Verfahren ordnungsmäßig ist, können die Erkenntnisse des Prüfers im Vorfeld berücksichtigt werden. Wird erst nach der Migration geprüft, so besteht das Risiko, daß aufgrund von Prüfungsfeststellungen Nacharbeiten erforderlich sind.

Der Prüfer Ein weiterer Bereich der Erkennungsrisiken liegt im Faktor Mensch – dem Prüfer. Seine Ausbildung, Erfahrung, Motivation können neben einem guten Gespür für prüfungswürdige Bereiche das Erkennungsrisiko minimieren. Die Größe des Risikos richtet sich danach, inwieweit sich der Prüfer ein unabhängiges Urteil bilden kann. Hierzu muß betrachtet werden, in welchem Maße er Informationen sammeln, Schlüsse daraus ziehen und die richtige Prüfungsstrategie festlegen und auch durchführen kann.

Aber nicht nur in der Fähigkeit, Fehler oder Schwachstellen erkennen zu können, liegt das in der Person des Prüfers begründete Risiko, sondern auch in dessen Vermögen, seine Beobachtungen so darzustellen zu können, daß sie nachvollziehbar und belegbar sind (siehe hierzu Kapitel 4).

3.6   Ergebnis: Risiko-Indikatoren als Bewertungshilfe

Wir haben uns in den vorangegangenen Kapiteln mit unterschiedlichen Formen von Risiken befaßt. Dabei wurde deutlich, daß der Schwerpunkt im Bereich der *Risikoerkennung* liegen muß. Erst wenn Risiken erkannt werden, sind auch deren Bewertung sowie Maßnahmen zur Absicherung möglich.

Risiken sind nicht immer offensichtlich und ergeben sich oft nur durch Konstellation verschiedener Faktoren. Die gegenseitige Beeinflussung von Risiken (Verstärkung oder Verminderung) muß ebenfalls berücksichtigt werden. Bei der schwierigen Aufgabe der Erkennung helfen uns Risikoindikatoren, wie wir sie im Anhang 1 zusammengestellt haben. Die Zusammenstellung der Indikatoren kann als Checkliste verstanden werden, mittels der wir unsere Beobachtungen einordnen können und die uns dazu anregen sollte, weitere Untersuchungen im Umfeld eines erkannten Risikoindikators durchzuführen.

Wir haben auch gesehen, daß der Prüfer und die Prüfung selbst Risiken in sich bergen. Daraus ergibt sich, daß der Prüfer in der Lage sein muß, für sein Handeln die gleichen Maßstäbe anzusetzen, wie es bei der Untersuchung von immanenten Risiken und Kontrollrisiken angebracht ist.

4 Prüfung von Ordnungsmäßigkeit und Sicherheit

Werkzeuge des Prüfers

Risikobereiche der DV sind uns nach Kapitel 3 vertraut, jetzt gilt es die Werkzeuge zu untersuchen, mit denen wir die Risiken beherrschbar machen müssen: unsere Prüfung, die oft *selbst* als „DV-Revision" bezeichnet wird.

Bild 4.1:
Einordnung
Kapitel 4

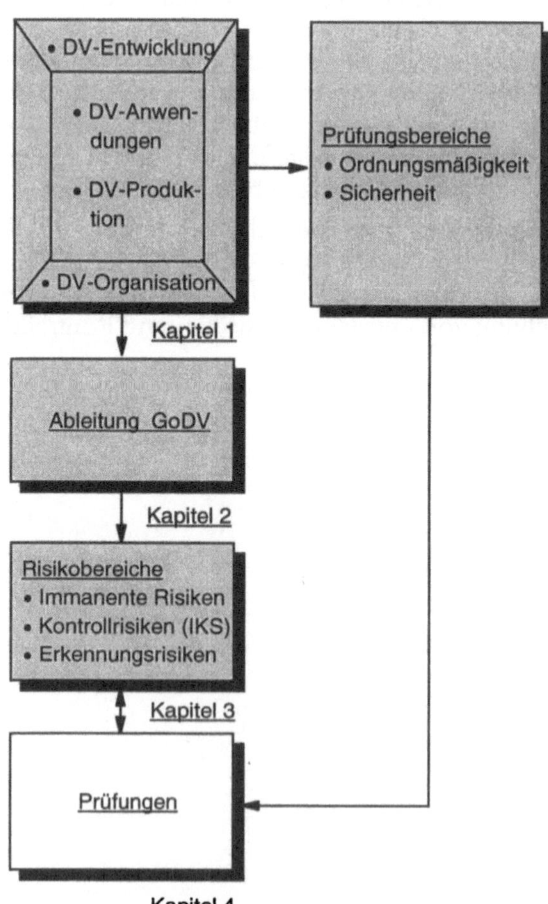

Wie wir gesehen haben, sind es neben immanenten Risiken und Kontrollrisiken insbesondere auch Erkennungsrisiken, die sich auf Art und Umfang von Prüfungsfeststellungen auswirken. Prüfungen und die daraus resultierenden Feststellungen, Bewertungen und Empfehlungen können jedoch umgekehrt ihrerseits auch die Risiken beeinflussen: Durch ein derartiges Wechselspiel ergeben sich Rückwirkungen, die zumindest indirekt den Grad der Risiken und deren Beherrschbarkeit erheblich mitbestimmen (siehe Bild 4.1).

Wechselbezie-hung Risiken und Prüfung

Mit Hilfe unserer DV-Prüfungen kommen wir nun auch dazu, die ersten beiden Prüfungsbereiche abzudecken, die wir definiert haben: Der Umfang bestehender *Ordnungsmäßigkeit und Sicherheit* der DV im Unternehmen ist festzustellen sowie durch unsere Prüfungshandlungen positiv zu beeinflussen.

4.1   Von der Bestandsaufnahme zur Systemprüfung

Umfang und Inhalte der Prüfung

4.1.1   Ein Vorwort an den Prüfer

Mit der Qualität der Prüfung steht und fällt die DV-Revision – wie wir bereits feststellten, muß der Prüfer eine Vielzahl von Anforderungen erfüllen, wenn er sich und seine Mission bei seinen „Kunden", den zu prüfenden Fachabteilungen und dem DV-Bereich, richtig „verkaufen" will.

Die von uns betrachtete DV-Systemprüfung, sei sie erstmalige DV-Bestandsaufnahme oder eine regelmäßige Prüfung in einem mehrjährigen Prüfungszyklus, erfordert vom Prüfer immer wieder die richtige Annäherung an die zu untersuchenden Bereiche sowohl von der fachlichen als auch der menschlich persönlichen Seite her. Wie kann der Prüfer aber in geeigneter Weise an die von der Prüfung betroffenen Mitarbeiter herantreten, was sollte er zunächst tun oder besser lassen?

Sicherlich ist für die Fragestellung nicht unerheblich, ob es sich bei der Prüfung um eine *interne* oder aber um eine *externe* Prüfung handelt, denn abhängig davon ist auch das Vorgehen und Verhalten der Beteiligten. Während sich Revisor und Mitarbeiter im geprüften Bereich bei internen Prüfungen in der Regel hinlänglich gut kennen und ihr Zusammenspiel ein Teil des täglichen unternehmensinternen Beziehungsgeflechts darstellt, ist der Sachverhalt bei der externen Prüfung vielfach anders.

Der „psycholo-gische" Prü-fungsauftakt

So erreicht uns bei Erstprüfungen seitens der Betroffenen bereits im Vorfeld häufig die Frage, was denn zu tun und vorzubereiten wäre – der unbekannte externe Prüfer und die bevorstehende Prüfung werfen ihre Schatten voraus. Ein kurzer, aber freundlicher Anruf beim zuständigen

DV-Leiter oder anderen maßgeblichen Beteiligten sollte nachfolgen, mit einigem Einfühlungsvermögen kann erklärt werden, daß zunächst kein besonderer Aufwand getrieben werden sollte, daß das Tagesgeschäft möglichst wenig gestört werden und lediglich Übersichten zum geprüften Bereich, sofern vorhanden und verfügbar, bereitgelegt werden sollten – alles andere ergäbe sich dann. Lassen Sie sich auch nicht aus der freundlichen Eröffnung herausbringen, selbst wenn Ihnen bei solcher Gelegenheit mitgeteilt werden sollte, daß es gerade derartige Übersichten noch nie gegeben hätte, gerade *das* ein langjähriger Schwachpunkt wäre oder gerade jenes mit solchen oder anderen Problemen verbunden wäre. Vielleicht erfahren Sie auch, daß gerade *Ihr* Ansprechpartner in der vorgesehenen Zeit leider nicht verfügbar sein kann oder ...

Gehen Sie auf Ihren Gesprächspartner ein, nehmen Sie ihm Unruhe, Vorbehalte oder das Mißtrauen, was Ihnen möglicherweise entgegenschlägt. Eine Aufzählung von Dokumentationsbestandteilen, die ja ohnehin vorhanden sein müßten gemäß GoDV, oder gar weitschweifige Ausführungen zu dem geprüften Bereich, den Sie noch gar nicht gesehen haben, schaffen sicherlich *nicht* die von Anfang an erforderliche Vertrauensbasis.

<table><tr><td>Die ersten Begegnungen</td><td>So wie die erste Kontaktaufnahme am Telefon sollte auch die erste persönliche Begegnung mit den von der Prüfung betroffenen Mitarbeitern des Unternehmens fortgesetzt werden.</td></tr></table>

So wie die erste Kontaktaufnahme am Telefon sollte auch die erste persönliche Begegnung mit den von der Prüfung betroffenen Mitarbeitern des Unternehmens fortgesetzt werden. Stellen Sie sich zunächst persönlich vor, erläutern Sie grob Ihre Prüfungsziele, wobei Sie jeden Anflug von großspurigem oder rechthaberischem Verhalten vermeiden sollten. Daß man andernfalls in der Prüfung nicht weit kommen wird, sollte allen Beteiligten von Anfang an bewußt sein.

Sollten Sie über besondere fachliche Erfahrungen in dem geprüften Bereich verfügen, langjährige DV-Kenntnisse in den maßgeblichen Bereichen aufweisen oder ähnliches, erwähnen Sie das ruhig kurz zu Beginn der Prüfung – wenn es Ihnen gelingt, solches mit der Bescheidenheit eines Bewerbers und der sicheren Ausstrahlung desjenigen zu koppeln, der auch bei der Prüfung überzeugen kann, haben Sie vielleicht schon einen wesentlichen Schritt getan.

Ihr psychologisches Einfühlungsvermögen muß Sie bei der Behandlung des jeweiligen Falles leiten, vermeiden Sie jedes starre, womöglich noch checklistengestützte Vorgehen unter den Augen der von der Prüfung betroffenen Mitarbeiter. Richtiges Auftreten von Anfang an, Begrüßung und Vorstellung, Darstellung des eigenen Hintergrundes, flexibles Eingehen auf die jeweils vorgefundene, immer wieder spezifische Ausgangssituation im Unternehmen, fachliche Kompetenz und psychologisches Feingefühl – all das sollten Eigenschaften des Prüfers sein, der sich seiner Möglichkeiten und Werkzeuge bedienen kann.

4.1.2   Was ist eine Systemprüfung?

Bei der Frage nach Definition, Inhalt und Umfang einer *Systemprüfung*, einem der wichtigsten Werkzeuge des Prüfers, werden Sie immer wieder auf unterschiedlichste Interpretationen treffen. Diese zeigen uns, daß es sehr wesentlich ist, hier Klarheit zu schaffen, da ansonsten häufig Mißverständnisse unvermeidlich sind.

Das IKS im Mittelpunkt

Eine wesentliche Definition der Systemprüfung und der damit verbundenen Prüfungshandlungen liegt in der Einstufung als

⇨ Prüfung des Internen Kontrollsystems (IKS).

Das IKS, das wir bereits in Kapitel 3 als die Gesamtheit aller Methoden, Einrichtungen und Maßnahmen des Unternehmens kennengelernt haben, mit denen u.a. die Anforderungen an Ordnungsmäßigkeit und Sicherheit erfüllt werden sollen, steht bei einer derartigen Definition im Mittelpunkt. Es bleibt dabei allerdings unklar, inwieweit sich die Systemprüfung auf den DV- bzw. Nicht-DV-Bereich bezieht, welchen Umfang sie hat oder haben kann und welche Schnittstellen sie umfaßt.

Das System

Aus dem Grund kehren wir nochmals kurz zum Gegenstand der DV-Revision zurück, so wie er in Kapitel 1 definiert wurde. Wir haben in dem Zusammenhang den Begriff des „Systems" erläutert und in seiner allgemeinsten Ausprägung auch das Unternehmen als System verstanden. Abgegrenzt haben wir dort die DV als Subsystem oder Teilbereich des Unternehmens mit seinen Komponenten

⇨ DV-Anwendungen (dv-gestützte Informations- und Abrechnungssysteme) und zugehörige Anwender,
⇨ DV-Entwicklung,
⇨ DV-Produktion,
⇨ DV-Organisation

sowie seinen Schnittstellen zum manuellen Informations- und Verarbeitungssystem des Unternehmens. Dies wollen wir auch hier wieder erneut als *das* System ansehen, das von der *DV-Systemprüfung* nach unserem Verständnis erfaßt wird.

Abläufe und Verfahrensweisen

Kombinieren wir unser so skizziertes System mit der ersten Definition von Systemprüfung, betrachten wir vorrangig die internen Kontrollen in allen oben aufgeführten Komponenten der DV. Da hierbei im wesentlichen die praktizierten Abläufe und Verfahren im Vordergrund stehen, kann die DV-Systemprüfung auch als

⇨ Verfahrensprüfung

bezeichnet werden, die im Gegensatz zur Einzelfallprüfung steht und durch diese ergänzt werden kann (siehe Kapitel 4.2).

Die von uns bereits behandelte Prüfbarkeit eines dv-gestützten Rechnungswerkes durch den sachverständigen Dritten in angemessener Zeit

bezieht sich sowohl auf die Einzelfallprüfung als auch auf die Verfahrens-
oder Systemprüfung [11]. Wesentliche Hilfe für die Prüfbarkeit im Rahmen
der DV-Systemprüfung stellt damit ebenfalls wieder die System- bzw. Verfahrensdokumentation dar, auf die wir noch zurückkommen werden
(siehe Kapitel 5.3).

Nach einer derartigen Definition der DV-Systemprüfung bezüglich ihrer
Inhalte ist als nächstes die Frage nach ihrem *Umfang* sowie *Zeitpunkt* zu
stellen.

Die DV-Be-
standsaufnah-
me als System-
prüfung

Es liegt auf der Hand, daß darunter sowohl große als auch kleine
„Systeme" bzw. Gesamt- oder auch nur Teilsysteme verstanden werden
können, je nachdem, wie der Prüfungsumfang definiert ist. Weiterhin
können *erstmalige* DV-Systemprüfungen erfolgen oder aber solche im
Rahmen eines *mehrjährigen Prüfungszyklus.* Eine erstmalige DV-Systemprüfung wird sich zunächst einmal mit der gesamten Bandbreite des DV-
Einsatzes im Unternehmen befassen und sich damit auf alle oben aufgeführten Komponenten von den DV-Anwendungen bis zur DV-Organisation
erstrecken. Ein solche als *DV-Bestandsaufnahme* zu charakterisierende
erstmalige Prüfung wird naturgemäß nur mit geringerem Detaillierungsgrad
erfolgen, dafür aber Wert auf Vollständigkeit der Betrachtung der gesamten Unternehmens-DV legen.

Im Gegensatz dazu kann die kontinuierliche DV-Systemprüfung im Rahmen mehrjähriger Prüfungszyklen sich auf Teilsysteme (wie etwa Anbin-
dung der Finanzbuchhaltung an die Warenwirtschaft o.ä.) beschränken, sie
dafür aber in erheblich größerer Tiefe und Detaillierung untersuchen.

So betrachtet ist der Weg von der Bestandsaufnahme zur regelmäßigen
Systemprüfung überwiegend als zeitlicher Prozeß einzustufen, inhaltlich
handelt es sich in allen Fällen um Ausprägungen unserer recht allgemein
definierten DV-Systemprüfung im Sinne einer *Verfahrensprüfung.*

Eine DV-Systemprüfung mit Betrachtung des IKS kann heute nach verschiedensten Ansätzen erfolgen. Zu erwähnen sind in dem Zusammenhang zum einen die DV-Systemprüfung entsprechend den FAMA-Richtlinien, zum anderen die Ansätze international tätiger WP-Gesellschaften.
Lassen Sie uns im folgenden einen Blick werfen auf die unterschiedlichen
Angänge der Aufgabenstellung, eine Prüfung des Systems DV zu bewerkstelligen.

4.1.3 Die DV-Systemprüfung nach FAMA

Bereits in Kapitel 2.2.6 wurde die FAMA-Stellungnahme 1/1987 als heute
noch richtungsweisend für einen Ansatz der DV-Systemprüfung bezeichnet, insbesondere um die wesentlichen Anforderungen der Wirtschaftsprüfer an die Ordnungsmäßigkeit der DV-Systeme zu formulieren.

Der seitens FAMA erarbeitete Fragenkatalog kann als Standardrahmen eines system- *und* risikoorientierten Prüfungsansatzes angesehen werden mit Schwerpunkt auf Prüfung des IKS im DV-Umfeld des Rechnungswesens.

Wie wir im folgenden bildhaft dargestellt und nach unseren Erfahrungen ergänzt haben, ist die DV-Systemprüfung nach FAMA aufteilbar in zwei Hauptbereiche.

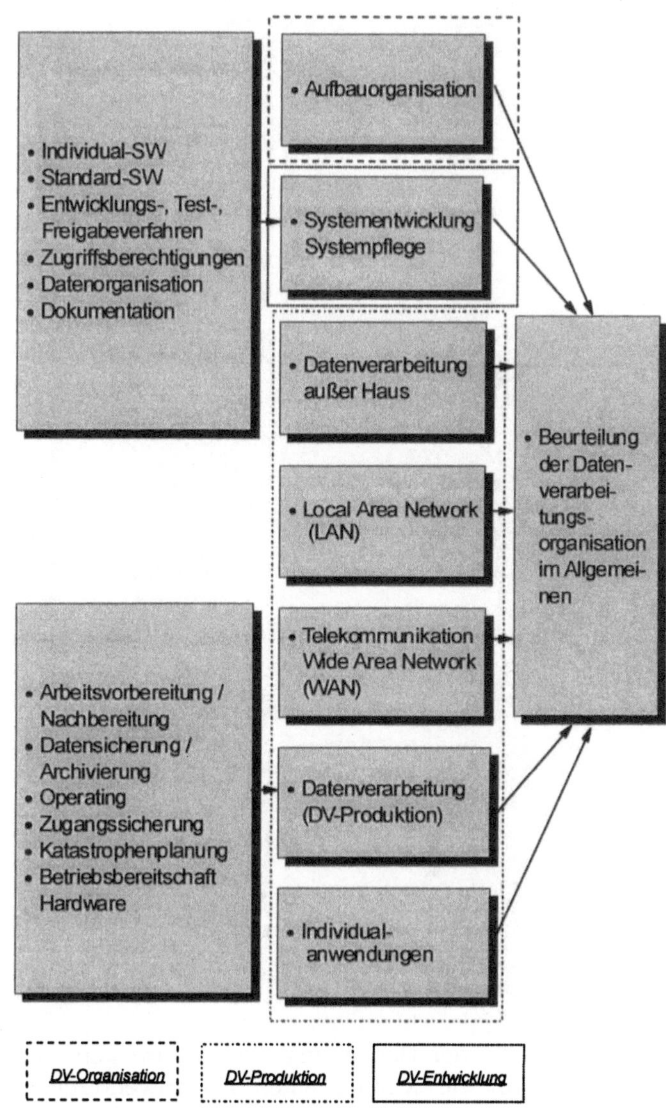

Während im ersten Bereich die „Beurteilung der Datenverarbeitungsorganisation im Allgemeinen" im Vordergrund steht (siehe Bild 4.2), befaßt sich der zweite Bereich im wesentlichen mit der „Beurteilung der einzelnen Arbeitsgebiete" (siehe Bild 4.3).

Bild 4.3:
DV-System-
prüfung nach
FAMA (II)

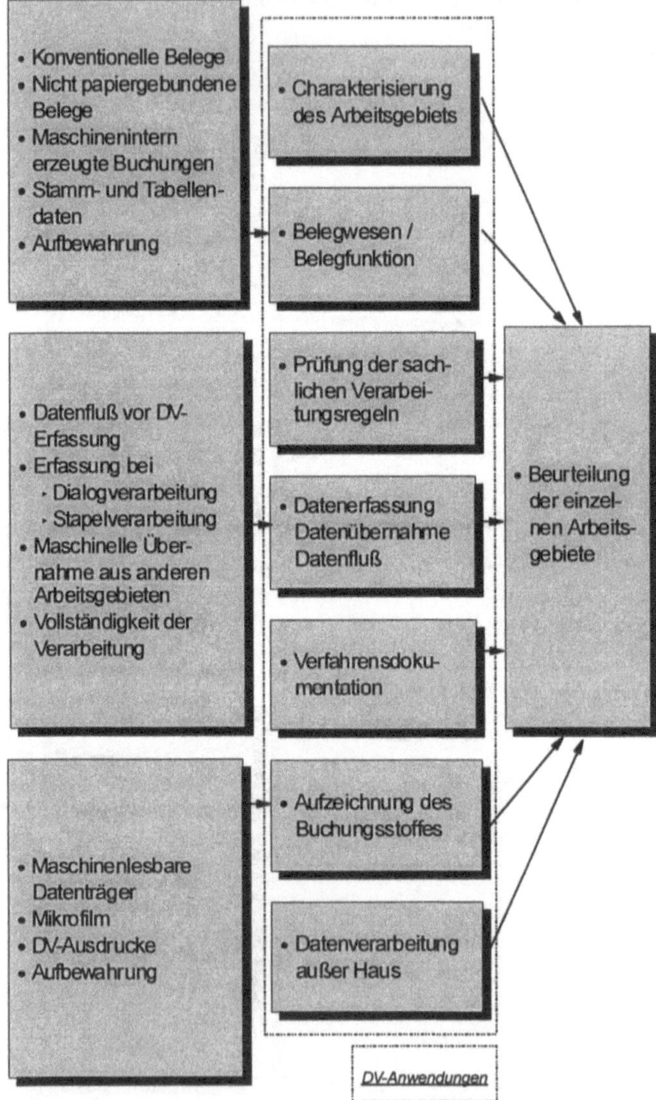

Wir haben in der Darstellung die von uns getroffene Einteilung des DV-„Systems" in die Komponenten DV-Anwendungen bis DV-Organisation auch am Fragenkatalog nach FAMA sichtbar gemacht. Wie wir sehen, befaßt sich der Teil I der FAMA-Systemprüfung, die Beurteilung im Allgemeinen, im wesentlichen mit den Bereichen DV-Organisation, -Produktion und -Entwicklung. Der Teil II demgegenüber, der die einzelnen Arbeitsgebiete im Visier hat, kann nach unserer Gliederung als derjenige Teil gelten, in dem die DV-Anwendungen betrachtet werden.

Unterstützung durch PC-Lösung

Der in der Zwischenzeit umfassend überarbeitete Fragenkatalog der FAMA-Stellungnahme 1/1987 kann als *die* Richtschnur für Fragen gelten, die wir im Rahmen der DV-Revision stellen können, wenn wir zum ersten oder wiederholten Male die DV eines Unternehmens prüfen. Mittlerweile auch als PC-Anwendung erhältlich, kann sich der Prüfer anhand einer umfangreichen dv-gestützten Checkliste quer durch alle Bereiche der Unternehmens-DV führen lassen [25]. Wir haben den Fragenkatalog in Anhang 2 aufgenommen, da er sicherlich zu den wichtigsten Hilfsmitteln des Prüfers im Rahmen der DV-Systemprüfung zu zählen ist.

Bild 4.4:
Fragen-Erfassung FAMA-PC

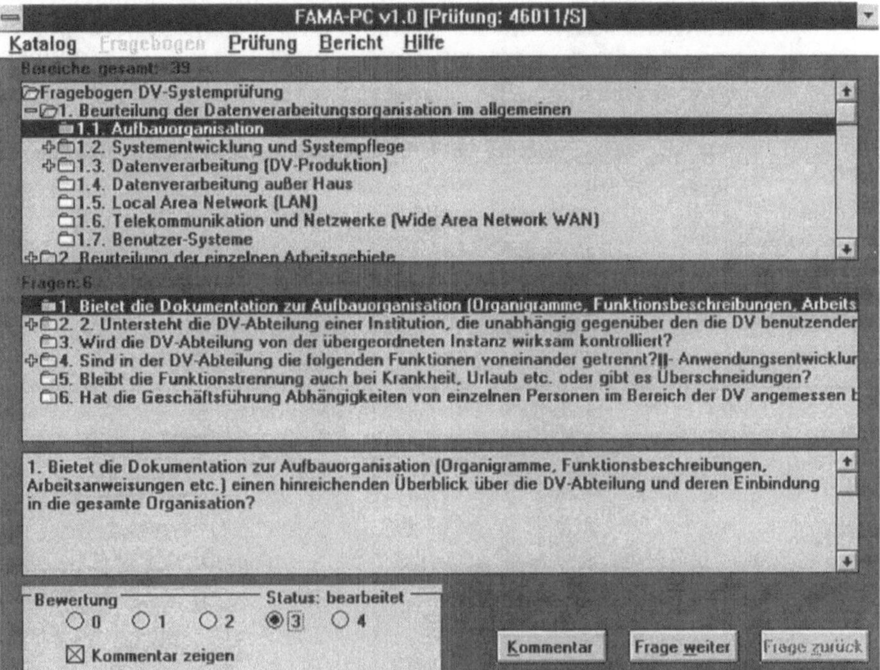

Besonders für den noch weniger erfahrenen Prüfer kann ein pc-gestütztes Verfahren bei Durchführung einer DV-Systemprüfung ein geeignetes Hilfsmittel sein. Wenngleich er die Prüfung sicherlich nicht als „Frage- und Antwortspiel" unter Vorlesen der Liste gestalten sollte (nicht nur aus psychologischen Gründen, siehe unser obiges Vorwort an den Prüfer), so kann er jedoch bereits „vor Ort" menügesteuert und systematisch die Beantwortung von unterschiedlichen Fragestellungen vorbereiten bzw. die

Vollständigkeit seiner ermittelten Informationen überprüfen (siehe Bild 4.4), die er in Gesprächen aufgenommen hat.

Hinsichtlich der einzelnen Fragen im Katalog kann mit dem PC-Programm bestimmt werden, zu welchen Prüfungszielen (z.B. Vollständigkeit, Zeitgerechtigkeit, Richtigkeit etc.) die Beantwortung einen wesentlichen Beitrag leistet. Eigene Zielkataloge können definiert, Zielerreichungsgrade angegeben und spezifische Gewichtungsfaktoren verwendet werden. Insgesamt läßt sich somit eine mehr praxisorientierte und gezieltere Unterstützung in der Auswertung erreichen, als das mit der untersuchten Standardversion 1.0 möglich war (siehe Bild 4.5). Mit deren Hilfe werteten wir unser Berichtsbeispiel der CharterBoot GmbH aus Anhang 3 aus, auf das wir noch zurückkommen werden.

Um zum FAMA-Fragenkatalog eines deutlich zu machen: Wir sind nicht der Ansicht, daß er immer und in allen Fällen vollständig bei einer DV-Systemprüfung zum Einsatz kommen muß, da sicherlich weder der Prüfungsumfang noch der Zeitraum z.B. einer Bestandsaufnahme dies in der Regel zulassen wird. Wir sehen in ihm vielmehr willkommenes Hilfsmittel und Richtschnur, insbesondere für den noch nicht so erfahrenen DV-Revisor, keine wesentlichen Bereiche zu *übersehen* und auch Ideen und Anregungen zu liefern, was eigentlich im gesamten Bereich der Unternehmens-DV hinterfragt werden kann.

Bild 4.5:
Auszug Auswertung FAMA-PC

```
FAMA-PC          Vs.1.0    12.11.1993

Angaben zum Auftrag
Bericht-Nr.:                  46011/S
Art:                          DV-Systemprüfung
Auftragserteilung am:         03.09.1993
Auftragserteilung durch:      Mandant
Aufgabenstellung:             DV-Bestandsaufnahme/-Systemprüfung
Untersuchungsort:             Musterstadt
Untersuchung von:             08.11.1993
Untersuchung bis:             12.11.1993
Untersuchungsbereiche:        DV gesamt
Schwerpunkte:                 Zusammenwirken FiBu / Zuliefersysteme


Fragebogen DV-Systemprüfung


Tabellarische Auflistung
Bereich   Frage     Bewertung
1.1.      1.        3
1.1.      2.        2
1.1.      2.        0
1.1.      3.        1
1.1.      4.        1
1.1.      4.        0
1.1.      5.        1
1.1.      6.        1
```

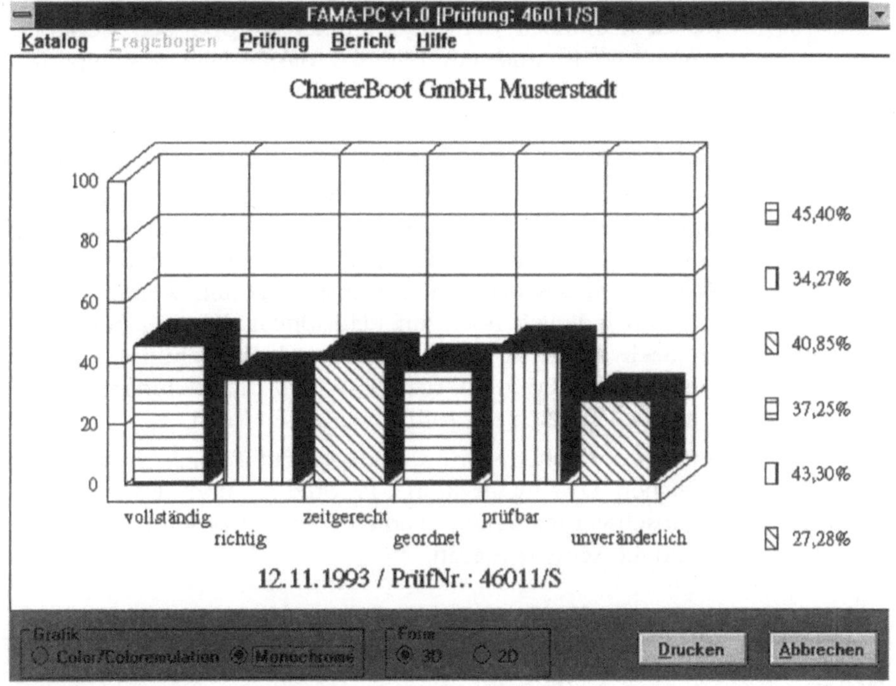

4.1.4   Weitere Ansätze zur DV-Systemprüfung

Wie schon erwähnt, verfolgen große, zumeist international operierende WP-Gesellschaften häufig eigene Ansätze bei der Durchführung von DV-Systemprüfungen. Aufgrund der Anforderung, im internationalen Bereich einheitlich vorgehen zu können sowie durch mittlerweile erheblich erweiterte Haftungsrisiken, z.B. bei nicht aufgedeckten Unterschlagungen (vgl. auch Kapitel 3, Erkennungsrisiken), erklärt sich das Bemühen, in dem Bereich eigene Standards zu schaffen und solchen auch unternehmensweit zu entsprechen.

Da in Deutschland zusätzlich auch die FAMA-Richtlinien herangezogen werden können, fällt vielen Wirtschaftsprüfern in solchen großen WP-Gesellschaften oft die Abgrenzung zu eigenen Standards schwer. Umso mehr ist das der Fall, wenn die zumeist von der Muttergesellschaft stammenden Vorgaben den Anforderungen von DV-Spezialisten nicht in vollem Umfang entsprechen oder nur zum Teil den FAMA-Standard erreichen.

Wir haben im folgenden einige Beispiele für eigene Standards von internationalen WP-Gesellschaften aus dem Jahr 1993 ausgewählt, die auf internen Unterlagen beruhen und die wir im Rahmen der eigenen Prüfungspraxis in der DV-Revision auch selbst angewandt haben.

Aus dem Bereich der Unternehmensgruppe C&L (Coopers & Lybrand) stammt die in unserem Bild 4.6 dargestellte Systemprüfung nach PAIT (Preliminary Assessment of Information Technology Control), die „Vorläufige Beurteilung der IT-Kontrollen".

Ein zu PAIT gehöriger CEF (Computer Environment Form) wird zunächst als reiner Fragebogen zum Computer-Umfeld eingesetzt, in dem vornehmlich eine Bestandsaufnahme im Sinne einer Aufzählung eingesetzter Hard- und Software erfolgt. Ein derartiger Fragebogen könnte auch vom DV-Personal des Mandanten selbst ausgefüllt werden, so daß der DV-Revisor ihn lediglich noch auf Plausibilität der Angaben hin prüfen müßte. Der Sachverhalt bei PAIT selbst ist demgegenüber anders gelagert. Dort spiegeln sich Prüfungsergebnisse und Beurteilungen wider, so daß der Prüfer den Bereich nur selbst bearbeiten kann.

Der risikoorientierte Prüfungsansatz befaßt sich im wesentlichen mit den Bereichen DV-Organisation, -Produktion und -Entwicklung. Das können wir unschwer feststellen, wenn wir erneut unserer Einteilung entsprechend in Bild 4.6 schematisieren.

<table>
<tr><td>Bild 4.6:
DV-System-
prüfung PAIT
(C&L)</td><td>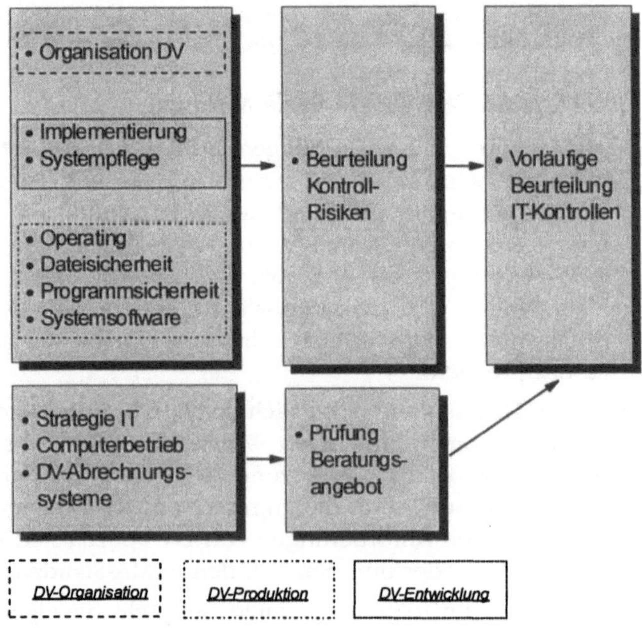</td></tr>
</table>

<table>
<tr><td>Ergänzung durch zusätzliche Fragestellungen</td><td>Es ist festzustellen, daß der im FAMA-Katalog Teil II behandelte Bereich der Beurteilung der einzelnen Arbeitsgebiete, dem wir unsere DV-Anwendungen zugerechnet haben, weniger vertreten ist. Ein Prüfer, der</td></tr>
</table>

nach PAIT vorgeht, muß diesen Bereich, sofern er ihn überhaupt betrachten will, durch andere oder eigene Fragestellungen abdecken.

Anders verhält sich der Sachverhalt bei Anwendung der in Bild 4.7 dargestellten, ebenfalls aus dem Bereich C&L stammenden Systemprüfung nach CARTS (Control Assessment and Record of Tests), den „Kontrollbeurteilungen und Nachweis der Tests".

Bild 4.7:
DV-System-
prüfung CARTS
(C&L)

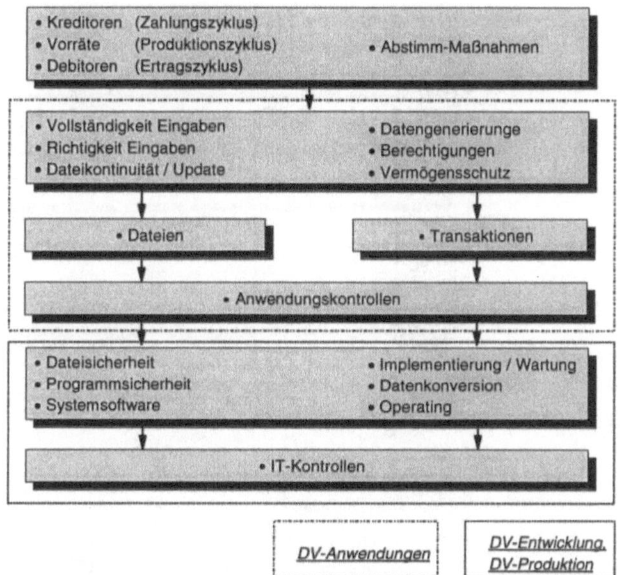

Bei Anwendung unserer Einteilung erkennen wir, daß im wesentlichen zwar die Bereiche DV-Anwendungen, -Entwicklung und -Produktion erfaßt werden, nicht dagegen die DV-Organisation. Auch in einem solchen Fall muß der Prüfer ggf. alternativ oder ergänzend zu anderen und eigenen Fragestellungen greifen.

Der aus dem Unternehmensbereich von Price Waterhouse stammende DV-Health Check (siehe Bild 4.8) untersucht dagegen, wie auch bereits bei PAIT festgestellt, weniger die DV-Anwendungen, während er sich ausführlich mit DV-Organisation, -Produktion sowie -Entwicklung befaßt.

Als Fragenkatalog besonderer Ausrichtung ist der wiederum bei C&L angesiedelte Fragenkatalog der IT-Management Diagnostics (siehe Bild 4.9) anzusehen.

Da der Schwerpunkt der hierbei vorgesehenen Prüfung, die wir ebenfalls als Form der DV-Systemprüfung ansehen können, überwiegend im Bereich des DV-Managements liegt, haben wir im vorliegenden Fall auf eine Einteilung nach unserem Schema verzichtet. Auch bei den IT-Management

Diagnostics wird allerdings neben Fragen nach DV-Organisation, -Produktion und -Entwicklung weniger Augenmerk auf den Bereich der DV-Anwendungen gelegt.

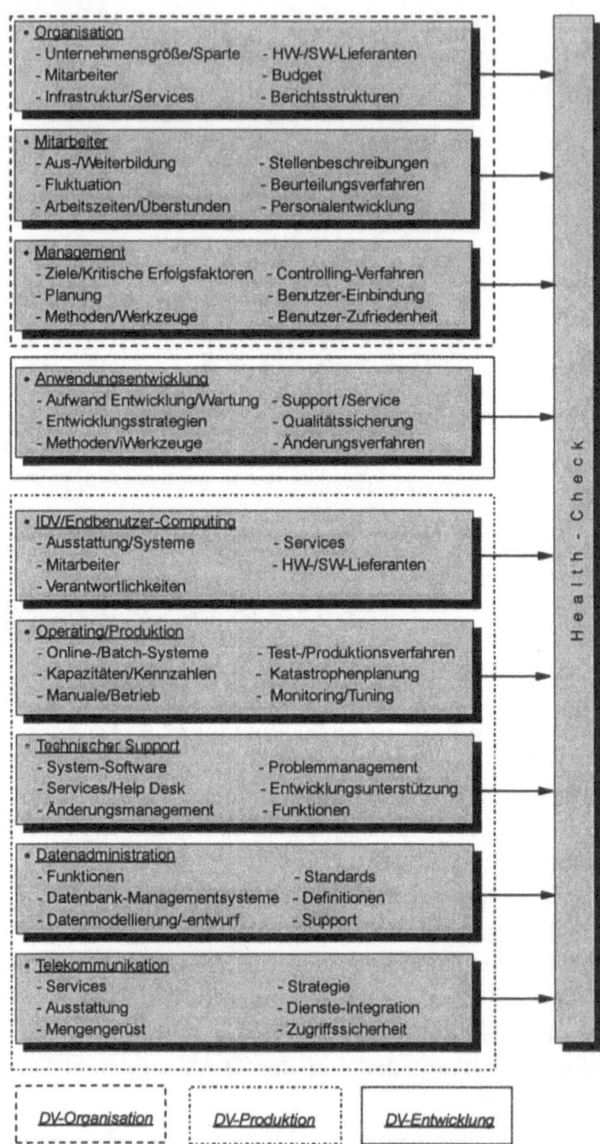

Aufgrund von Restriktionen der verschiedenen, oben nur beispielhaft aufgeführten spezifischen Prüfungsansätze, sind wir im Laufe unserer Prüfungspraxis zu den folgenden Ergebnissen gelangt.

Für einen vollständigen Ansatz zur DV-Systemprüfung reichen die FAMA-Richtlinien aus.

Das gilt insbesondere, wenn man die spezifischen Ansätze der WP-Gesellschaften vergleicht, für den Prüfungsbereich in Deutschland. Zusätzlich ist jedoch ein Hinweis für den „Profi" innerhalb der DV-Revision angebracht.

Der DV-Spezialist in der Revision kann in seiner Prüfungspraxis mit einer stark eingeschränkten Checkliste für DV-Systemprüfungen auskommen.

Insbesondere aufgrund unserer letzten Erkenntnis haben wir eine eigene Checkliste entwickelt, die nicht nur recht kurz ist im Vergleich zu den überaus detaillierten und umfangreichen Fragebogen, auf die man häufig trifft, sondern im Gegensatz zu ihnen auch alles wesentliche enthält, was wir in der täglichen Praxis benötigen.

Bild 4.9:
IT-Management
Diagnostics
(C&L)

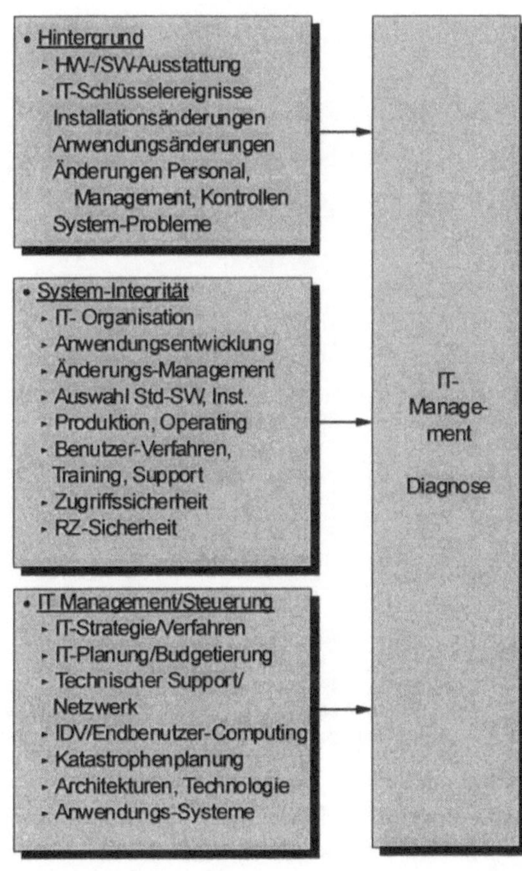

Sowohl für Prüfungen in Form einer DV-Bestandsaufnahme als auch solche, die sich auf Teilgebiete erstrecken und im mehrjährigen Prüfungszyklus wechselnde Schwerpunkte haben können, reicht im Grunde ein reduzierter Katalog. Der gibt dem Prüfer die Möglichkeit, individuell und trotzdem auf das wesentliche ausgerichtet nach Lage der vorgefundenen Sachverhalte im geprüften Unternehmen seine eigenen Schwerpunkte zu setzen. Eine solche Checkliste haben wir in Bild 4.10 dargestellt und wie üblich in unsere wesentlichen Teilbereiche der DV untergliedert.

Bild 4.10:
Praxis-Checkliste DV-Systemprüfung

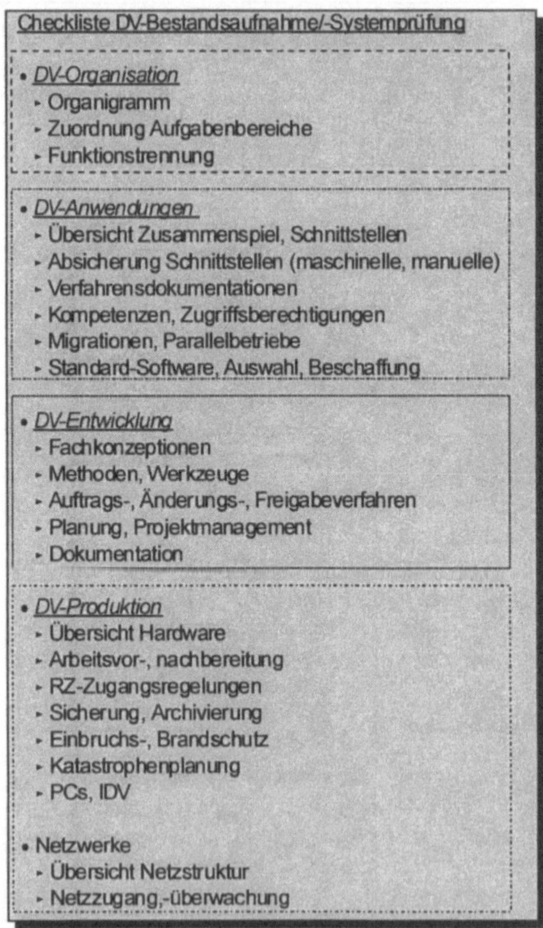

Quelle: Kontext Beratungs- und Prüfungsgesellschaft
für EDV-Systeme mbH, Anzing

Da die Praxis-Checkliste nicht nur unser wesentliches Vorgehen im Rahmen einer DV-Systemprüfung darstellt, sondern damit indirekt auch die von uns vorrangig gesehenen Anforderungen an eine ordnungsmäßige und sichere DV verkörpert, stellt der Fragenkatalog umgekehrt auch das Grundgerüst von solchermaßen begründeten Anforderungen dar.

Es erscheint damit wenig verwunderlich, wenn sich die „Umkehrungen" unserer Checkliste als Rahmenbedingungen der Ordnungsmäßigkeit und Sicherheit in Kapitel 5 wiederfinden lassen — wir werden ihnen dort wieder in Form von *Anforderungen* begegnen, die wir an die Unternehmens-DV zu stellen haben.

Anforderungen aus „Umkehrung" der Prüfungs-Checkliste

4.1.5   Spezifische DV-Systemprüfungen

So allgemein, wie wir das System der DV mit seinen Komponenten als Gegenstand der DV-Revision und damit auch der DV-Systemprüfung definiert haben, so allgemein können wir ebenfalls den Begriff der Systemprüfung verwenden, wenn es sich um spezifische Bereiche der DV-Prüfung handelt.

Das gilt z.B., wenn wir uns mit

⇨ Teilbereichen der Unternehmens-DV (wie etwa der Finanzbuchhaltung) und / oder

⇨ Standardsoftware-Paketen

befassen.

Da es sich um Subsysteme der Unternehmens-DV handelt oder aber um in sich geschlossene Teilsysteme in Form von Standardsoftware, können wir erneut unsere Definition anwenden und wiederum einen Schwerpunkt auf den Bereich des *IKS* sowie der angewendeten *Verfahren* legen.

SAP als Sonderfall

Für weit verbreitete Standardsoftware, wie etwa die SAP-Software der Systeme R/2 und R/3, haben sich mittlerweile eigene Ansätze der DV-Systemprüfung herausgebildet. Da die Software-Pakete durchgängige, vollständige Systeme kommerzieller Anwendungen mit eigener Systemphilosophie darstellen, sind im Zusammenhang mit ihnen auch besondere Aspekte zu berücksichtigen, die im Rahmen einer allgemein ausgerichteten DV-Systemprüfung nicht einen derartigen Stellenwert haben.

Da im Rahmen der SAP-Software z.B. System-Steuertabellen eine erhebliche Bedeutung haben, ist dementsprechend auf sie im Bereich der Einrichtung und Pflege auch ein besonderes Augenmerk zu legen. Andere spezielle Bereiche betreffen Sicherheit und Zugriffsschutz, Job-Abläufe, Batch-Input sowie insbesondere die Erstellung von sogenannten ABAP-Programmen (Advanced Business Application Programming-Language). ABAPs bieten als SAP-eigene Programmiersprache der 4. Generation flexible Möglichkeiten der

⇨ Datenselektion und -veränderung,

⇨ Sortierung,

⇨ Druckaufbereitung,

⇨ Up- / Download (PC)

und stehen damit zwangsläufig im besonderen Blickfeld der DV-Revision.

Bild 4.11:
Auszug SAP-
Checkliste (R/2)

Checkliste SAP-Systemprüfung R/2

* *SAP-Anwendung*
  ▸ Installiertes Release, Module, weitere Planung
  ▸ Projektorganisation (SAP, Mandant)
  ▸ Probleme, Zufriedenheitsgrad

* *Installation und Wartung*
  ▸ Modifikationen Standard-Module
  ▸ Modifikations-Spezifikation, - Verfahren, -Genehmigung
  ▸ Testverfahren
    Funktionalität SAP-Module
    Schnittstellen: Nicht-SAP, Sicherheits-, Scheduling-Software
    Zusammenspiel sonstige SAP-Anwender
  ▸ Änderungsverfahren
    Genehmigung Änderung Standards, System-, Steuer-Tabellen
    Funktionstrennung Entwicklung, Test, Produktion (Mandanten)
    Namenskonventionen, Versionsführung Standard / Eigen-Entw.
  ▸ ABAP-Programmierung / -Verwendung
    Standards Entwicklung / Dokumentation Eigenentwicklungen
    Entwicklung außerhalb DV-Bereich
    Änderungskontrollen ABAP-Programmierung / -Reporting
    Verwendung TM 38 usw.

* *Datenkonvertierung*
  ▸ Vollständigkeit, Richtigkeit, Verfahren

* *Zugriffssicherung*
  ▸ Online-, Batch-Zugriffe Programme / Dateien / Tabellen
  ▸ Regelungen Einrichtung, Widerruf Berechtigungen;
    Funktionstrennung, Beschränkung von Rechten
  ▸ Zugriffsbeschränkung Masterfunktionen auf Berechtigte z.B. bei
    TM 11(Benutzerstamm-Pflege)
    TM 21(Log-File Deaktivierung)
    TM 31(Pflege Systemtabellen), ...
  ▸ Reporting-Verfahren für unberechtigte Zugriffsversuche
  ▸ Regelmäßige Überprüfung von aktuellen Zugriffsrechten

* *Computerbetrieb*
  ▸ Kontrollen Jobabläufe, Dokumentation, Genehmigung
  ▸ Datensicherung und Wiederanlaufverfahren
  ▸ Tagesende, Wiederanlauf SAPLOGU
  ▸ Updates SAP-Datenbasis durch Nicht-SAP-Anwendungen

Wir haben in Bild 4.11 einen Auszug aus einer SAP-Prüfungs-Checkliste (R/2 Rel. 4.3) dargestellt, bei der es zweitrangig ist, ob es sich um das „Kern-"system aus Sicht des Rechnungswesens, das Modul RF (Finanzbuchhaltung) handelt, oder aber um eine der übrigen Komponenten wie

⇨ RA (Anlagenbuchhaltung),
⇨ RV (Vertrieb, Fakturierung, Versand),
⇨ RM-PPS (Produktion),
⇨ RM-MAT (Materialwirtschaft),
⇨ RK (Kostenrechnung),
⇨ RP (Personal) usw.

Weitere spezifische Prüfungsansätze, die auf die SAP-Software zugeschnitten sind, finden sich z.B. im SAP-Prüfleitfaden der Arbeitsgruppe des seit einigen Jahren bestehenden SAP-Arbeitskreises REVISION, der sich sowohl aus Mitgliedern von WP-Gesellschaften als auch SAP-Anwendern zusammensetzt. Da das SAP-System R/3 jünger ist als R/2, sind vergleichbare Leitfäden für das System auch künftig erst mit gewisser zeitlicher Verzögerung zu erwarten.

Systemprüfung von Fibu Std-SW Einen besonderen Teilbereich des Unternehmens, der nicht nur durch SAP-Software abgedeckt wird, sondern vielmehr durch eine sehr umfangreiche sonstige Auswahl an Standardsoftware repräsentiert wird, stellt die *Finanzbuchhaltung* dar. In dem sensiblen Bereich des Rechnungswesens ist es von besonderer Bedeutung, ob die jeweilige Software über das *Testat* einer WP-Gesellschaft verfügt.

Ein derartiges Testat, in dem in der Regel eine Beurteilung der jeweiligen Software in Hinblick auf die formellen und inhaltlichen Anforderungen an eine *ordnungsmäßige Buchführung* entsprechend den handels- und steuerrechtlichen Vorschriften erfolgt, ist ebenfalls letztlich das Ergebnis einer DV-Systemprüfung. Der Umfang dieser Prüfung kann sich jedoch nur auf die vorliegende *DV-Anwendung* erstrecken, nicht dagegen auf das organisatorische Umfeld und das IKS des Anwenders.

Zugrundegelegt werden dabei die Maßstäbe, die wir im wesentlichen bereits in Kapitel 2 kennengelernt haben. Da wir in Kapitel 6 nochmals ausführlicher auf Standardsoftware sowie einen Arbeitsplan zu deren Ordnungsmäßigkeitsprüfung zurückkommen werden (siehe auch Anhang 4), gehen wir hier nicht weiter darauf ein. Gesagt sei lediglich soviel, daß der DV-Revisor Vorarbeiten für den Wirtschaftsprüfer erbringen und den wesentlichen Teil der erforderlichen DV-Systemprüfung durchführen kann.

Bei der Durchführung einer solchen DV-Systemprüfung im Bereich der Finanzbuchhaltung gehen wir überwiegend nach einer Prüfungs-Checkliste vor, die wir in Bild 4.12 dargestellt haben. An ihr erkennen wir erneut die spezifischen Ausrichtungsmöglichkeiten bei der Ausgestaltung von DV-Systemprüfungen.

Bild 4.12:
Checkliste Systemprüfung
FiBu Std-SW

4.1.6   Der Prüfungsbericht

Was ist nun das Ergebnis einer DV-Systemprüfung? Zur Dokumentation der Prüfungserkenntnisse dient zunächst vorrangig der *Prüfungsbericht*. Entsprechend den Anforderungen, die wir selbst an die Dokumentation von DV-Systemen stellen, muß auch unser Prüfungsbericht eine Vorbildfunktion ausüben. In einer solchen Eigenschaft muß er vor allem eine systematische und ebenfalls für sachverständige Dritte verständliche Darstellung unserer Erkenntnisse enthalten.

Von Feststellungen zu Empfehlungen

Auf die logische und schrittweise Entwicklung von Gedankengängen, die auch für einen Leser nachvollziehbar sein sollten, der mit den geprüften Sachverhalten nicht vertraut ist, muß bei der Darstellung genauso geachtet werden wie auf die Erläuterung der zum Verständnis notwendigen Gesamtzusammenhänge.

Der Prüfer sollte bei seiner Darstellung eine Einteilung berücksichtigen, die auch für den Leser klar erkenntlich sein muß: Welche der aufgeführten Sachverhalte

⇨ Auftrag,

⇨ Feststellung,

⇨ Bewertung,

⇨ Empfehlung

sind, muß zweifelsfrei bleiben.

Hinsichtlich des erteilten *Auftrags* werden Umfang, Zeitpunkt, Zeitrahmen und Zielsetzung der Prüfungshandlungen erläutert, womit dem Leser die Einordnung der dargelegten Sachverhalte ermöglicht wird.

Während die *Feststellungen* losgelöst von jeglicher persönlicher Einschätzung des Prüfers sind, enthalten *Bewertungen* durchaus Schlußfolgerungen sowie individuelle Ausführungen zu erfolgten Feststellungen. Die letztlich ausgesprochenen *Empfehlungen* wiederum können sowohl aus den Feststellungen als auch aus den vorgenommenen Bewertungen resultieren, jedoch muß auch dies nachvollziehbar sein. Unbedingt zu vermeiden sind Vermischungen der Aussagen, da andernfalls unklar bleiben kann, worum es sich bei unseren Ausführungen handelt.

Prüfungsumfang bestimmt Berichtsumfang

Der Umfang des Berichtes orientiert sich in der Regel am Umfang der jeweiligen Prüfung. Eine Prüfung, bei der während ein oder zwei Tagen ein grober Überblick erfolgte, wird vermutlich eher einen Bericht in Briefform (z.B. Management Letter) nach sich ziehen und seltener einen ausführlichen Prüfungsbericht mit Darstellungen in allen Einzelheiten.

Die DV-Bestandsaufnahme oder ausführliche DV-Systemprüfung eines Teilgebietes, die wir in der Regel mit einem Budget von mindestens 5 Bearbeitertagen einschließlich Berichtserstellung ansetzen, wird demgegenüber häufiger in einen ausführlichen Prüfungsbericht münden. Unseren Erfahrungen entsprechend werden wir bei einem derartigen Prüfungszeitraum immer einen Umfang von Prüfungsfeststellungen und Empfehlungen erreichen, der auch einen solchen ausführlichen Bericht rechtfertigt.

Um einen Eindruck zu vermitteln, wie ein dementsprechender Prüfungsbericht aufgebaut sein und welche Inhalte er den Adressaten präsentieren soll, haben wir in der Anlage 3 ein Beispiel für einen Prüfungsbericht als Ergebnis einer DV-Systemprüfung aufgeführt. Bei dem Bericht, der sich in anonymisierter Form an einem tatsächlichen Praxisfall orientiert, handelt es sich zusätzlich um eine erstmalige DV-Bestandsaufnahme.

Testate und Prüfungsbericht

Die Ergebnisse spezifischer DV-Systemprüfungen, wie z.B. die oben bereits angesprochene Ordnungsmäßigkeitsprüfung einer Standardsoftware, kann demgegenüber nicht nur zu einem Prüfungsbericht führen, sondern wie erwähnt darüber hinaus noch zu einem Testat einer WP-Gesellschaft.

Basierend auf den in Anhang 4 zusammengestellten Prüfungshandlungen wird durch den zuständigen Wirtschaftsprüfer ein Prüfvermerk bzw. Testat für die geprüfte Programmversion erteilt. In einem *uneingeschränkten Prüfvermerk* ist die Bestätigung enthalten, daß das geprüfte Standardsoftware-Paket bei sachgerechter Anwendung eine den Ordnungsmäßigkeitsgrundsätzen entsprechende Buchführung unter Berücksichtigung von handels- und steuerrechtlichen Bestimmungen sowie der FAMA-Stellungnahme ermöglicht. Bezüglich Einzelfragen und Prüfungsfeststellungen sowie einer möglichen Einschränkung des Prüfvermerkes wird in der Regel zusätzlich auf den zugrundeliegenden Prüfungsbericht verwiesen.

Der Prüfungsbericht mit seinen Feststellungen und Empfehlungen ist die Basis für das geprüfte Unternehmen, auf der Verbesserungen zur Beseitigung von Mängeln und Schwachstellen erfolgen können. Zusätzlich ist jedoch ein wesentlicher Sachverhalt zu berücksichtigen:

Der Prüfungsbericht ist die Visitenkarte des Prüfers.

Durch die Qualität seiner Feststellungen und Empfehlungen sowie durch die geeignete Präsentation der Ergebnisse in angemessener Formulierung bis hin zur bildhaften Darstellung von Zusammenhängen kann er in idealer Weise seine Kompetenz und Qualifikation als erfahrener Prüfer nachweisen.

4.2 Die Nachweisprüfung im Einzelfall: Die DV als Prüfungshilfe

Im Bereich DV-Systemprüfung haben wir unser Augenmerk insbesondere auf den Überblick und das Zusammenwirken der DV-Anwendungen, Organisation, IKS usw. gerichtet. Aufgrund der zentralen Rolle der DV-Anwendungen im Unternehmen kann es sinnvoll sein, die DV-Systemprüfung durch weitere Prüfungsverfahren zu ergänzen, die sich mit den DV-Anwendungen detailliert befassen.

Je nach Zielrichtung der Prüfung unterscheiden wir folgende 2 Verfahren:

⇨ Programmprüfung
  Verfahren zur Prüfung der Funktionalität von DV-Anwendungen,

⇨ Einzelfallprüfung
  Verfahren zur Datenprüfung.

Bild 4.13 zeigt das Zusammenwirken der Prüfungsverfahren, insbesondere die teilweise Überlappung von Programmprüfung und Einzelfallprüfung. Dies ist insbesondere bedingt durch die Analyse der Daten, die sich bei beiden Verfahren ergibt.

Bild 4.13:
Zusammenwir-
ken Prüfungs-
verfahren

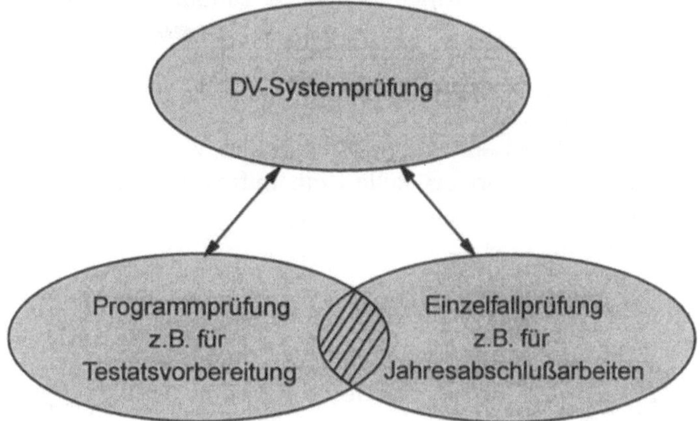

Zielsetzung
Programmprü-
fung

Bei der Programmprüfung steht die DV-Anwendung mit ihrer Funktionalität im Mittelpunkt. Wir untersuchen deren Verhalten in verschiedensten Situationen, beginnend bei der Eingabe über die Verarbeitung bis hin zur Ausgabe, wobei sowohl fiktive als auch reale Geschäftsvorfälle herangezogen werden.

Bei der Prüfung kann sich der DV-Revisor aller Methoden und Verfahren bedienen, wie sie auch im Rahmen der *Qualitätssicherung* (vgl. Kapitel 6) angewendet werden. Insbesondere sind hierbei die *Testmethoden* hervorzuheben, wobei allerdings die folgende Erweiterung berücksichtigt werden muß.

Soll beim Test einer Anwendung zunächst nur der Nachweis erbracht werden, daß die zuvor festgelegten Anforderungen (z.B. aus Pflichtenheften oder Fachkonzepten) in vollem Umfang erfüllt sind, so muß der Test im Rahmen der Programmprüfung demgegenüber auch stets die Anforderungen der *GoDV* mit einbeziehen, selbst wenn diese *nicht* explizit Bestandteil der Anwendungsspezifikation sind. Wegen der nahen Verwandtschaft von Programmprüfung und Qualitätssicherung werden wir in Kapitel 6 genauer darauf eingehen und uns im folgenden vorrangig mit der Einzelfallprüfung befassen.

Zielsetzung
Einzelfallprü-
fung

Bei der Einzelfallprüfung tritt die Funktionalität der DV-Anwendung in den Hintergrund. Betrachtet werden lediglich die von der Anwendung erzeugten und bereitgestellten Daten.

Aus der Beschaffenheit der Daten lassen sich jedoch u.U. zusätzlich auch Rückschlüsse auf die Funktionalität der Anwendung ziehen, so z.B. im

Bereich von Prüfungen und Kontrollen. Trotzdem ist folgendes zu beachten:

---

*Werden bei Einzelfallprüfungen keine Abweichungen oder Fehler entdeckt, ergibt sich daraus noch **nicht** zwingend die Ordnungsmäßigkeit der Verarbeitung.*

Einzelfallprüfungen werden z.B. im Rahmen von Jahresabschlußprüfungen benötigt oder aber auch dann eingesetzt, wenn sich *gezielte Fragestellungen* ergeben, wie z.B. Ursachen von Differenzen in Abstimmkreisen. Einzelfallprüfungen stellen ein hilfreiches Instrument dar für die Untersuchung von

⇨ Abstimmungen,

⇨ Verprobungen,

⇨ Folgeprüfungen,

⇨ Kontroll- und Bestätigungsmeldungen.

In Bild 4.14 haben wir den möglichen Ablauf einer Einzelfallprüfung dargestellt.

Zuerst müssen Prüfungsbereich und -gegenstand festgelegt werden. Diese Festlegungen werden beeinflußt von

⇨ Prüfungsergebnissen,

⇨ Prüfungsstrategie,

⇨ Verdachtsmomenten,

⇨ Zeitpunkt der letzten Prüfung usw.

Die Anforderungen an Einzelfallprüfungen ergeben sich z.B. aus Vorgaben des Wirtschaftprüfers an den DV-Prüfer. Die Erstellung des Anforderungskatalogs ist mit dem Vorgehen bei einer Anforderungsanalyse für DV-Projekte vergleichbar, nur daß hier das Ziel *keine* DV-Anwendung ist, sondern ein Katalog von *Prüfungshandlungen* und *erwarteten Ergebnissen*.

Inwieweit gestellte Anforderungen sinnvoll sind, ist von verschiedenen Einflußfaktoren abhängig. So ist entscheidend, ob die Zielsetzung der Prüfung klar definiert ist, ob die gewünschten Daten mit vertretbarem Aufwand aus der DV-Produktion gewonnen werden können, ob die vorhandene Datenbasis ausreichend ist und mit welcher Methode bei großen Datenmengen Stichproben gezogen werden sollen.

Die Definition der Anforderungen *und* der erwarteten Ergebnissen ist Voraussetzung für eine erfolgreiche Einzelfallprüfung. Fehlt diese Vorbereitung, können nicht nur die Enttäuschungen bei allen Beteiligten groß, sondern im schlimmsten Fall auch die Prüfungsergebnisse selbst nicht verwertbar sein.

Bild 4.14:
Ablauf Einzel-
fallprüfung

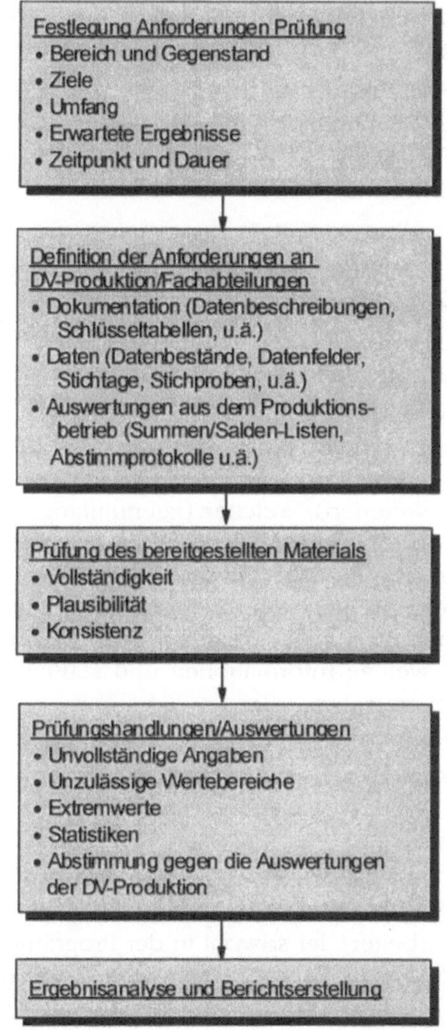

Aus den Anforderungen des Wirtschaftsprüfers oder des DV-Prüfers ergeben sich wiederum auch Anforderungen an die Mitarbeiter der DV/Org-
Abteilung oder der Fachabteilungen. Der DV-Prüfer muß seine Anforderungen frühzeitig, verständlich, eindeutig und vollständig formulieren,
damit die zu untersuchenden Daten, Dokumentationen und Auswertungen
bereitgestellt werden können [26]. Manchmal ist es sogar erforderlich, daß
für den Erhalt bestimmter Daten (z.B. Verarbeitungsprotokolle) besondere
Aktivitäten in der DV-Produktionsumgebung eingeleitet werden müssen.

**Daten Einzel-
fallprüfung**

Bei der Einzelfallprüfung können verschiedene Datenbestände einbezogen werden:

⇨ Bewegungsdaten,
z.B. Buchungsjournale, Lagerzu- / -abgänge

⇨ Stammdaten,
z.B. Konten, Artikelstämme

⇨ Verwaltungsdaten,
z.B. Benutzerverzeichnisse, Berechtigungstabellen

⇨ Protokolldaten,
z.B. Loggingdaten, Verarbeitungsprotokolle

⇨ Schnittstellendaten,
z.B. Lohndaten für Fibu, Arbeitszeiten aus BDE für Lohnabrechnung.

Auch wenn viele Prüfer sich hier überfordert fühlen dürften, es ist unabdingbar, genau zu *definieren*, welcher Datenausschnitt (z.B. Felder, Views, Auswahlkriterien), welcher Datenumfang (z.B. vollständiger Datenbestand, Stichproben) und welcher Zeitrahmen (z.B. Zeitraum von – bis, bestimmter Stichtag) benötigt wird. Der Prüfer muß weiterhin berücksichtigen, daß auch „verbundene" Daten mit einbezogen werden, wie z.B. Kontenrahmen oder Artikelstämme. Weiterhin kann nur der Prüfer definieren, welche Informationen und Maßnahmen er zur Abstimmung benötigt bzw. vorsehen will.

Betrachten wir im folgenden zwei kleinere Fallbeispiele, die an tatsächliche Praxisfälle angelehnt sind. Wenngleich es sich hier auch um bewußte Manipulationen und Unregelmäßigkeiten handelt, sind dennoch aber auch eine Vielzahl vergleichbarer Fälle denkbar, wo durch Fehler, Unachtsamkeiten oder andere, nicht beabsichtigte Einwirkungen ähnliche Effekte wie die hier geschilderten entstehen können.

**Das aufgebes-
serte Gehalt**

Ein Mitarbeiter, der sowohl in der Programmierung tätig ist, als auch in der DV-Produktion nahezu uneingeschränkt agieren kann, beschließt eines Tages, sein Gehalt durch Auszahlung von fiktiven Überstunden aufzubessern. Da er weiß, daß vor Auszahlung der Gehälter eine Liste mit den auszuzahlenden Überstunden geprüft wird, verhindert er durch Manipulation der betreffenden DV-Anwendung, daß seine Personalnummer in der Abstimmliste erscheint. Als die Abstimmliste eines Tages durch eine Störung am Drucker nur unvollständig erzeugt wird, vergleicht der Lohnbuchhalter die Liste im einzelnen mit der Übergabe an die Finanzbuchhaltung und entdeckt so erstmalig die abgerechneten Überstunden des Programmierers.

Im Rahmen einer Prüfung im Bereich Lohnbuchhaltung hätte man bei einer Einzelfallprüfung mittels der Prüfsoftware eine eigene Liste der ausbezahlten Überstunden erstellen und gegen die „offizielle" Liste abstimmen können. Damit wäre der Eingriff auch ohne den defekten Drucker ersichtlich gewesen. Ganz nebenbei sei erwähnt, daß es sich hierbei um eine Lücke im Internen Kontrollsystem handelt, da offensichtlich keine ausreichenden Einzelabstimmungen erfolgten.

Die interne Abstimmung

Bei der internen Abstimmung verwendet der Prüfer z.B. Protokolle oder Listen aus der Fachabteilung, organisatorische Anweisungen oder Dokumentationen. Doch wie wir bei folgendem Beispiel erkennen, das aus den USA stammt, müssen solche interne Abstimmungen durch zusätzliche Maßnahmen ergänzt werden.

Die Bank auf dem Papier

Eine Bank führt mit Ihrem DV-System eine Vielzahl von Konten, erhält Buchungsaufträge und Überweisungen, erteilt Kauf- und Verkauforder für Wertpapierdepots usw. Doch all das geschieht überwiegend *nur* im DV-System. Das wahre Volumen an Geschäftsvorfällen ist erheblich kleiner. Die Bilanzen der Bank weisen einen Geschäftsbetrieb aus, der eigentlich nur auf dem Papier oder besser nur im DV-System vorhanden ist, somit im wesentlichen aus „Luftgeschäften" besteht. Es wird hierbei darauf geachtet, daß alle Geschäftsvorfälle von der Beauftragung bis zur Abwicklung vollständig vorhanden sind und selbst Belege vorgelegt werden können. In diesem Fall läßt sich durch interne Abstimmungen lediglich die Konsistenz des Gesamtsystems bestätigen. Erst als für eine Reihe von Konten und Depots eine Aufforderung an die Kunden ergeht, Saldenbestätigungen zurückzusenden, stürzt das Kartenhaus zusammen. Welche Konten und Depots dabei für die Bestätigungen ausgewählt werden, hat die Prüfsoftware im Rahmen der Einzelfallprüfung überwiegend anhand statistischer Stichprobenfestlegungen vorgegeben.

Die externe Abstimmung

Im obigen Fall die interne Abstimmung ergänzt durch eine Abstimmung mit „externen Partnern". Ein mögliches Verfahren sind hierbei *Kontroll-oder Bestätigungsmeldungen*. So erstellt der Prüfer in unserem Beispiel Meldungen bezüglich Salden von Wertpapierdepots und läßt sich diese von Kunden bestätigen. Ebensogut können aber auch externe Lagerbestände, Edelmetallkonten, Aufträge usw. durch die externen Partner bestätigt werden.

Dv-gestützte Einzelfallprüfungen haben den Vorteil, daß ein großer Datenumfang geprüft werden kann, wobei statistische Methoden bei der Stichprobenfestlegung helfen. Durch die so entstehenden Möglichkeiten wird die DV nicht nur zum *Objekt der Prüfung*, sondern vielmehr auch zur *Prüfungshilfe*.

Umgebung für Einzelfallprüfungen

Die Durchführung der Einzelfallprüfung kann einerseits in der DV-Umgebung der Produktion erfolgen, andererseits aber auch in einer *eigenen* DV-Umgebung der Revision, so z.B. außerhalb des Tagesgeschäfts auf einer separaten Testmaschine. Wir ziehen letzteres stets vor, da auf diese Weise der Prüfer unabhängig arbeiten kann und der Produktionsbetrieb mit den Prüfungsmaßnahmen, außer bei der Datenbereitstellung, kaum belastet wird.

Beispiele für Einzelfallprüfungen in der Umgebung der DV-Produktion sind z.B. der Einsatz von Prüfprogrammen bei SAP, die Anwendung von Datenbankdienstprogrammen in Hostumgebungen (QMF, SQL) oder gar der Einsatz individuell erstellter Prüfprogramme.

Bei Einzelfallprüfungen in einer DV-Umgebung der Revision wird stets mit Kopien der Daten gearbeitet. Für die Auswertung steht dem Prüfer sogenannte *Prüfsoftware* zur Verfügung.

Leistungen Prüfsoftware · Prüfsoftware muß mindestens folgende Leistungen bezüglich Daten erbringen können [27]:

⇨ Sortieren,

⇨ Verknüpfen,

⇨ Mischen,

⇨ Selektieren und Extrahieren,

⇨ Verdichten,

⇨ Kopieren,

⇨ Vergleichen,

⇨ Berechnen,

⇨ Statistiken,

⇨ Berichte und Reports.

Neben Prüfsoftware, die für die Welt der Hosts geschaffen wurde, wie z.B. CULPRIT/EDP-AUDITOR und SIROS, existiert auch eine Reihe leistungsfähiger Prüfsoftware für PC's (z.B. ACL, REVEX oder KONAUDIT) [28].

Der Vorteil der PC-basierten Prüfsoftware liegt darin, daß der Prüfer seine Prüfungshandlungen unabhängig von der ursprünglichen Systemumgebung durchführen kann. Neben den funktionalen Anforderungen an die Prüfsoftware ergeben sich weitere Anforderungen aus Sicht der Praxis. Dazu gehören

⇨ Benutzerfreundlichkeit,

    □   Erstellung von Auswertungen ohne großen Schulungsaufwand,

    □   Unterstützung von komplexen Prüfungshandlungen,

⇨ Effizienz,

    □   Auswertung großer Datenmengen,

⇨ Weiterverarbeitungsmöglichkeit der Prüfungsergebnisse,

    □   Hinzufügen von Erläuterungen mit Textverarbeitung,

    □   Integration in Prüfungsberichte usw.

Da die Prüfsoftware in der Regel über eine Prüfsprache verfügt, in der ganze Prüfabläufe „programmiert" werden können, ist es weiterhin möglich, standardisierte Prüfungen unabhängig von den jeweiligen Produktionssystemen zu definieren (siehe Bild 4.15).

Bild 4.15:
Beispiel Prüf-
abfrage
KONAUDIT

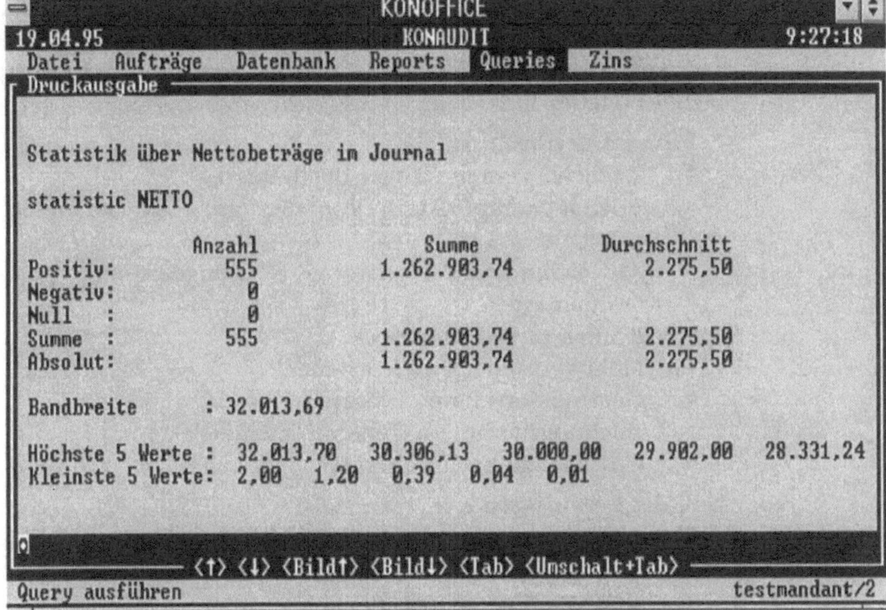

Bild 4.16:
Prüfroutinen
Einzelfallprü-
fung

Prüfroutine	Anwendbar z.B. bei der Prüfung von
Fehlende Angaben	Buchungstext
Null-Werte	Buchungsbetrag
Negative Werte	Anlagevermögen
Maximale Werte	Rabatt
Minimale Werte	Mehrwertsteuer
Lückenlos aufsteigende Werte	Belegnummer
Eindeutige Werte	Kundennummer
Unzulässige Werte	Kundennummer ohne Kundenstammsatz
Identische Werte	Zahlung
Inaktive Konten	Debitor
Schichtung nach Alter	Forderung
Schichtung nach Betrag	Fakturierung
Schichtung nach Mengen	Lagerbestand

Bezüglich der Prüfungs-Fragestellungen haben wir einen Katalog von typischen „Prüfroutinen" zusammengestellt (siehe Bild 4.16), der für eine Vielzahl von Anwendungsfällen herangezogen werden kann.

Alle aufgeführten Prüfroutinen können wir für Prüfungshandlungen in verschiedenen betrieblichen Bereichen benutzen. Als Basis für die Definition von Anforderungskatalogen haben wir zusätzlich einige typische Einsatzbeispiele für Einzelfallprüfungen zusammengestellt.

⇨ **Finanzbuchhaltung**
- Zeitliche Verteilung von Buchungen,
- Buchungszeitpunkte (Vordatierung, Wochenenden, Feiertage, nachts, usw.),
- Abweichungen Belegdatum – Buchungsdatum,
- Stornierungen,
- Konten ohne Buchungen,
- Mehrwertsteuer und Vorsteuer,
- Geschlossene / neu eröffnete Konten,
- Buchungsnummern (fehlend, mehrfach),
- Unzulässige Kontonummern.

⇨ **Anlagevermögen**
- Altersstrukturen,
- Wertstrukturen,
- Geringwertige Wirtschaftsgüter,
- Abschreibungen (Zeiträume, Methoden),
- Restwerte („0", negativ).

⇨ **Debitoren**
- Altersstrukturen,
- Wertstrukturen,
- Saldenbestätigungen,
- Aufstellungen Kunden – Umsätze,
- Rabatte, Skonti,
- Anzahlungen,
- Abweichungen Zahlungsziele – Zahlungen,
- Klage- und Mahnverfahren, Zinsen,
- Abwertungen / Abschreibungen,
- Kundennummern (fehlend, mehrfach).

⇨ **Kreditoren**
- Abweichungen Zahlungsziele – Zahlungen,
- Skonti,
- Zusammenfassungen von Zahlungen,
- Mehrfachzahlungen,
- Belegnummern (fehlend, mehrfach).

⇨ **Lagerwirtschaft**
  □ Bestandsfortschreibungen,
  □ Inventurdifferenzen,
  □ Altersstrukturen (Umschlagshäufigkeit, Ladenhüter),
  □ Mengenstrukturen,
  □ ABC-Analysen Bestände,
  □ Bewertungen (Methoden, „0", negativ),
  □ Zeitliche Verteilung von Lagerzu- und -abgängen,
  □ Abweichungen Datum Lieferung – Buchung Lagerzugang,
  □ Abweichungen Bestellanforderung – Datum Bestellung,
  □ Mengen- und Preisangaben („0", negativ).

⇨ **Einkauf**
  □ Abweichungen Datum Bestellung – Datum Lagerzugang,
  □ Entwicklungen Einstandspreise,
  □ Abweichungen Einstandspreise zwischen Filialen o.ä.,
  □ Bestellnummern (mehrfach, fehlend).

⇨ **Verkauf**
  □ Zeitliche, regionale Verteilungen,
  □ Strukturierung nach Auftragsvolumen,
  □ Reklamationen, Stornierungen,
  □ Dauer Auftragseingang – Fertigstellung – Zahlung,
  □ Rohertragsanalysen,
  □ Provisionen Vertrieb,
  □ Werbeerfolgsanalysen.

⇨ **Personal, Lohn und Gehalt**
  □ Altersstrukturen, Betriebszugehörigkeiten,
  □ Fluktuationen,
  □ Überstunden, Provisionen, Zuschläge, usw.,
  □ Abweichungen Grundgehalt – ausbezahltes Gehalt,
  □ Rückstellungen (Pensionen, Urlaub),
  □ Gehaltszahlungen („0", negativ),
  □ Personalnummern (fehlend, mehrfach).

4.3   Ergebnis: Erkenntnisse und weiteres Vorgehen

Ausgehend von den GoDV und den dadurch bestimmten Risikobereichen der DV haben wir die Prüfung als *Instrument* einschätzen können, Ordnungsmäßigkeit und Sicherheit des DV-Einsatzes im Unternehmen maßgeblich mitzugestalten.

Die Systemprüfung und die Einzelfallprüfung in Kombination angewandt versetzen uns in die Lage, wirksam Mängel in der Unternehms-DV anzugehen. Eine erste Systemprüfung in Form einer DV-Bestandsaufnahme führt nach aller Erfahrung sehr schnell dazu, wesentliche Schwachstellen aufzudecken, die dann gezielt weiter untersucht werden können.

Die Kombination zweier Verfahren

Da die von uns beschriebene DV-Systemprüfung vorrangig eine Verfahrensprüfung darstellt, ist die Abrundung durch die dv-gestützte Einzelfallprüfung unbedingt zu empfehlen. Durch eine derartige Kombination beider Verfahren, die als „Zangenbewegung" auf die Erkennung von Schwachstellen hinausläuft, können in der Gesamtheit erstaunliche Zusatzergebnisse zu Tage gefördert werden [29].

Neben den im vorigen Kapitel dargestellten Manipulationen und Unregelmäßigkeiten kann die Einzelfallprüfung als Ergänzung der DV-Systemprüfung jedoch auch dann wesentliche Erkenntnisse liefern, wenn aus den „offiziellen" DV-Auswertungen des Unternehmens die gewünschten Informationen nicht gewonnen werden können. So sollte es niemanden wundern, wenn, wie bei einer unserer Prüfungen geschehen, die DV-Bestandsaufnahme eine unzureichende Handhabung und Kontrolle von Klage- / Mahnverfahren ergibt und in einer anschließenden Einzelfallprüfung ein ältester Debitor aufgespürt wird, der in keiner Listauswertung des Unternehmens zu finden ist.

So gesehen sind beide Prüfungsarten als ideale *Ergänzung* anzusehen, die uns der „richtigen" Erkenntnis im Verlauf der Prüfung ein gutes Stück näher bringen können.

Was folgt nun für uns aus den Ergebnissen beider Prüfungsformen? Wir gehen bei unseren Prüfungen von *Maßstäben* aus, die wir umgekehrt auch als *Vorgaben* für die Ausgestaltung von DV-Systemen ansehen können. Neben punktuellen Verbesserungen sind damit letztlich insgesamt die *Rahmenbedingungen* angesprochen, die eine ordnungsmäßige und sichere DV ausmachen und die als Konsequenz des bisher festgestellten im folgenden Kapitel betrachtet werden.

Wie wir ebenfalls bereits im vorhergehenden Kapitel erkannt haben, ist auch die *Qualitätssicherung* eine enge Verwandte der ordnungsmäßigen und sicheren DV, weshalb wir uns im Anschluß an die Rahmenbedingungen mit ihr als ergänzendem Faktor für die Prüfung befassen wollen.

5   Rahmenbedingungen der Ordnungsmäßigkeit und Sicherheit

Von der Organisation zur Produktion

Von Bestandsaufnahmen bis zu Systemprüfungen, von dv-gestützten Einzelfallprüfungen bis zu „flächendeckendem" DV-Einsatz auch im Rahmen der DV-Revision selbst, all das haben wir im letzten Kapitel kennengelernt als Möglichkeit und Werkzeug, Schwachstellen und Risiken der DV zu identifizieren und beherrschbar zu machen.

Wechselbeziehung Risiken, Prüfung und Rahmenbedingungen

Es liegt auf der Hand, daß unsere Prüfungen insbesondere dann Rückwirkungen auf die Risiken haben, wenn z.B. infolge der Feststellungen, Bewertungen und Empfehlungen entsprechende Rahmenbedingungen vom Unternehmen geschaffen werden, die ihrerseits wiederum die in der DV bestehenden Risiken vermindern (siehe Bild 5.1).

Umgekehrt beeinflussen die bestehenden oder aufgrund von Prüfungen erreichten, ggf. verbesserten Rahmenbedingungen neben den Risiken selbst auch wiederum Art und Umfang der künftig erforderlichen Prüfungshandlungen. Wegen solcher Zusammenhänge wollen wir auf die notwendigen *Rahmenbedingungen* der Ordnungsmäßigkeit und Sicherheit den Schwerpunkt unseres Kapitels 5 legen.

Wie schon im vorigen Kapitel angedeutet, werden wir ausgehend von einer *Umkehrung* unserer Prüfungs-Checkliste (siehe Bild 4.10) anhand ausgewählter Feststellungen, Bewertungen sowie Empfehlungen aus Prüfungen die aus unserer Sicht wesentlichsten Bereiche ansprechen.

Parallel dazu wird nicht im einzelnen auf alle Auswirkungen von Risiken eingegangen, für die sich Indikatoren in den jeweiligen Bereichen zeigen und die schon angesprochen wurden (siehe Kapitel 3 und Anhang 1).

Das IKS in den Rahmenbedingungen

Im folgenden wird weiterhin das IKS nicht besonders herausgestellt, da wir es als die *Gesamtheit* aller Methoden, Einrichtungen und Maßnahmen des Unternehmens kennengelernt haben, mit denen Anforderungen an Ordnungsmäßigkeit und Sicherheit zu erfüllen sind. Aus diesem Grund muß es in den Rahmenbedingungen des Unternehmens implizit *enthalten* sein und bedarf damit auch keiner besonderen Darstellung innerhalb oder außerhalb der Rahmenbedingungen.

Bild 5.1:
Einordnung
Kapitel 5

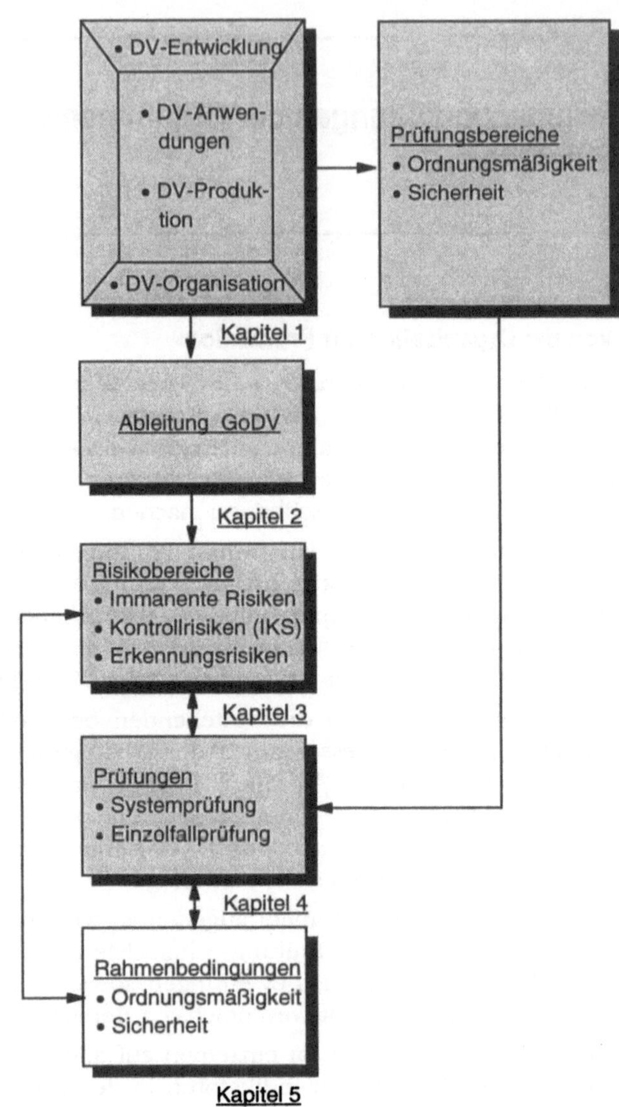

5.1   Organisation und Verantwortungsbereiche: Weniger ist mehr?

Feststellungen ...

„Die DV-Abteilung ... besteht aus *einem Mitarbeiter,* der neben der Leitung des Bereichs alle anfallenden Tätigkeiten vom Operating über Programmierung bis zur Anwenderbetreuung übernimmt. Eine strikte Funktionstrennung, wie in größeren DV-Abteilungen üblich, kann somit nicht realisiert werden ...".

„Übersichten zur Organisation und zu den unterschiedlichen Aufgabenbereichen ... sowie ihre Einbettung in die Gesamtorganisation sind *nicht vorhanden*. Weiterhin liegen keine Organisations- und Arbeitsanweisungen vor, die Arbeitsabläufe des Bereiches beschreiben. Unterschiedliche Auffassungen bezüglich der Zuständigkeiten der unterschiedlichen Mitarbeiter sowie der externen Berater wurden während der Prüfung vorgefunden ...".

„Übersichten zur Organisation und zu den unterschiedlichen Aufgabenbereichen bei ... sind nicht vorhanden oder wurden uns nicht vorgelegt. Bezüglich des vorhandenen Personalstands wurde auf Anforderung eine grobe Übersicht erstellt; das vorhandene Organigramm ist angabegemäß nicht offiziell und *vertraulich* ...".

Konzentration auf wenige Mitarbeiter

So oder ähnlich lauten eine Vielzahl unserer Prüfungsfeststellungen zur Organisation im Rahmen der DV bzw. von gesamten Unternehmen. Bei einer zunehmenden Anzahl von Unternehmen besteht erkennbar die Tendenz, u.a. im Zusammenhang mit Rationalisierungsbestrebungen und Bemühungen, Personalkosten zu senken, eine Vielzahl von Aufgaben von einer *immer geringeren Anzahl* an Mitarbeitern abwickeln zu lassen.

Tendenziell in die gleiche Richtung kann sich der Effekt auswirken, daß etwa aufgrund tariflicher Regelungen hohe Urlaubsansprüche entstehen und bei nicht angemessener Mitarbeiterzahl dazu führen, daß bestimmte erforderliche Tätigkeiten ganz unterbleiben müssen oder nur durch hohe Zahl von Überstunden erledigt werden können. Derartige Auswirkungen werden einem Prüfer vielleicht erst dann klar, wenn ihm ein DV/Org-Leiter den Sachverhalt ernsthaft als Begründung vorgefundener Mängel erläutert — so geschehen bei einer unserer Prüfungen der Tochtergesellschaft eines großen Konzerns. Die kleine Tochter mit nur wenigen Mitarbeitern hatte eines mit der Mutter gemein: die tariflichen Urlaubsansprüche.

Wie weiterhin die Aufgabenverteilung und -zuordnung im Unternehmen im einzelnen aussieht, ist in einer Reihe von Fällen darüber hinaus nur mit Schwierigkeiten feststellbar. Häufig kommt es vor, daß

⇨ keine Organigramme, Organisations- und Arbeitsanweisungen, Beschreibungen von Arbeitsabläufen o.ä. verfügbar sind oder

⇨ eventuell vorhandene derartige Unterlagen nie aktualisiert wurden bzw. sogar als vertraulich behandelt werden.

Daß derartige Sachverhalte auch uns aus der Sicht der DV-Revision betreffen, liegt auf der Hand. Wie wir bereits in Kapitel 3 festgestellt haben, sind sowohl das IKS als auch die letztlich entstehenden Risiken im wesentlichen mitbestimmt durch Mitarbeiter sowie deren *Organisation und Arbeitsweisen*. Es ist somit unabdingbar, daß auch die Organisation Rahmenbedingungen schafft, die Ordnungsmäßigkeit und Sicherheit in allen Bereichen der DV sicherstellen.

... Bewertungen

Wie sich aus dem vorher gesagten ableiten läßt, sind zwei wesentliche Problemschwerpunkte im Rahmen der Organisation erkennbar. Mängel liegen insbesondere vor im Bereich von

⇨ Verteilung und Zuordnung von Aufgaben auf die Mitarbeiter,

⇨ Dokumentation und Transparenz der Zuordnungen sowie von Arbeitsabläufen.

Aus solchen Problembereichen ergeben sich wiederum auch *zwei Gruppen* von Bewertungen und Empfehlungen.

Fehlende Kontrolle und Information

Bei einer Konzentration zu vieler ordnungsmäßigkeits- und sicherheitsrelevanter Tätigkeiten auf *einzelne* Mitarbeiter können erhebliche Risiken entstehen. Hierzu zählen aufgrund eines evtl. fehlenden „4-Augen-Prinzips" insbesondere

⇨ Fehler- und Manipulationsrisiken

sowie aufgrund eines zu knapp bemessenen Personalstands vor allem

⇨ Abhängigkeits- und Ausfallrisiken.

Beide Risikoarten gefährden sowohl die Ordnungsmäßigkeit als auch die Sicherheit der DV. Fehlende gegenseitige Überwachung und Mitarbeiter, die sich überwiegend *selbst kontrollieren* oder nur *allein informiert* sind, stellen unsere maßgeblichen „Problemkunden" dar. Ein damit zwangsläufig schwach ausgeprägtes IKS bildet den „Nährboden" für eine Vielzahl von Schwierigkeiten, in die eine DV-Organisation geraten kann.

Unterstellen wir z.B. bei dem in Kapitel 5.4 angesprochen Programmanforderungs- und -änderungsverfahren (siehe Bild 5.12), daß die wesentlichen Aufgaben im Bereich DV-Entwicklung und -Produktion lediglich von *einem* Mitarbeiter wahrgenommen würden, so wird schnell ersichtlich, welches Ausfall-, aber auch Fehler- oder Manipulationsrisiko damit verbunden sein kann.

Erscheint es auf den ersten Blick vielleicht auch kostengünstiger, viele Aufgaben auf einzelne Mitarbeiter zu konzentrieren, so kann sich das schnell als „Milchmädchenrechnung" erweisen, wenn durch Ausfälle, gravierende Fehler oder sogar Manipulationen ein Vielfaches der vorher vielleicht vermiedenen Kosten entsteht.

Aus der Sicht der Revision gilt somit, möglicherweise nur auf den ersten Blick im Gegensatz zu den Anforderungen an die Wirtschaftlichkeit der DV stehend:

> *Weniger ist mehr gilt nicht für die **Anzahl** der betreffenden Mitarbeiter,
> sondern für die Anzahl der von **einzelnen** Mitarbeitern ausgeübten
> **Aufgaben**, die Ordnungsmäßigkeit und Sicherheit betreffen.*

Wie bei mangelnder Funktionstrennung sind auch die Risiken bei unzureichender Dokumentation der Aufgabenzuordnungen auf die Mitarbeiter sowie der damit verbundenen Arbeitsabläufe als nicht unerheblich anzusehen.

In einer DV-Organisation, die keinen ausreichenden Überblick über bestehende Aufgabenbereiche, Zuständigkeiten und Kompetenzen hat, ja vielleicht nicht einmal über ein einfaches Organigramm verfügt, besteht jederzeit die Möglichkeit, daß sich „schleichend" Gefahren aufbauen.

Denkbar ist eine ganze Palette solcher Gefährdungen, die von mangelndem Wissen über die eigene Organisation bis zu drohenden Kontrollverlusten reicht. Ebenfalls verborgen bleibt möglicherweise, daß die gesamte DV-Organisation unzweckmäßig aufgebaut sein kann und nicht ausreichend auf allgemeine Struktur-Anforderungen (siehe Bild 5.2) oder spezifische Bedürfnisse des Unternehmens hin ausgerichtet ist.

> *Ein **aktueller Gesamtüberblick** zu Organisationsstruktur,
> Aufgabenbereichen, Arbeitsabläufen, Zuständigkeiten, Kompetenzen und
> Kontrollen ist **Voraussetzung** für Ordnungsmäßigkeit und Sicherheit.*

... und Empfehlungen

Grundsätzlich sollten ordnungsmäßigkeits- und sicherheitsrelevante Tätigkeiten, die einander bedingen oder Ausführung und Kontrolle beinhalten, funktionsmäßig auf *unterschiedliche* Personen verteilt werden. Zu berücksichtigen sind neben dem täglichen Normalbetrieb auch die gegenseitige *Vertretung* in Ausnahmefällen, wie z.B. im Urlaub oder bei Krankheiten.

„4-Augen-Prinzip" als Minimum

Auch in kleineren Unternehmen, bei denen eine derartige Funktionstrennung nicht in letzter Konsequenz durchführbar ist, sollte immerhin ein Minimum von *zwei Personen* dann vorgesehen werden, wenn wechselseitige Ausführung und Kontrolle erforderlich sind. Die Konzentration auf eine einzelne Person als Dauerzustand ist in allen Unternehmensgrößen grundsätzlich zu *vermeiden*.

Wesentliche Bereiche der DV-Anwendung, -Entwicklung und -Produktion, in denen die Empfehlung zu berücksichtigen ist, sind insbesondere

⇨ Programmierung und Operating,
⇨ Programmierung und Anwender,
⇨ System- und Anwendungsprogrammierung,
⇨ Systemverwaltung und Programmierung usw.

Grundsätzlich empfehlen wir bei angetroffener unzureichender Funktionstrennung eine Prüfung des in den Bereichen bestehenden *Risikos*. Bei generell knapper Personalausstattung empfehlen wir zusätzlich die Prüfung geeigneter Maßnahmen zur Gewährleistung einer *unterbrechungsfreien Fortsetzung* des Tagesgeschäfts.

Bild 5.2:
Organigramm
DV/Org

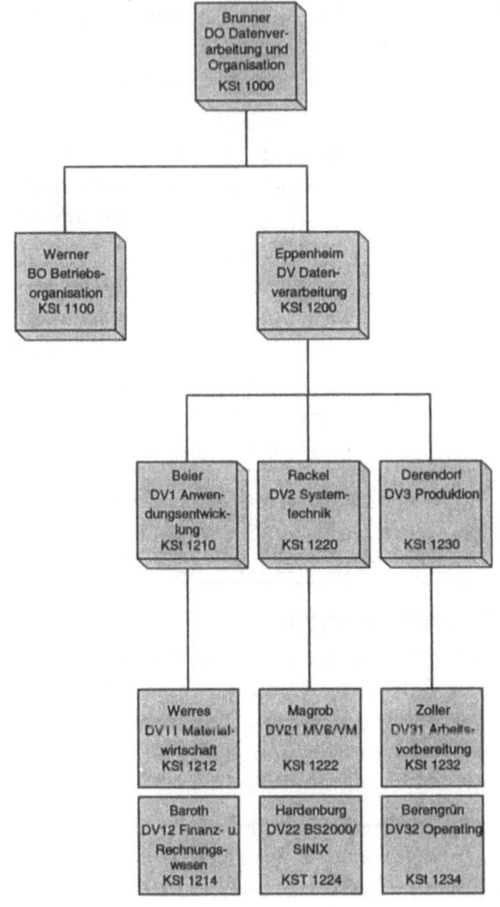

Transparenz der Organisationsstruktur

Sofern wir auf eine nach unserer Einschätzung mangelnde Transparenz der Organisationsstruktur treffen, empfehlen wir in der Regel die Erarbeitung einer *Gesamtübersicht* bezüglich der unterschiedlichen Aufgabenbereiche sowie eines *Organisationshandbuchs.*

Hierin sind Arbeitsabläufe und Aufgaben so festzulegen, daß eindeutige Zuständigkeiten bestehen und die Wahrnehmung erforderlicher Koordinationsaufgaben und Kontrollen gewährleistet wird. Ebenfalls enthalten sein sollte ein aktuelles Organigramm mit entsprechenden Stellenbeschreibungen.

5.2 Hardware- und Software-Landschaft

Die Bedeutung der Übersicht

Feststellungen ...

„Eine Aufstellung aller eingesetzten Hardware- und Software-Komponenten konnte uns nicht vorgelegt werden ...".

„Eine Darstellung zur Vernetzung mit anderen Modulen wurde lediglich aus der Sicht des RK-Moduls vorgefunden. Eine Übersicht, die sämtliche Module und ihr Zusammenwirken einschließlich Schnittstellen zu Nicht-SAP-Komponenten aufzeigt, liegt nicht vor ...".

„Die vorliegende Dokumentation erweist sich insgesamt als nicht ausreichend konsistent sowie von nur eingeschränkter Transparenz für sachverständige Dritte. Die Dokumentationsbestandteile können aufgrund einer fehlenden Übersicht nicht in Zusammenhang gebracht werden. Konsistente Querbezüge zwischen den Dokumentationsbestandteilen sowie eine Gesamtübersicht fehlen ...".

Es gibt kaum einen Dokumentationsbestandteil, auf den wir in unseren Prüfungen seltener treffen als die erläuternde Gesamtübersicht, sei es zur vorhandenen Hardware oder aber zur bestehenden Software-Landschaft.

Während in günstiger gelagerten Prüfungsfällen häufig noch eine unterschiedlich gestaltete, möglicherweise nicht aktuelle, aber dafür umfangreiche *Detaildokumentation* vorliegt, bleibt der Schlüssel zu ihrem Verständnis, die Übersicht zum Gesamtsystem, in den meisten Fällen verborgen.

Mut zur Vereinfachung

Die Hard- und Software-Komponenten des Unternehmens im Überblick und „DIN A4"-Format: Ein Wunsch, auf dessen Erfüllung wir in den meisten Fällen vergeblich hoffen. Die Gründe hierfür sind möglicherweise sehr verständlich: Bedarf es doch in der Regel außer einem gehörigen *Abstraktionsvermögen* auch eines erheblichen Muts zur *Vereinfachung*.

Ein Mitarbeiter, der bis in allen Einzelheiten vertraut ist mit *seinen* Systemen, wird zumeist eher mehr Liebe zum Detail aufbringen als den Mut zur Lücke und zur Vereinfachung. Aufgrund fehlender Distanz kann somit kaum damit gerechnet werden, daß für einen nicht mit dem Unternehmen und dessen spezifischen Rahmenbedingungen vertrauten Mitarbeiter oder Externen vereinfacht wird, auch wenn es für ihn noch so vorteilhaft wäre. *Er* wäre nämlich daran interessiert, einen groben, aber vollständigen Überblick zu erhalten, der gerade *nicht* bis ins Detail geht.

Oft wird es von den Mitarbeitern schlicht für unmöglich gehalten, die eigene komplexe Gesamtsituation der Software-Landschaft derart darzustellen, daß sie vielleicht sogar auf die besagte DIN A4-Seite paßt. Eher ist man demgegenüber im Bereich der Hardware bereit, eine lange Liste aller

Komponenten auszudrucken, wenn sie denn verfügbar oder aktuell bzw. vollständig ist.

Übersicht aus Bericht in DV-Dokumentation

Es handelt sich manchmal um ein Schlüsselerlebnis für die Betroffenen, wenn wir in unseren Prüfungsberichten erstmalig eine Übersicht zur gesamten Hard- und Software-Landschaft des Unternehmens erstellen, wie es sie bis dahin noch nicht gegeben hat (siehe auch Berichtsbeispiel Anhang 3). Wir können es als Erfolg werten, wenn wir im Folgejahr die eigene Darstellung in der DV-Dokumentation wiederfinden oder sie Grundlage für eine erweiterte eigene Dokumentation geworden ist.

... Bewertungen

Die Dokumentation (siehe Kapitel 5.3) wird von uns für die externe wie interne Prüfung regelmäßig als wichtiges Hilfsmittel eingestuft. Das gilt insbesondere und vor allem für die Übersicht zum Gesamtsystem als erstem Einstieg, zu seinen bestehenden Schnittstellen, dem Zusammenspiel der wesentlichen Komponenten, aber auch zu den erfolgenden Abstimmungen und Kontrollen.

---

*Für externe wie auch interne Interessenten sind Übersichten zum Gesamtsystem, zu bestehenden Schnittstellen und zum Zusammenspiel der Komponenten eine **wichtige Einstiegshilfe**.*

Solche Übersichten liefern nicht nur den Schlüssel zum Verständnis der Systeme, sondern auch die Basis, um bei Bedarf detaillierter in die jeweiligen Bereiche eindringen zu können. Zusätzlich weisen die Übersichten vorhandene Schwachstellen im Zusammenspiel sowie bezüglich erfolgender Kontrollen u.U. leichter aus als es in detaillierteren Darstellungen möglich ist.

Software-Inventur als Bewertungshilfe

Als Nebeneffekt kann die Übersicht in Form einer „Software-Inventur" auch ein effektives Werkzeug des *DV-Controlling* werden, wenn nämlich hiermit die erstmalige Identifikation eingesetzter Anwendungen und ihre *Bewertung* in Hinblick auf die Unternehmensziele erfolgt [35]. Eine Aufnahme und Bewertung der vorhandenen DV-Anwendungen nach Kriterien wie

⇨ Funktion: welche betrieblichen Funktionen werden unterstützt?
⇨ Anwender: wer nutzt die Anwendung wann, wie oft und wie intensiv?
⇨ Nutzen: was nutzt die Anwendung dem Unternehmen?
⇨ Risiko: was würde passieren, wenn die Anwendung ausfiele?
⇨ Perspektive: wie lange wird die Anwendung noch benötigt?

kann zusätzlich sehr nützliche Informationen zum Stellenwert der jeweiligen Software im Unternehmen sowie zu ihrer Wirtschaftlichkeit liefern (siehe hierzu auch Kapitel 7.2).

Ohne Übersichten zum Gesamtsystem kommt es oft zu einem „Herumstochern" in z.T. allzu umfangreicher, ggf. veralteter, auf keinen Fall aber bezüglich des *Gesamtverständnisses* weiterhelfender Dokumentation. Die Zeit, die so unnötig damit zugebracht werden muß, einzelne Bestandteile „zusammenzuklauben", geht für eine vertiefende Bearbeitung verloren. Ebenso kann hierdurch aber auch die Grenze zur *angemessenen Zeit* überschritten werden, die einem sachverständigen Dritten ausreichen muß, um sich einen Überblick über die vorhandenen Systeme verschaffen zu können, wie wir uns erinnern.

... und Empfehlungen

Bezüglich der Hardware-Landschaft des Unternehmens empfehlen wir die Führung einer aktuellen Liste aller Komponenten, aus der z.B. hervorgehen die

⇨ Standort-Adresse,

⇨ Anlagen-Hersteller,

⇨ Modell- / Prozessor-Typen (Art, Anzahl),

⇨ Angeschlossene Terminals,

⇨ Peripherie (Band-, Platteneinheiten) etc.

In Hinblick auf das Software-Umfeld empfehlen sich Aufstellungen über

⇨ Basissoftware,

    ▫   Betriebssystem,

    ▫   Netzwerke,

    ▫   Entwicklungswerkzeuge usw.,

⇨ Individualsoftware,

⇨ Standardsoftware (Bezeichnung, Hersteller, Version, Änderungen),

⇨ Installations-Datum, maßgebliche Änderungen,

⇨ Art der Verarbeitung (Batch, Online, Lese- und verändernde Zugriffe usw.),

⇨ DBMS-Systeme,

⇨ Software zur Kontrolle Zugriffssicherheit usw.

DV-Systeme im DIN A4-Überblick

Sowohl im Bereich der Hardware als auch der eingesetzten Software empfehlen sich zusätzliche Darstellungen in knapper Form (z.B. DIN A4), aus denen man die aktuellen Konfigurationen entnehmen kann. Ein Beispiel dafür, wie wir im Rahmen unserer Prüfungsberichte vorgehen, wenn z.B. bei einer DV-Bestandsaufnahme eine erstmalige Übersicht erstellt werden muß und vom Unternehmen keine solche erhältlich ist, haben wir in Bild 5.3 aufgenommen. Wie auch bei den folgenden Bildern wurden Namen und Orte betreffender Unternehmen verändert.

Es ist weniger entscheidend, ob eine solche Übersicht bis ins Detail vollständig ist, sondern daß sie vielmehr die wesentlichen Zusammenhänge aufzeigt. Ergänzend zur Übersicht ist in der Regel eine *Legende* sinnvoll, die eine Erläuterung des jeweiligen Bildes beinhaltet (siehe Erläuterung zu Bild 5.3).

Bild 5.3:
Konfigurations-
übersicht (ver-
einfacht)

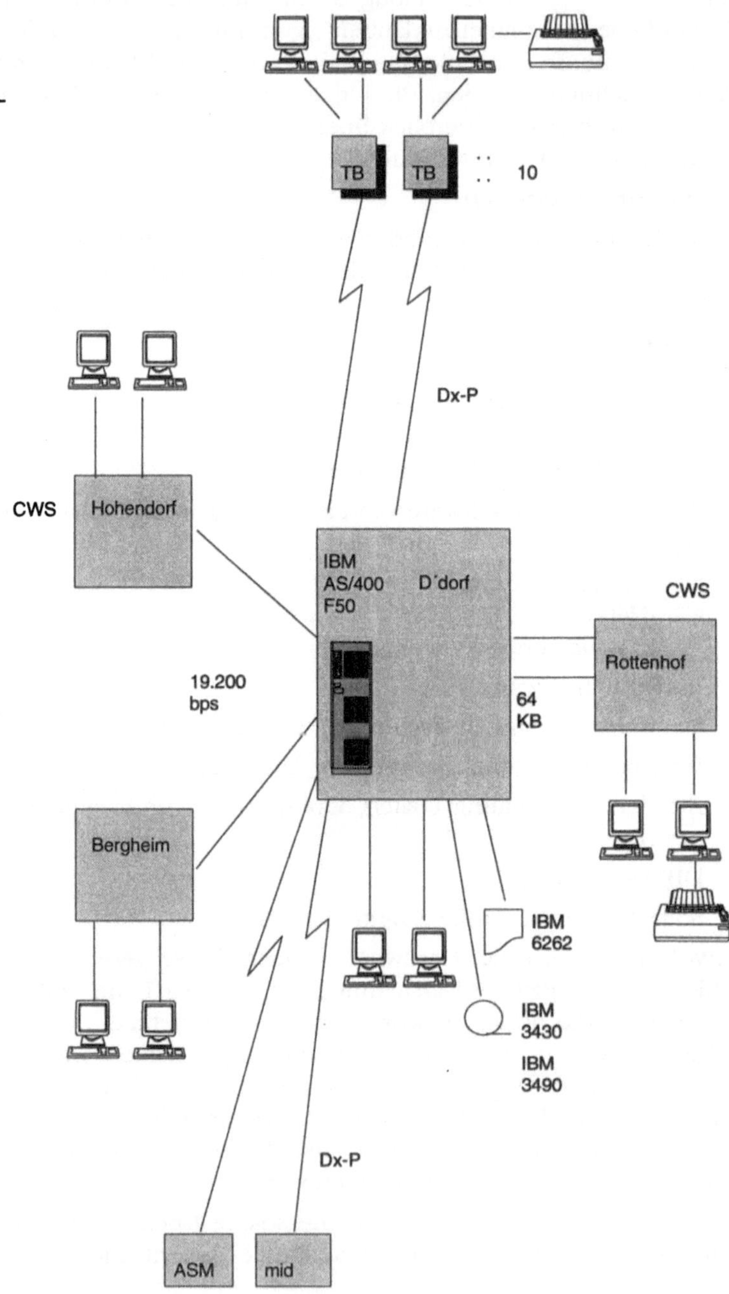

**Legende
Bild 5.3:**
Erläuterungen
Übersicht

D´dorf	Zentralrechner IBM AS/400 in Düsseldorf; AS/400 F50: Betrieb Altanwendung für Fertigungsbereiche sowie ASM Anlagenbuchhaltung / Kostenrechnung Peripherie: - Systemdrucker IBM 6262 T12 - Bandeinheit IBM 3430 (insbesondere für Datenträgeraustausch) - Kassettenbandeinheit IBM 3490 (insbesondere für operatorlose Datensicherung)
Bergheim Hohendorf	Außenstellen für Versand, Lager (Hohendorf) bzw. nur Lager (Bergheim); Anbindung an D´dorf über Standleitungen 19.200 bps, Zugriff über Terminals; Zugriff auf CWS / PC möglich im Bereich Versand
Rottenhof	Zweigwerk mit Fertigungsbereich; Zugriff auf Standard-Software über 2 Standleitungen 64 KB nach D´dorf; Zugriff auf CWS / PC möglich
CWS	Computer-Wägesystem / PC
TB	Technische Büros (10) im gesamten Bundesgebiet, Anbindung an D´dorf über Datex-P, lokale Vernetzung über Novell Netware
ASM	SW-Lieferant Anlagenbuchhaltung, Kostenrechnung; Zugriff nach Anruf über ECS-Leitung / Fernsprechwählverbindung
mid	SW-Lieferant DV/400; Zugriff über Datex-P

Auch bezüglich der vorhandenen Software-Landschaft empfehlen wir die Anfertigung einer Systemübersicht, die neben allen im Einsatz befindlichen Modulen und Komponenten deren *Zusammenwirken und Schnittstellen* darstellt sowie die im System erfolgenden *Abstimmungen und Kontrollen*. Auch beim ausschließlichen Einsatz von Standard-Modulen wird eine derartige Darstellung die Transparenz des Gesamtsystems für externe wie interne Zwecke erhöhen und damit den Ordnungsmäßigkeitsaspekten förderlich sein.

Derartige, ebenfalls auf ein handliches DIN A4-Format ausgerichtete beispielhafte Darstellungen in unterschiedlichem Detaillierungsgrad haben wir außer in unserem Berichtsbeispiel in Anhang 3 auch in den folgenden Bildern aufgenommen.

Bild 5.4:
Übersicht Zusammenspiel (I)

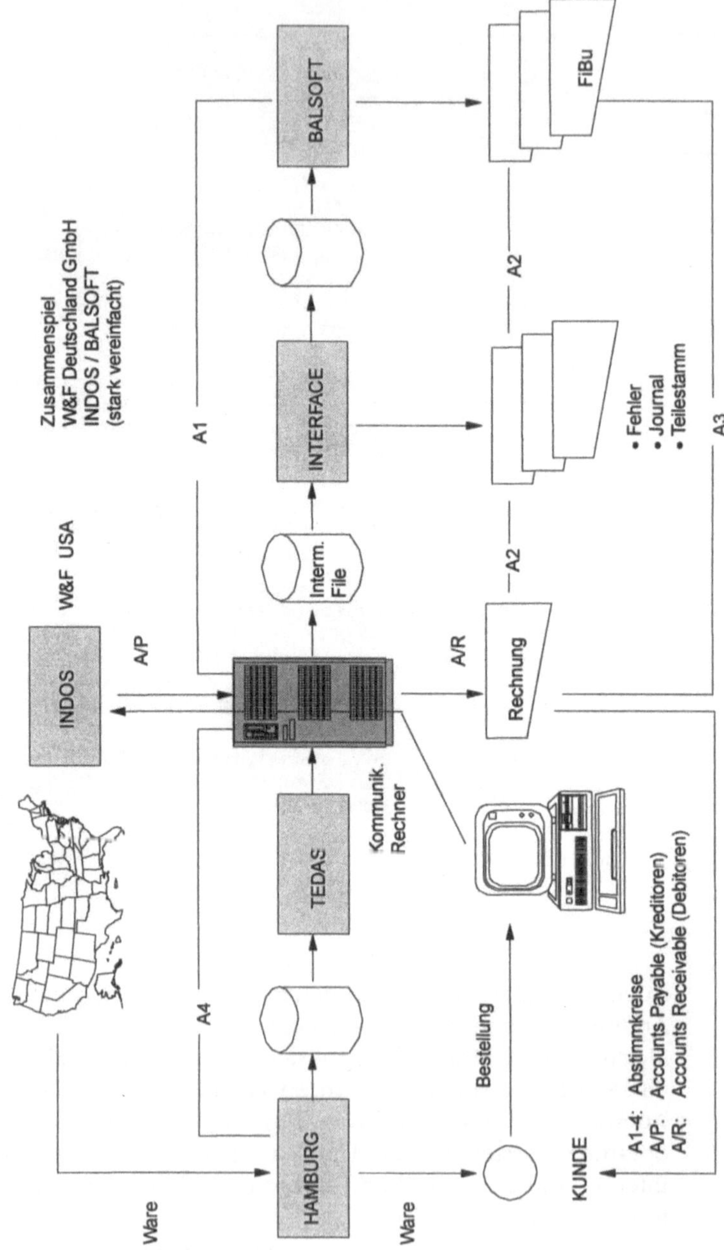

**Legende
Bild 5.4:**
Erläuterungen
Übersicht

Intermediate File	Datei für File Transfer von W&F USA nach W&F Deutschland GmbH
Kommunik.Rechner	Kommunikations-Rechner für Anschluß Remote Arbeitsplätze bei W&F Deutschland GmbH an INDOS bei W&F USA
INDOS	Auftragsabwicklungs- / Bestellverwaltungs-system bei W&F USA; Remote Arbeits-plätze bei W&F Deutschland GmbH; Bereitstellung von Rechnungen, Waren- und Lieferdaten über File Transfer in "Intermediate File"
HAMBURG	Warenlager Hamburg mit Anbindung über die Anwendung TEDAS
INTERFACE	Schnittstellenanwendung zur Verbindung von Fibu BALSOFT und INDOS
TEDAS	Auf Basis Novell vernetzte MS-DOS Anwendung zur Verwaltung und Abstimmung von Waren, Lieferungen und Rechnungen zwischen W&F USA, Lager Hamburg
BALSOFT	Finanz- und Anlagenbuchhaltung

Interne Kontrollen / Abstimmkreise:

A1	Monatliche Abstimmung von A/P u. A/R zwischen W&F USA und Deutschland GmbH
A2	Diverse Abstimmungen zwischen Rechnungen Kunden, INTERFACE Journal, Fehler- und Teilelisten sowie Auswertungen FiBu
A3	Abstimmung fehlender Rechnungsnummern gegen Übernahme in FiBu (z.T. manuell)
A4	Abstimmung eingegangener Waren im Lager Hamburg mit Rechnungsbestand über Anwendung TEDAS

Bild 5.5:
Übersicht Zu-
sammenspiel
(II)

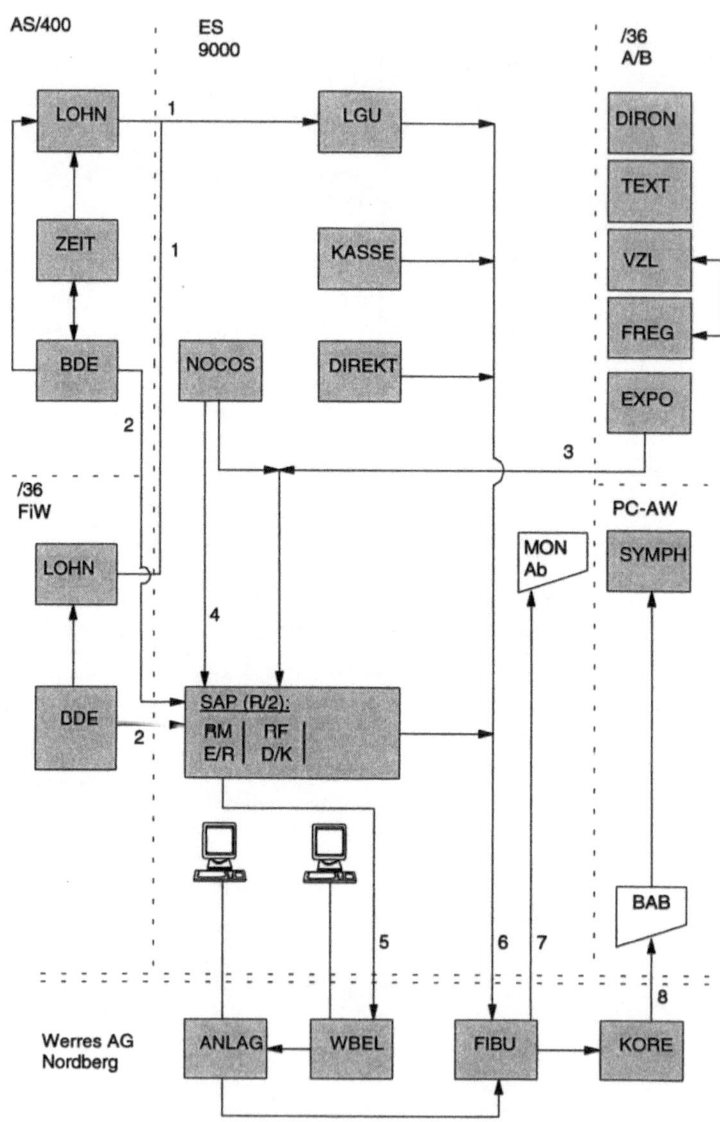

Zusammenspiel Anwendungen NORAT GmbH / Werres
(stark vereinfacht)

Legende
Bild 5.5:
Erläuterungen
Anwendungs-
SW

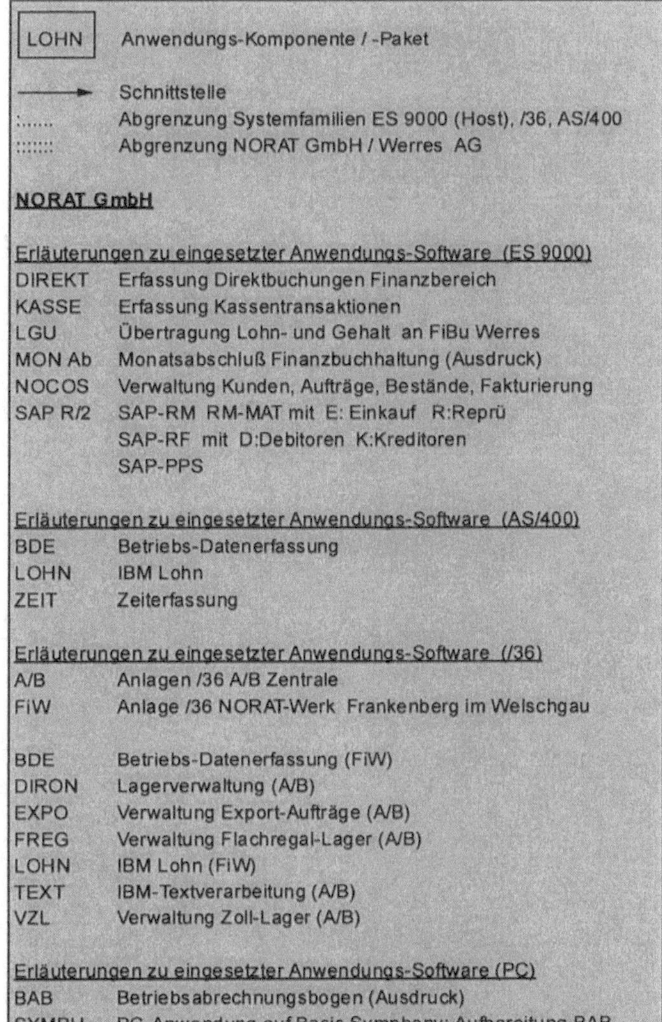

Werres AG

ANLAG   Anlagenbuchhaltung, NORAT Remote-Anwender
FIBU   Batch-orientierte Finanzbuchhaltung
WBEL   Projektüberwachung, Leistungsverrechnung,
         NORAT Remote-Anwender
KORE   Kostenrechnung

Erläuterungen zu Schnittstellen

(1) LOHN - LGU
Übernahme Lohn- und Gehaltsdaten von AS/400 und /36 FiW
auf ES 9000 zur Aufbereitung und Übertragung an FiBu Werres AG.

(2) BDE - SAP
Datenaustausch zwischen SAP-Anwendung auf ES 9000 sowie
BDE auf AS/400 und /36 FiW.

(3) EXPO - SAP
Übergabe Daten aus Verwaltung Export-Aufträge /36 A/B an
SAP-Anwendung auf ES 9000.

(4) NOCOS - SAP
Übergabe Daten aus Kunden-, Auftrags- und Bestandsverwaltung an
SAP-Anwendung auf ES 9000.

(5) SAP - WBEL
Übergabe Daten aus SAP-Anwendung ES 9000 (RM-MAT) an
Projektüberwachung und Leistungsverrechnung bei Werres AG.

(6) Diverse Aw - FIBU
Übergabe Direktbuchungen Finanzbereich, Lohn- u. Gehalt u. Daten
"Nebenbuchhaltung" SAP-Anwendung ES 9000 an FiBu Werres AG.

(7) FIBU - MON Ab
Monatliche Bereitstellung eines Ausdrucks aus der Finanzbuchhaltung
Werres AG für NORAT GmbH. Keine maschinelle Schnittstelle.

(8) KORE - BAB
Monatliche Bereitstellung eines BAB aus der Kostenrechnung
Werres AG für NORAT GmbH aufgrund der übertragenen FiBu-Daten.

5.3   Grundlage der Nachvollziehbarkeit: Die Dokumentation

Feststellungen ...

„Für den gesamten Bereich der oben dargestellten Anwendungs-Komponenten sowie deren Zusammenspiel und Schnittstellen liegt keine Verfahrensdokumentation vor, die den Anforderungen und Grundsätzen ordnungsmäßiger Datenverarbeitung (GoDV) entspricht ...".

„Ebenfalls nicht vorhanden ist eine Programmdokumentation zu den im Bereich der EDV-Abteilung selbsterstellten ABAPs. Im Rahmen unserer Prüfung fanden wir (einschließlich derjenigen für die Umstellung auf Release 5.0) insgesamt 826 eigenerstellte ABAPs vor ...".

„Zu berücksichtigen ist hierbei zusätzlich, daß auch eine sog. Inline-Dokumentation, d.h. die in den Quellprogrammen vorhandene Beschreibung der Verarbeitung, in den von uns geprüften Beispielen nicht vorhanden ist, womit die Prüfung der Ordnungsmäßigkeit der Verarbeitung durch einen sachverständigen Dritten in angemessener Zeit insgesamt kaum möglich ist ...".

Unser zentrales Thema in *allen* Prüfungen, Berichten, Anmerkungen und Beanstandungen: Die Dokumentation, von der wir wissen, welche zentrale Bedeutung sie hat und in welchem Umfang sie vorhanden sein sollte – *sie* ist es, die grundsätzlich und fast immer *nicht* oder *nicht vollständig* vorliegt.

Bild 5.6:
Anforderungen
Dokumentation

Verwirrende Vielfalt von Vorschriften

In Kapitel 2 haben wir eine Reihe von *gesetzlichen Vorschriften* und *Empfehlungen* kennengelernt, die Anforderungen an dv-gestützte Rechenwerke und auch die Dokumentation enthalten. Diese Anforderungen sind jedoch nicht auf einfache Art und Weise direkt ableitbar und eine eindeutige Interpretation existiert nicht. Will man nun Dokumentation erstellen oder beurteilen, die diese Anforderungen erfüllt, finden sich eine Reihe von Erlässen, Empfehlungen, Stellungnahmen, Merkblättern und Normen, die je nach Zielsetzung unterschiedliche Aspekte der Verfahrensdokumentation behandeln und in ihrer Vielfalt auf den ersten Blick eher verwirrend als helfend wirken.

Ein Teil dieser Unterlagen entspricht, durch sein Alter bedingt, nicht mehr voll den technischen Möglichkeiten und Standards, wie sie heute in der DV vorgefunden werden.

Hinzu kommt, daß während der Entwicklung eines DV-Systems je nach eingesetzten Software-Engineering-Methoden und -Vorgehensweisen sowie -Werkzeugen auch bestimmte Teile der Verfahrensdokumentation in einer von der Methode bzw. vom Werkzeug vorgegebenen Form erstellt werden.

Auch sind in der aktuellen Rechtsprechung Entscheidungen zu finden, die sich mit dem Problem der Dokumentation befassen.

Existieren im Unternehmen zusätzlich noch Betriebsvereinbarungen bezüglich Dokumentation (z.B. Organisationshandbücher, Benutzerhandbücher, Schulungsunterlagen o.ä.), geben die Bearbeiter angesichts der Vielzahl von Regelungen und Empfehlungen häufig von vornherein auf oder erstellen die Dokumentation, wie es leider in der Praxis oft vorgefunden wird, nur unzureichend.

Oft sind die maßgeblichen Regelungen allerdings unbekannt und die stiefmütterliche Behandlung der Dokumentation wird mit Argumenten begründet, die sicher auch dem Leser vertraut sind:

„Ausreden"

⇨ Das ändert sich ständig.
⇨ Das wird demnächst ganz anders.
⇨ Dazu haben wir keine Zeit.
⇨ Das wissen unsere Mitarbeiter auch so.
⇨ Das machen unsere Mitarbeiter sowieso nicht.
⇨ Das kann jeder Mitarbeiter machen wie er will.
⇨ Wir wollen da gar nicht soviel vorschreiben.
⇨ Wir haben kein komfortables Tool um die Dokumentation zu erstellen.
⇨ Das ist bei unserer Methode gar nicht vorgesehen.
⇨ Das ist viel zu komplex, um es beschreiben zu können.
⇨ Das ist selbsterklärend.
⇨ Es muß nicht jeder wissen, wie das abläuft oder zusammenhängt.
⇨ Wir erklären das unseren Mitarbeitern lieber direkt.

... Bewertungen

Wird man sich bewußt, daß eine ausführliche Verfahrensdokumentation nicht nur gesetzlich vorgeschrieben ist, sondern auch beim Betrieb des DV-Systems der Sicherheit, Wirtschaftlichkeit und Ordnungsmäßigkeit dient und somit dem gesamten Unternehmen zugute kommt, wird man den damit verbundenen Aufwand als unbedingt erforderlich ansehen.

Die Verfahrensdokumentation bezieht sich auf alle Bereiche der DV und enthält Informationen zu

⇨ Hardware / Software,

⇨ Organisation und

⇨ Anwendungen

und richtet sich außer an externe wie interne Prüfer auch an die bekannten Zielgruppen

⇨ DV-Anwender,

⇨ DV-Produktion,

⇨ DV-Entwicklung und

⇨ DV-Organisation.

Die Verfahrensdokumentation bezieht sich folglich nicht nur auf das DV-System selbst, sondern schließt auch das gesamte Umfeld des DV-Systems mit ein. Sie ist somit ein wichtiges Hilfsmittel, DV-Systeme ordnungsmäßig einzusetzen.

Weiterhin erleichtert sie Anwendern sowie neuen Mitarbeitern die Einarbeitung und trägt zum vertiefenden Verständnis der jeweiligen DV-Systeme bei. Für die interne Revision und für externe Prüfungen ist sie Voraussetzung, sich von der Richtigkeit und Vollständigkeit des DV-Systems innerhalb angemessener Zeit aufgrund der uns bekannten Rechtsvorschriften überzeugen zu können.

Grundsätze für eine ordnungsmäßige Verfahrensdokumentation sind abgeleitet aus denen der ordnungsmäßigen DV und umfassen damit Anforderungen an:

⇨ Richtigkeit,

⇨ Vollständigkeit,

⇨ Verständlichkeit,

⇨ Übersichtlichkeit,

⇨ Konsistenz,

⇨ Pflegbarkeit,

⇨ Transparenz und

⇨ Prüfbarkeit.

Dabei handelt es sich näher betrachtet aber auch um Anforderungen, deren Erfüllung Zielkonflikte erzeugen kann. Insbesondere ist hierbei die Vollständigkeit zu erwähnen, die ggf. Übersichtlichkeit und Verständlichkeit beeinträchtigen kann. Je besser weiterhin die Dokumentation ist, um so mehr muß geregelt werden, wem die darin liegenden Informationen zur Verfügung gestellt werden, will man nicht das Risiko des Verlustes an Vertraulichkeit (vgl. Kapitel 3) anwachsen lassen.

... und Empfehlungen

Im Rahmen unserer Prüfungen unterläuft uns sicherlich kein Fehler, wenn wir empfehlen, die DV-Dokumentation gemäß GoS aufzubauen und ergänzend die FAMA-Richtlinien hinzuzuziehen (siehe hierzu Kapitel 2.2).

Grundlage: GoS und FAMA

Auch eine DV-Dokumentation, die wir ebenfalls bereits in Kapitel 2.2 kennengelernt haben und häufig mit ihren Bestandteilen

⇨ Verfahrensdokumentation und

⇨ Technische Dokumentation

definiert wird [34], kann nicht falsch sein und sicherlich viele unserer Anforderungen erfüllen.

Dennoch aber entsprechen Vorgaben wie z.B. die des AWV-Leitfadens vom Ende der siebziger Jahre nicht mehr in vollem Umfang den heutigen technischen Möglichkeiten und Standards, so daß wir einen neuen Anlauf zur Definition der Dokumentationsanforderungen aus unserer Sicht nehmen können.

Da der größte Teil der Dokumentations-Informationen Aufschluß über die jeweiligen zugrundeliegenden Verfahren gibt, wollen wir im weiteren *keine* Aufteilung mehr vornehmen, sondern nur noch von der *Verfahrensdokumentation* sprechen und sie wie folgt definieren.

---

*Unter Verfahrensdokumentation werden **alle** Unterlagen verstanden, die Informationen liefern zu Entwicklung, Einsatz und organisatorischer Einbindung von DV-Systemen.*

Gliederung Verfahrensdokumentation

Wir empfehlen die Verfahrensdokumentation in folgende Bereiche zu unterteilen (Bestandteile siehe Anhang 5):

⇨ Systemübersichten
(siehe hierzu Kapitel 5.2),

⇨ Organisationsdokumentation
Hierunter werden z.B. Organisationshandbücher, Arbeitsanweisungen u.ä. zusammengefaßt,

⇨ DV-Dokumentation
Hierunter werden z.B. Pflichtenheft, Benutzerhandbücher u.ä. zusammengefaßt,

⇨ Begleitende Dokumentation
Hierunter werden Abnahmeprotokolle, Änderungsanträge u.ä. zusammengefaßt.

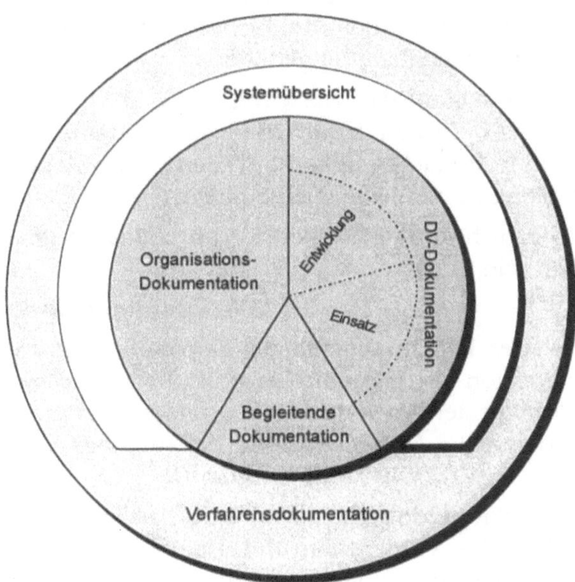

Da wir der Systemübersicht bereits Kapitel 5.2 gewidmet haben, beginnen
wir mit der

Organisationsdokumentation.

Unter *Organisationsdokumentation* verstehen wir die Dokumentationsbestandteile, die den

⇨ individuellen Einsatz und die hiermit verbundenen
⇨ Voraussetzungen und
⇨ Einschränkungen

der DV-Anwendungen im Unternehmen festlegen. Bei den Voraussetzungen und Einschränkungen handelt es sich um diejenigen Regelungen, die
sich nicht direkt auf die DV-Anwendung beziehen, sondern vielmehr individuell im Unternehmen gültig sind.

Beispiele:

⇨ Die Erstellung von Ausgangsrechnungen kann in unterschiedlichen
Unternehmen variieren, obwohl sie die gleiche Fakturieranwendung
einsetzen.

⇨ Der Einsatz von Buchungsschlüsseln kann durch Arbeitsanweisungen
eingeschränkt werden.

⇨ Belegläufe und Belegbearbeitung können in unterschiedlicher Form
festgelegt werden.

⇨ In der Organisationsdokumentation können individuelle Kontenpläne festgelegt werden, die nicht in die DV-Dokumentation der Anwendung Finanzbuchhaltung gehören.

Wir erkennen, daß die Grenze zur DV-Dokumentation nicht immer klar gezogen werden kann und werden demzufolge sicherlich auch immer wieder Bereiche finden, in denen Überlappungen vorkommen (empfohlene Bestandteile siehe Anhang 5).

Zusätzlich können weitere organisatorische Relegungen aber auch zu finden sein in der

DV-Dokumentation.

Bei der DV-Dokumentation empfehlen wir zum einen diejenige Dokumentation zu unterscheiden, die den *Entwicklungsprozeß* und die *innere Struktur* der Anwendung beschreibt *(Entwicklungsdokumentation)*, zum anderen die Dokumentation, die für den *Einsatz* der Anwendung erforderlich ist *(Einsatzdokumentation)*.

Entwicklungs-dokumentation Entwicklungsdokumentation wird häufig durch eingesetzte Methoden und Werkzeuge vorgegeben und unterstützt. Hierbei ist zu beachten, daß die Dokumentation konform zu den festgelegten Richtlinien und zeitgerecht (in den jeweils vorgesehenen Phasen) erstellt wird. Folgende Faktoren können jedoch jedoch die Qualität der Dokumentation wesentlich beeinträchtigen:

⇨ Ungeeignete Methoden / Werkzeuge,
⇨ Geringe Kenntnis der Methoden / Werkzeuge bei den Mitarbeitern,
⇨ Mangelnde Verfügbarkeit der Werkzeuge,
⇨ Unzureichende Berücksichtigung in der Planung,
⇨ Wechsel von Methoden / Werkzeugen ohne „Migrationskonzept",
⇨ Fehlende Dokumentationsrichtlinien.

Wir wollen in diesem Zusammenhang keine bestimmte Methode oder ein Werkzeug empfehlen. Auch ältere Methoden und Werkzeuge bedeuten keineswegs zwingend eine schlechtere Dokumentation.

Die Entwicklungsdokumentation umfaßt alle Festlegungen und Anweisungen, die für die Entwicklung, Wartung und Prüfung einer Anwendung erforderlich sind. Sie sollte *mindestens* aus folgenden Hauptbestandteilen bestehen (siehe detaillierte Aufstellung in Anhang 5):

⇨ Pflichtenheft, Fachlicher Entwurf, Lastenheft o.ä.,
⇨ Systementwurf, Technischer Entwurf, Technisches Design, o.ä.,
⇨ Programm- / Moduldokumentation o.ä.,
⇨ Testdokumentation.

Abweichungen Wenn wir hier von Teilen der Entwicklungsdokumentation sprechen, so ist zumeist davon auszugehen, daß es sich um getrennte Bestandteile handelt. Es gibt jedoch Ausnahmen von dieser Regel, so z.B. bei neueren objektorientierten Ansätzen der Software-Entwicklung. Hier wird ein fachlicher Entwurf nicht unbedingt vom technischen Entwurf getrennt, sondern letzterer ergibt sich lediglich als Weiterentwicklung des fachlichen Entwurfs. Auch findet sich dort keine Trennung etwa eines Funktionenmodells vom Datenmodell. Dafür muß die Dokumentation aber im Vergleich zu herkömmlichen Ansätzen durch Aspekte wie Vererbung, Redefinition von Methoden usw. ergänzt werden.

Fehlende Entwicklungsdokumentation

Häufig fehlt Entwicklungsdokumentation gänzlich, wenn durch den Einsatz mächtiger Werkzeuge, wie wir sie heute z.B. in der PC-Welt vorfinden (EXCEL, SYMPHONY, ACCESS, FOXPRO, usw.), schrittweise eine Anwendung entsteht.

Die Geschichte vom kleinen Problem ...

Wer kennt nicht die Geschichte von dem *kleinen* Problem, das zunächst einmal in der Fachabteilung „ganz schnell" mittels eines „kleinen" Arbeitsblattes einer Tabellenkalkulation erledigt wird. Und weil das so gut funktionierte, baut man noch hier und dort etwas dazu. Sicher wird man zugeben, daß das eine oder andere recht umständlich gelöst ist, aber man ist ja schließlich kein Programmierer, sondern nur ein engagierter Sachbearbeiter. Und so entsteht zwingend Schritt für Schritt eine undokumentierte Anwendung, die immer mehr Funktionalität enthält. Auf die Frage, warum man das die DV-Entwicklung nicht „richtig" machen läßt, erhält man in der Regel die Antwort: „Das dauert zu lange, die haben soviel anderes zu tun, die wollen immer ganz genaue Vorgaben usw."

Der Trend, den Benutzern immer mehr „Entwicklungsfunktionalität" anzubieten, die den Übergang von der Fachabteilung zur DV-Entwicklung verschwimmen läßt, erhöht das Risiko, daß aufgrund von Dokumentationsmängeln eine Nachvollziehbarkeit durch sachverständige Dritte in vertretbarer Zeit nicht mehr gegeben ist.

Einsatzdokumentation

Für den Einsatz der DV-Anwendung muß Dokumentation vorhanden sein für die *Benutzer* (z.B. Sachbearbeiter), *Betreiber* (z.B. Operator, Datenbankadministrator) und ggf. die Wartungsgruppe.

Hierzu unterscheiden wir in Anlehnung an [12]

⇨ Anwendungshandbuch,
⇨ Systemhandbuch,
⇨ Betreiberhandbuch,
⇨ Programmakte.

Die „Handbücher" müssen nicht in der genannten Form „physikalisch" vorliegen, vielmehr sind sie als Aufzählung der zu liefernden Informationen zu verstehen und können sich aus einer Reihe von Dokumentationsbestandteilen zusammensetzen. Ebenso ist es zulässig, innerhalb der Dokumentation auf weitere Dokumentationsbestandteile zu verweisen.

Anwendungs-handbuch

Das *Anwendungshandbuch* richtet sich in erster Linie an die *Benutzer* der DV-Anwendung und kann z.B. als Benutzerhandbuch ergänzt durch individuelle Arbeitsanweisungen sowie die Systemübersicht realisiert sein. Ziel des Anwendungshandbuchs ist es, den Benutzer darüber zu informieren, was die DV-Anwendung leistet und wie sie es aus fachlicher Sicht tut. Das Handbuch soll sowohl einen Überblick ermöglichen als auch zu Detailfragen Auskünfte geben und auch Fehlersituationen behandeln (empfohlene Bestandteile siehe Anhang 5).

System-handbuch

Das *Systemhandbuch* richtet sich an die *Betreiber* und als Übersichtsdokumentation an die *Wartungsgruppe* der DV-Anwendung und kann z.B. aus Teilen des fachlichen und technischen Entwurfs bestehen. Ziel des Systemhandbuchs ist es, den Betreiber und die Wartungsgruppe darüber zu informieren, wie die DV-Anwendung strukturiert ist und auf welcher Datenbasis sie arbeitet (empfohlene Bestandteile siehe Anhang 5).

Betreiber-handbuch

Das *Betreiberhandbuch* richtet sich an die *Betreiber* der DV-Anwendung und sollte immer dann vorhanden sein, wenn DV-Anwendungen in „Rechenzentren" betrieben werden. Handelt es sich z.B. um PC-Einzelplatzlösungen, kann auf das Handbuch verzichtet werden. Ziel des Betreiberhandbuchs ist es, den Betreiber in die Lage zu versetzen, den reibungslosen Betrieb der DV-Anwendung zu gewährleisten (empfohlene Bestandteile siehe Anhang 5).

Programmakte

Die *Programmakte* richtet sich sowohl an *Betreiber,* als auch insbesondere an die *Wartungsgruppe* der DV-Anwendung. Sie ist in der Regel nur dort vorhanden, wo die DV-Anwendung entwickelt wird. Dies hat zur Konsequenz, daß z.B. kaum ein Betreiber einer Standardsoftware über Programmakten verfügt – ein Sachverhalt, der bei nicht testierten Anwendungen durchaus von Bedeutung sein kann. Ziel der Programmakte ist es, die Historie und Entwicklung eines Programms oder Moduls nachvollziehen zu können. Im Gegensatz zu den oben aufgeführten Handbüchern unterliegt die Gestaltung der Programmakte teilweise auch der Entwicklungsumgebung bzw. den Entwicklungswerkzeugen (empfohlene Bestandteile siehe Anhang 5).

Als letzten Punkt der Dokumentation empfehlen wir die Erstellung der

Begleitenden Dokumentation.

Die begleitende Dokumentation sollte sämtliche Sachverhalte umfassen, die die Entwicklung und den Betrieb der DV-Anwendung *begleiten* und hierzu *ergänzende* Informationen liefern (empfohlene Bestandteile siehe Anhang 5).

Beobachtung aus der Prüfer-praxis

Wie wir erkannt haben, ist die „vollständige" Dokumentation eines DV-Systems recht umfangreich, jedoch in weiten Teilen unverzichtbar. Leider zeigt sich in der Praxis, daß sie im erforderlichen Umfang zumeist *nicht* vorhanden ist. Dies liegt außer an den bereits genannten Gründen u.a.

auch daran, daß in den Planungen bezüglich Entwicklung und Wartung nicht ausreichend Zeit hierfür berücksichtigt wird, was wir jedoch allem Kosten- und Zeitdruck zum Trotz empfehlen.

Bei Eigenentwicklungen wird die Erstellung des Benutzerhandbuchs häufig der Fachabteilung „auf's Auge gedrückt", was jedoch in der Regel dazu führt, daß es nur sehr dürftig oder wegen Zeitmangels gar nicht erst erstellt wird. Solche Konstruktionen sind zu vermeiden, wenn brauchbare Ergebnisse erzielt werden sollen.

Bei Standardsoftware finden wir demgegenüber häufig die Situation vor, daß Benutzerhandbücher in unzureichender Anzahl oder nur als veraltete Version vorhanden sind. Solche „Sparmaßnahmen" sind nicht sinnvoll und rechnen sich nicht, wenn man berücksichtigt, daß der Benutzer u.U. die DV-Anwendung nur unzureichend einsetzen kann.

Eine „Nachdokumentation" erfolgt leider auch nur recht selten, jedoch muß beachtet werden, daß die Nachdokumentation als Investitionssicherung zumeist nur Vorteile bringt. Schließlich sind ausreichend dokumentierte DV-Systeme leichter zu warten und zu betreiben, die Abhängigkeit von einzelnen Mitarbeitern als „Wissenträgern" sinkt mit insgesamt positiver Auswirkung auf Wirtschaftlichkeit und Risikopotential.

5.4   Software-Entwicklung und -Wartung

Vom Fachkonzept zum Programm

Feststellungen ...

„Die Entwicklung der Individualanwendung LOHN erfolgt überwiegend auf „Zuruf". Wesentliche Arbeiten wurden dabei in der Vergangenheit nicht durchgeführt, von denen insbesondere zu nennen sind:

⇨ Analyse und Dokumentation fachlicher Vorgaben, Problembeschreibung, Aufgabenstellung,
⇨ Festlegung Prüfungen und Verarbeitungsregeln,
⇨ Festlegung organisatorischer Ablauf,
⇨ Festlegung Voraussetzungen (organisatorisch / dv-technisch),
⇨ Erstellung eines Funktions- und Datenmodells,
⇨ ..."

„Bei der Anwendung REWE kann bezüglich der Änderungen und Erweiterungen nicht festgestellt werden, wer warum und zu welchen Zeitpunkten in welchen Programmen Anpassungen vorgenommen hat. Ein ordnungsmäßiges Änderungsverfahren wird nicht angewandt ..."

„Es existiert neben der Produktionsumgebung auch eine Entwicklungsumgebung, die jedoch aufgrund von Kapazitätsgründen nur über einen kleinen Datenbestand verfügt. Testläufe erfolgen grundsätzlich in der

Produktionsumgebung, wobei in der Vergangenheit bereits irrtümlich Produktionsdaten mit Testdaten vermischt wurden ..."

„Es kann nicht ermittelt werden, welcher Anwendungsstand zu welchem Zeitpunkt in der Produktion eingesetzt wurde ..."

„Das Projekt PROJ wurde vor ca. 1,5 Jahren mit ausschließlich externen Mitarbeiter begonnen. Die Anforderungsanalyse liegt mittlerweile vor, jedoch erfolgen derzeit keine weiteren Projektarbeiten. Das letzte Projektmeeting sowie der letzte Fortschrittsbericht liegen 4 Monate zurück. Budget wurde für das laufende Geschäftsjahr nicht eingeplant ..."

Die oben aufgeführten Prüfungsfeststellungen im Schwerpunktbereich DV-Entwicklung sind wie viele der vorhergehenden ebenfalls typisch für die Alltagspraxis bei Neuentwicklung und Wartung von DV-Anwendungen.

Die Auswirkungen und somit auch die Bewertung der hier vorzufindenden Mängel sind jedoch sehr unterschiedlich, weshalb wir nachfolgenden unterschiedliche Aspekte in den Vordergrund stellen.

... Bewertungen

Entwicklung auf „Zuruf"

Eine *Entwicklungsmethode* auf „Zuruf" hat zur Folge, daß sowohl der Entwicklungsprozeß als auch die Arbeitsweise von DV-Anwendungen nicht nachvollziehbar sind. Ebensowenig kann geprüft werden, inwieweit Testdaten sinnvoll oder vollständig vorliegen. Die Anwendungen sind in der Regel nur *schwer wartbar* und *erweiterbar*, ein hohes *Fehlerrisiko* und Änderungsaufkommen ist die Folge. Durchgängige Konzepte, einheitliche Benutzeroberflächen usw. fehlen vielfach, womit sich negative Auswirkungen auf die Wirtschaftlichkeit und die Zufriedenheit der Benutzer ergeben können.

Entwicklung ohne Historie

Eine *Entwicklungsumgebung*, in der nachträglich nicht mehr festgestellt werden kann, welche Mitarbeiter wann und wo Änderungen vollzogen haben, erfüllt nicht die Anforderungen der *GoDV*, wie wir sie in Kapitel 2 kennengelernt haben. Weiterhin können Nebeneffekte der Änderungen kaum beurteilt bzw. keine Verantwortlichen mehr ermittelt werden.

Unzuverlässige Produktion

Bei Tests in *Produktionsumgebungen* ist das Risiko, daß Datenbestände unzulässig korrumpiert werden, sehr hoch. Ordnungsmäßigkeitsgrundsätze können in einem Umfang verletzt werden, der von einfachen Haftungsfragen bis hin zu Verstößen gegen gesetzliche Vorschriften reicht.

Kann weiterhin nicht festgestellt werden, wann welcher *Anwendungsstand* in Produktion war, läßt sich ebenfalls nicht mehr ermitteln, wie errechnete Ergebnisse, Buchungen u.a. entstanden sind. Sowohl Anforderungen an die Nachvollziehbarkeit als auch die der gesetzlichen Aufbewahrungsfristen können hierdurch in einem erheblichen Maße beeinträchtigt werden.

Aktivierung werthaltiger Aktiva?

Ein Ordnungsmäßigkeitsaspekt gänzlich anderer Art kann sich demgegenüber in Verbindung mit unserer letzten Prüfungsfeststellung zur Software-Entwicklung und -Wartung ergeben. Sofern Projekte überwiegend durch Einsatz externer Mitarbeiter auf Basis von Werkverträgen realisiert werden, ergibt sich die Möglichkeit der bilanztechnischen *Aktivierung* sowie der Abschreibung über einen mehrjährigen Zeitraum ab Fertigstellung. Wird ein solches Projekt jedoch *nicht* ordnungsmäßig abgeschlossen, entstehen keine werthaltigen Aktiva, sondern vielmehr lediglich *Kosten*, die sich unmittelbar und in voller Höhe in der Gewinn- und Verlustrechnung niederschlagen. Unterbleibt dies und wird stattdessen weiterhin aktiviert, ergibt sich u.U. eine bilanztechnische Verfälschung, die der verantwortliche Wirtschaftsprüfer nicht akzeptieren dürfte.

... und Empfehlungen

Im Bereich Software-Entwicklung umfassen die Empfehlungen alle Maßnahmen, wie sie Software-Engineering, Information Engineering, System Engineering o.ä. anbieten. Voraussetzung für ordnungsmäßige Software-Entwicklung sind Verfahren, Methoden und Werkzeuge sowie Standards, die

 ⇨ festgelegt,
 ⇨ bekannt gemacht und
 ⇨ angewendet

werden müssen.

Oft erscheint die Beurteilung der Software-Entwicklung nur schwer möglich, insbesondere wenn auch noch ein *Methodenstreit* über die „richtige" Vorgehensweise entbrennt. Hierauf sollte sich der Prüfer nie einlassen, denn bei der Vielzahl der methodischen Ansätze mit ihren Vor- und Nachteilen kann kaum eine allgemeingültige Empfehlung ausgesprochen werden. Worauf der Prüfer jedoch in jedem Fall hinweisen sollte, sind Mängel im Einsatz der festgelegten *Verfahren, Methoden und Werkzeuge.*

Die „richtige" Vorgehensweise, die „jede" Aufgabe bewältigende Methode und das „alles" beherrschende Werkzeug gibt es in Software-Entwicklung und -Wartung nicht.

Einflußfaktoren Software-Entwicklung

Wir empfehlen im Rahmen der *Software-Entwicklung* folgende Faktoren zu berücksichtigen, wie wir sie in ähnlicher Form auch bei industriellen Entwicklungsprozessen vorfinden können (in Anlehnung an [31]):

 ⇨ Vorgehensmodell
   Tätigkeiten und Ergebnisse sollten im Zusammenhang definiert sein, die Entwicklung plan- und vorhersehbar. Die Arbeiten und daraus resultierende Ergebnisse müssen sich an einem Vorgehensmodell orientieren und in klar *unterscheidbare Phasen* zerlegen lassen, die von der Problemanalyse zum fachlichen und technischen Entwurf über die

Realisierung, den Test, die Inbetriebnahme und Schulung reichen (siehe hierzu auch Kapitel 6.2).

⇨ Durchschaubarkeit
Die Entwicklung muß beschreibbar, nachvollziehbar und analysierbar sein.

⇨ Teamarbeit
Spezialisten (Fach- und DV-Abteilung) sollten zusammenarbeiten; Verantwortlichkeiten müssen geregelt sein.

⇨ Planung
Es muß festgelegt sein, wann welche Tätigkeit begonnen und beendet wird, ebenso der Aufwand, den sie erfordert.

⇨ Qualitätskriterien
Qualitätssicherung sollte die Entwicklung anhand festgelegter Kriterien begleiten (siehe Kapitel 6).

⇨ Projektmanagement
Projektressourcen sind zu planen bzw. deren Einsatz zu steuern. Projektfortschrittsberichte sollten vorhanden und der Zustand der Projekte definiert sein.

⇨ Verfahren, Methoden, Werkzeuge und Entwicklungsumgebung
Verfahren, Methoden und Werkzeuge sollten bewußt ausgewählt sein und zusammenpassen, die Mitarbeiter damit vertraut sein und sie auch einsetzen. Dies betrifft nicht nur die DV-Seite, sondern in gewissen Umfang auch die Fachabteilung, damit Ergebnisse besser verstanden und beurteilt werden können. Eine *Entwicklungsumgebung* ist dabei hilfreich, in der alle Tätigkeiten bis zur Übernahme in die Produktion erfolgen können. Im Idealfall wird der Fachabteilung zusätzlich noch eine eigene Testumgebung zur Verfügung gestellt.

⇨ Unabhängigkeit von Produkten und Mitarbeitern
Die Enwicklung sollte unabhängig von einzelnen DV-Anwendungen (Produkten) und auch von einzelnen Mitarbeitern erfolgen können.

⇨ Wiederholbarkeit
Der Entwicklungsprozeß sollte von verschiedenen Mitarbeitern für verschiedene DV-Anwendungen wiederholt werden können.

**Produktions-
übernahme** Sind die DV-Anwendungen fertiggestellt, muß ein geregeltes Verfahren für die Übernahme in die Produktion vorhanden sein. Dieser Schritt ist sowohl für die individuell erstellte DV-Anwendung als auch für Standardsoftware zu betrachten.

Voraussetzung für eine erfolgreiche Übernahme in Produktion ist eine frühzeitige Einbindung derselben in die Entwicklung. So müssen z.B. Mengengerüste, geplanter Ressourcenbedarf wie Bildschirme, Drucker usw. mit der Produktion abgestimmt werden. Je früher dies geschieht, umso leichter kann die Produktion ggf. die Bestellung von Geräten, Aufrüstungen oder Umkonfigurationen vorbereiten.

Bild 5.8:
Beteiligte bei
DV-Entwicklung

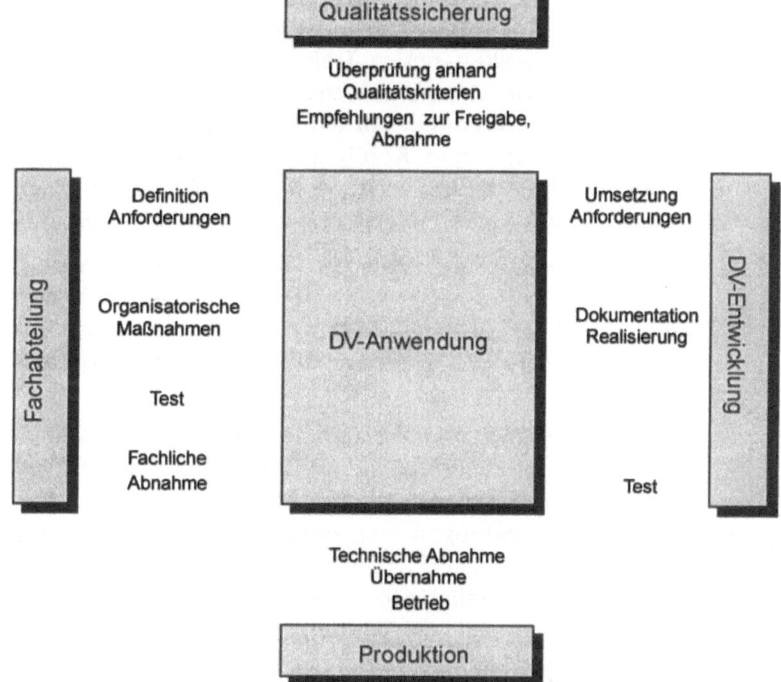

Das Verfahren der Produktionsübernahme muß ebenso dokumentiert werden, wie die Übernahme selbst. An der Produktionsübernahme sollten beteiligt sein die

⇨ Fachabteilung für die fachliche Abnahme,

⇨ Qualitätssicherung zur Beurteilung der Qualitätskriterien,

⇨ Produktion für die technische Abnahme.

Ein zu erstellendes Übernahmeprotokoll sollte enthalten

⇨ Bezeichnung und Version der DV-Anwendung / -Komponente,

⇨ Zeitpunkt der Produktionsübernahme,

⇨ Abhängigkeiten von anderen DV-Anwendungen
    (z.B. kann nur mit Anwendung XY Vs. 3.56 oder höher arbeiten),

⇨ Wesentliche vorbereitende Arbeiten
    (z.B. Verweis auf Migrationskonzept),

⇨ Unterschriften Fachabteilung, DV-Entwicklung, Produktion, Qualitätssicherung.

Konfigurations-
management –
Das Konzept
entscheidet

Mit der Produktionsübernahme sollte bei individuell erstellter Software auch die Integration in ein *Konfigurationsmanagement* verbunden sein. Ein solches Konfigurationsmanagement-System (Werkzeug und Verfahren) ermöglicht es, einzelne Anwendungsstände (Versionen) mit den zugehörigen Änderungen zu verwalten. Mit einem Konfigurationsmanagement-System sollten neben Dokumentation, Sourcecodes und Jobs auch Testdaten sowie Daten(bank)strukturen verwaltet und Zugriffe darauf geregelt werden. Auch hier gilt die Regel, daß es mit Erwerb und Installation eines Werkzeugs zum Konfigurationsmanagement allein nicht getan ist. Ebenso wichtig ist das Konzept, *wie* das Werkzeug eingesetzt werden soll und die Schulung der Mitarbeiter, die damit zu arbeiten haben.

Ein Konfigurationsmanagement ist ebenfalls sinnvoll beim Einsatz von Standardsoftware. Betrachten wir z.B. die SAP-Anwendung R/2, so sollten dort, falls vorhanden, die selbsterstellten oder angepaßten ABAP/4-Routinen in gleicher Weise behandelt werden, wie individuell erstellte DV-Anwendungen.

In Bild 5.8 haben wir zusammenfassend das Zusammenwirken der Beteiligten mit ihren wesentlichen Aufgaben bei der Entwicklung von DV-Anwendungen dargestellt.

Wartungsphase

Sind die Anwendungen erst einmal in die Produktion übernommen, beginnt unmittelbar danach bereits die *Wartungsphase.* In dieser Phase entstehen durchschnittlich 60% – 70% der insgesamt anfallenden Softwarekosten [32], wobei sich die Wartungskosten selbst wiederum wie in Bild 5.9 dargestellt aufteilen.

Im Rahmen der *Stabilisierung* werden Fehler bereinigt, bei der *Optimierung* z.B. Zeitverhalten und Speicherbedarf verbessert (Tuning-Maßnahmen) und mit dem Anteil der *Erweiterung / Änderung* die eigentliche Weiterentwicklung der Anwendung betrieben.

Bild 5.9:
Verteilung Wartungskosten

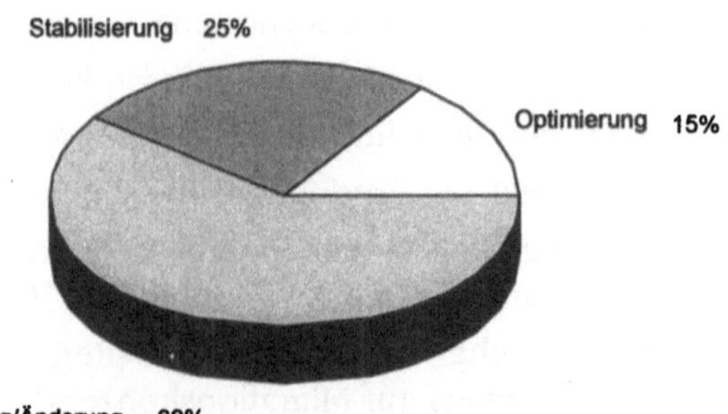

Quelle: Sneed, H.M.: Software Qualitätssicherung,
Verlagsgesellschaft Rudolf Müller GmbH Köln, 1988

Wartungsaktivitäten können in zwei Gruppen unterteilt werden:

⇨ reagierende Wartung und
⇨ vorsorgliche Wartung.

Häufig wird überwiegend nur die *reagierende* Wartung vorgefunden, die Arbeit des Wartungsteams ist dabei dem einer Feuerwehr sehr ähnlich. *Vorsorgliche* Wartung erfordert demgegenüber die Analyse und Planung des Wartungsaufkommens, so daß das Wartungsteam bereits *vor* dem Ernstfall Maßnahmen ergreifen kann. Angewendet werden sollte eine Mischung aus beiden Aktivitäten, was jedoch in der Praxis häufig *nicht* anzutreffen ist.

Bild 5.10:
Aufgabenge-
biete Wartung

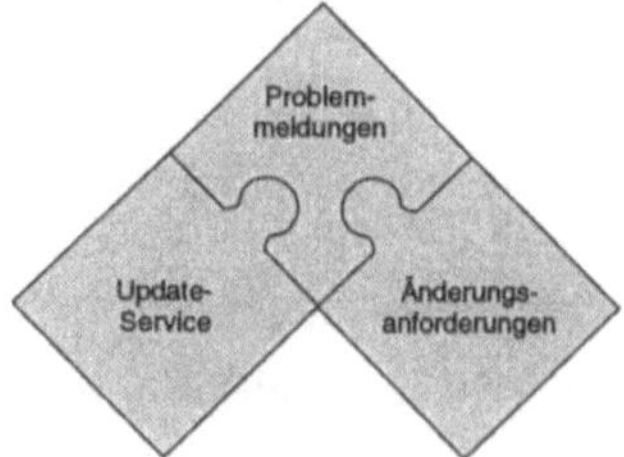

Betrachtet man zusätzlich die wesentlichen Aufgabengebiete der Wartung (siehe Bild 5.10), so wird der maßgebliche Anteil an reagierender Wartung durch *Problemmeldungen* und einen Teil der *Änderungsanforderungen* verursacht. Doch auch der *Update-Service* (z.B. Bereitstellung neuer Versionen von Standardsoftware) kann zu den reagierenden Wartungsaktivitäten gehören, so z.B. dann, wenn ein Hersteller die Wartung für die alte Version einer Anwendung nicht mehr gewährleistet und deshalb eine neue Version in Betrieb genommen werden muß.

Bild 5.11:
Einflußfaktoren
Wartung

Vorsorgliche statt reagierender Wartung

Ein Teil der durch Änderungsanforderungen und durch Update-Service bedingten Wartung sollte gezielt in den Bereich der vorsorglichen Wartung verschoben werden, was durch frühzeitige Einplanung der Ankündigungen der Hersteller möglich ist. Das Verhältnis von reagierender zu vorsorglicher Wartung, das auch die in Bild 5.9 dargestellte Kostenverteilung beinflußt, kann so insgesamt verbessert werden.

Die durchschnittliche Verteilung wird jedoch noch zusätzlich beeinflußt durch eine Reihe von Faktoren, deren Berücksichtigung sich auf Ordnungsmäßigkeit und auch Wirtschaftlichkeit der Wartung auswirken kann.

Verfahren für Änderungen und Problemmeldungen

Ausgehend von der Organisation und Planung ist darauf hinzuwirken, daß im Rahmen der Wartung *Änderungs- und Problemmeldungsverfahren* eingesetzt sowie dokumentiert werden. Formulare können hierbei ein hilfreicher Ausgangspunkt sein, wobei folgende Punkte festzulegen sind:

⇨ Wer darf Problemmeldungen und Änderungsanforderungen formulieren?
z.B. jeder aus Fachabteilung und DV-Abteilung

⇨ Wer nimmt Problemmeldungen und Änderungsanforderungen entgegen?
z.B. eine zentrale Annahme in der DV-Abteilung

⇨ Wie werden Problemmeldungen und Änderungsanforderungen mitgeteilt?
z.B. mittels Formular oder im ungünstigen Fall auf „Zuruf"

⇨ Wer beurteilt Dringlichkeit, Vollständigkeit und Richtigkeit der Angaben?

⇨ Wer beurteilt die Auswirkungen?
z.B. auf Anwendungskomponenten oder Dokumentationsbestandteile, die ebenfalls von dieser Änderung betroffen sind

⇨ Wer schätzt die Aufwände?
z.B. interne und externe Kosten

⇨ Wer erstellt die Wartungsplanung?
z.B. Zusammenfassung von logisch zusammengehörenden Aufgaben, Personalbedarf, Ressourcen

⇨ Wann erhält der Absender der Problemmeldung oder Änderungsanforderung Rückmeldungen?
z.B. regelmäßige Zwischenberichte

⇨ Wer bearbeitet Problemmeldungen und Änderungsanforderungen?
z.B. externe Wartungsfirma

Als weitere wesentliche Rahmenbedingungen sind anzusehen:

⇨ Sind Wartungsverträge vorhanden und wie sind diese gestaltet?
⇨ Wie werden Änderungen dokumentiert?

⇨ Welche Werkzeuge werden eingesetzt?

⇨ Existieren Qualitätssicherungskriterien?

⇨ Wer prüft die Einhaltung der Qualitätssicherungskriterien?

⇨ Wer führt die Abnahme durch?

⇨ Wie erfolgt die Übernahme in Produktion?

⇨ Werden Abweichungen zwischen Schätzung und tatsächlichen Aufwänden geprüft?

⇨ Existieren Daten zur durchschnittlichen Dauer der Bearbeitung von Problemmeldungen und Änderungsanforderungen?

Bis zur strikten Einhaltung der aus den obigen Fragestellungen resultierenden sicheren und nachvollziehbaren Verfahren bei Software-Entwicklung und -Wartung ist sicherlich ein längerer Weg zurückzulegen, wenn noch keine derartigen Festlegungen bestehen oder sie lediglich in Ansätzen berücksichtigt werden.

Bild 5.12:
Anforderungs-
und Änderungs-
verfahren

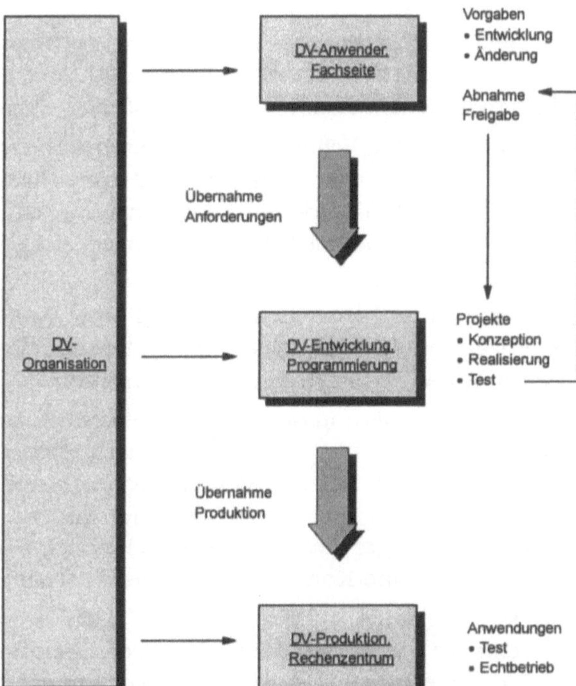

Wir empfehlen in der Regel zunächst einmal allgemein die durchgängige Anwendung und Dokumentation eines einheitlichen und ordnungsmäßigen Programmanforderungs- und -änderungsverfahrens, das es ermöglicht, Änderungen in den wesentlichen *Teilschritten*

⇨ Anforderung,

⇨ Genehmigung,

⇨ Realisierung,

⇨ Testergebnis,

⇨ Freigabe,

⇨ Einsatznachweis und

⇨ Dokumentation

nachvollziehbar zu machen.

In unserem abschließenden Überblick in Bild 5.12 haben wir den organisatorischen Ablauf eines möglichen Anforderungs- und Änderungsverfahrens dargestellt, der das grundsätzliche Zusammenspiel regelt zwischen Fachabteilungen sowie DV-Organisation, -Entwicklung und -Produktion.

5.5 Die Produktion: Das Rechenzentrum im Mittelpunkt

Feststellungen ...

„Die derzeitige Zugangssicherung zum Rechenzentrum erscheint unzureichend. Zwar findet sich kein Hinweis auf die Räumlichkeiten, jedoch wird auf Klingeln jedem Besucher ohne Prüfung geöffnet ...".

„Aufgrund der baulichen Gegebenheiten können Besucher von den zuständigen Mitarbeitern nicht durch Augenschein überprüft werden, die Benutzung der vorhandenen Sprechanlage erscheint im vorliegenden Fall nicht geeignet. Über Codekarten verfügen lediglich bestimmte Mitarbeiter ...".

„Weiterhin ist zu berücksichtigen, daß eine ungesicherte Straßenfront zum Rechenzentrum besteht, was insbesondere bei den derzeitigen Bauarbeiten an der Fassade zu Sicherheitsproblemen führt ...".

„Die Zugangssicherung des Rechenzentrums war während unserer Prüfung eingeschränkt. Zwar besteht eine Zugangssicherung über eine spezielle Berechtigungskarte für die Räumlichkeiten, allerdings war die hintere Tür zum Rechnerraum unverschlossen. Die vordere Tür zum Rechenzentrum ist mit einer Klingel ausgestattet, jedoch erfolgte bei Besuchern, die an der Tür klingeln, keine Kontrolle durch das Operating ...".

„Die Räumlichkeiten der ... erwiesen sich gegen Brand, Einbruch und Diebstahl als kaum gesichert. Der Rechnerraum befindet sich im Erdgeschoß des Gebäudes und verfügt über normale, ungesicherte Fenster wie alle anderen Räumlichkeiten auch. Neben dem Rechnerraum ist ein Papierlager vorhanden, beide Räume verfügen über keinen Feuerlöscher. Lediglich im ersten Stock des Gebäudes wurden zwei Pulver-Feuerlöscher aus ...-Beständen ohne Ablaufdatum vorgefunden. Der Raum der Sachbearbeitung EDV befindet sich ebenfalls im Erdgeschoß. Die in einem Metallschrank gelagerten Datenträger sind während des Tages leicht von außen zugänglich und nicht gegen Brand gesichert. ... Wie unsere Prüfung ergab, wurde die Anweisung zur Auslagerung von Datenbeständen nicht befolgt, so daß alle Sondersicherungen gemeinsam mit den normalen Datensicherungen im Metallschrank der Sachbearbeitung EDV lagerten ...".

„Anweisungen für den Katastrophenfall, die eine evtl. Nutzung von Ersatz-Rechnern regelt sowie dabei erforderliche Arbeitsabläufe beschreibt, wurden nicht vorgefunden ...".

„Eine Prüfung des Logbuchs ergab, daß die Sicherungen nicht der Anweisung entsprechend erfolgen, sondern abhängig vom jeweilig verantwortlichen Mitarbeiter z.T. nur einmal wöchentlich vorgenommen wurden. Die letzte Monatssicherung erfolgte vor ca. 3 Monaten ...".

„Im Bereich der Datensicherung ist keine Auslagerung von Datenträgern aus dem Gebäude vorgesehen. Eine Auslagerung findet in einen begrenzt feuersicheren Tresorraum auf dem gleichen Stockwerk des Gebäudes statt. Ein Katastrophenplan, der ein Wiederaufsetzen des Betriebes auf einem anderen Rechner vorsieht, liegt nicht vor ...".

Sammelplatz für Schwachstellen — Wie die obigen Feststellungen nur andeuten, ist der Bereich der DV-Produktion ein „Sammelplatz" unterschiedlichster Mängel und Schwachstellen, auf die wir im Rahmen unserer Prüfungen immer wieder stoßen.

In Anlehnung an unsere Prüfungs-Checkliste (siehe Bild 4.10) konzentrieren wir uns bei einer ersten Bestandsaufnahme im Bereich der DV-Produktion in der Regel zunächst auf folgende Themen:

⇨ Vorhandene Hardware / Systemsoftware / Sicherheitssoftware,
⇨ Organisation / Abwicklung Arbeitsvor- und -nachbereitung,
⇨ Zugangssicherung,
⇨ Datensicherung und Archivierung,
⇨ Einbruchs- und Brandschutz,
⇨ Katastrophenplanung,
⇨ Netzzugang und -überwachung.

Von der Übersicht bis zum Netzzugang — Wesentliche Feststellungen, die sich wiederholen und häufig zu Beanstandungen führen, sind aus den obigen Auszügen aus Prüfungsberichten bereits erkennbar. Wie wir in Kapitel 5.2 schon ausgeführt haben, werden auch im Bereich der Produktion häufig *Übersichten* vermißt, die vorhandene *Hardware-* wie auch *Software-Komponenten* nachweisen. Beanstandungen im Bereich der *Arbeitsvor- und -nachbereitung* betreffen dagegen zumeist Sicherheit und Nachvollziehbarkeit des Tagesgeschäfts im Rechenzentrum (RZ). Mängel in der *Zugangssicherung* reichen von unverschlossenen Türen bis hin zur Lage des RZ innerhalb des Gebäudes.

Von elementarer Bedeutung sind Feststellungen bei *Datensicherung* und *Archivierung*, Sorglosigkeit im Umgang mit Tages- und Sondersicherungen bis hin zu Verstößen gegen gesetzliche Aufbewahrungsfristen sind zu bemerken. Fehlender *Einbruchs-* und *Brandschutz* wie auch nicht vorhandene *Katastrophenplanung* zählen zu den regelmäßig vorzufindenden Mängeln. Sofern sich das RZ im Zentrum eines umfassenden Kommunikations-Netzes des Unternehmens befindet, liegt auch ein wesentlicher Teil der Zuständigkeit bei Schwachstellen in der Überwachung der *Netzaktivitäten* sowie des *Netzzugangs*.

... Bewertungen

Wie wir bereits in Kapitel 3 erfahren haben, sind IT-Systeme *Grundbedrohungen* ausgesetzt, die sich in Form unterschiedlicher Risiken niederschlagen.

Bild 5.13:
RZ-Sicherheitsaspekte

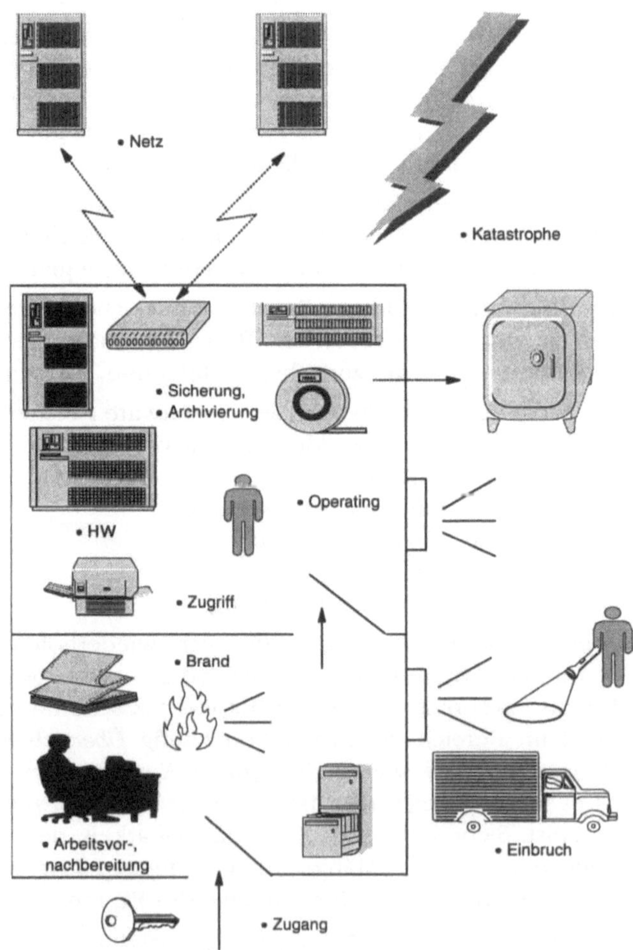

Wie generell bei IT-Systemen bestehen auch für die DV-Produktion eine Vielzahl von Grundbedrohungen.

In Anbetracht der Vielfältigkeit von hier bestehenden Risiken wollen wir uns auf einige der wesentlichen RZ-Sicherheitsaspekte (siehe Bild 5.13) beschränken.

Fehlende Übersichten

Auf die Notwendigkeit vorhandener *Übersichten* sind wir im vorhergehenden bereits umfassend eingegangen, so daß sich weitere Ausführungen hierzu erübrigen. Es sei nur darauf hingewiesen, daß ein Überblick zur vorhandenen Hardware eines RZ wie auch der darüber hinausreichenden DV-Produktion eine Selbstverständlichkeit sein sollte. Es liegt auf der Hand, daß ein jederzeit aktueller Überblick nicht nur die

⇨ Diebstahlrisiken

verringert, sondern auch gezieltere und bedarfsorientiertere Ersatz- und Erweiterungsinvestitionen ermöglicht.

Mängel im Job- und Tagesablauf

Mit der Organisation der *Arbeitsvor- und -nachbereitung* in der Produktion steht und fällt die Sicherheit des Tagesgeschäfts. Die Sicherstellung geordneter Tages- und Jobabläufe vermindert

⇨ Unterbrechungsrisiken,
⇨ Ausfallrisiken

um ein erhebliches, weiterhin liegt darin auch eine Grundvoraussetzung für ein geordnetes und sicheres Programmanforderungs- und -änderungsverfahren bezüglich der Übernahme in die DV-Produktion (siehe Kapitel 5.4).

Unzureichende Zugangssicherung

Eine mangelnde *Zugangssicherung* im Bereich des RZ kann die Sicherheit der gesamten DV-Produktion gefährden. Neben Möglichkeiten zur Spionage und Sabotage und den damit bestehenden Risiken der

⇨ unberechtigten Kenntnisnahme,
⇨ Manipulation und Zerstörung etc.

treffen wir erneut auf das

⇨ Diebstahlrisiko.

Unverschlossene Türen zu Rechnerräumen, fehlende Einlaßkontrollen bei im RZ beschäftigten und nicht beschäftigen Mitarbeitern sowie Externen, deutliche Hinweise auf sicherheitsrelevante Bereiche u.a. sollten nicht immer wieder vorgefunden werden. Andernfalls muß mit unkontrollierten Zugriffen auf die DV-Anlage sowie auf Datenbestände gerechnet werden, mit unbefugtem Zugang zu den Räumen, mit Diebstahl von DV-Geräten etc.

Unregelmäßige Datensicherung

Ebenfalls ein sehr sensitiver Bereich der DV-Produktion liegt in der *Datensicherung* und *Archivierung*. Sofern nicht mit genau eingehaltenen Zyklen von Tages-, Wochen-, Monats-, Jahres- sowie erforderlichen Sondersicherungen gearbeitet wird, besteht erneut ein erhebliches Potential von

⇨ Datenverlustrisiken

und damit die Gefahr von wesentlichen Beinträchtigungen des Unternehmens. Weiterhin muß die DV-Produktion sicherstellen, daß den gesetzlichen Aufbewahrungsfristen (siehe Kapitel 2) insofern Genüge getan wird, als daß sämtliche nachweispflichtigen Daten auf geeigneten Speichermedien zur Verfügung stehen. Auch in dem Bereich ist dafür Sorge zu tragen, daß ein jederzeitiger Nachweis über Standort, Inhalt sowie Art der verwendeten Datenträger im Rahmen der vorgeschriebenen Sicherungs- und Archivierungszyklen möglich ist.

Fehlender Einbruchs- / Brandschutz

Der *Einbruchs-* und *Brandschutz* ist nicht minder von existenzieller Bedeutung für die DV-Produktion wie die vorher angesprochenen Bereiche. Die meisten der oben aufgeführten Risiken sind durch diesen Punkt bereits allein hervorzurufen, so daß ihm in der Regel auch entsprechend viel Aufmerksamkeit im Rahmen der RZ-Sicherheit gewidmet wird. Auf die Notwendigkeit von Feuerlöschern und Alarmanlagen müssen wir deshalb nicht weiter eingehen.

Unzureichende Katastrophenplanung

Wesentlich seltener anzutreffen als ausgefeilte Brand- und Einbruchsschutzmaßnahmen sind demgegenüber vollständige *Katastrophenplanungen* im Rahmen der DV-Produktion. Wenngleich auch mit anderen Sachverhalten wie z.B. dem Brandschutz in enger Verbindung stehend, kommt dem Punkt weitergehende Bedeutung zu, da er ebenfalls bereits allein mit nahezu allen oben aufgeführten Risiken in Verbindung gebracht werden kann.

Der Verlust eines gesamten, möglicherweise für einen flächendeckenden, vernetzten Betrieb zentral zuständigen RZ kann sich als existenzielle Bedrohung eines Unternehmens erweisen. Demzufolge sind nicht nur Vorkehrungen zu treffen, wie in einem solchen Fall das Tagesgeschäft wieder fortgesetzt werden kann, sondern auch Festlegungen erforderlich in Bezug auf Verfahrensweisen, Training sowie Datenaufbewahrung in Hinblick auf eine solche Extremsituation.

Fehlende Kontrolle von Netzaktivitäten

Als letzten Punkt in unserem Bewertungskatalog wollen wir noch die Zuständigkeit der DV-Produktion für den Betrieb von Kommunikationsnetzen und damit für den Bereich der Kontrolle von *Netzaktivitäten* sowie des *Netzzugangs* aufführen. In Kommunikationsnetzen gelten ähnliche Anforderungen und Risiken, wie wir sie oben bereits bei der *Zugangssicherung* aufgeführt haben. Hinzu kommt in dem Bereich allerdings, daß physische Zugangssicherungen im Falle komplexer Kommunikationsverbindungen und -verfahren nicht ausreichen, sondern die hier bestehenden Risiken nur durch Einsatz entsprechend ausgefeilter Methoden und

Verfahren sowie Soft- und Hardware-Unterstützung vermieden werden können.

... und Empfehlungen

Analog zur Vielzahl möglicher Feststellungen und Bewertungen im Rahmen der DV-Produktion sind auch unsere diesbezüglichen Empfehlungen recht umfassend.

Geregelter Tagesablauf RZ

Daß wir die Führung aktueller *Übersichten* auch der vorhandenen Harware empfehlen, haben wir bereits im vorhergehenden erläutert. Zur Organisation der *Arbeitsvor- und -nachbereitung* achten wir zunächst auf das Vorhandensein von Organisationsanweisungen sowie Jobablauf- und Operator-Manualen, die den Tagesablauf im RZ regeln.

Sicherer Zugang

Wir empfehlen die Überprüfung der vorhandenen *Zugangsregelungen* zum Rechenzentrum sowie deren Einhaltung, wenn wir generelle Mängel wie unverschlossene Türen, unkontrollierten Zugang, oder aber Abweichungen in der Handhabung von an sich korrekten Organisationsanweisungen beobachten.

Regelmäßige Datensicherung und Archivierung

Wir empfehlen ebenfalls die Erstellung von Organisationsanweisungen für den Bereich der *Datensicherung* und *Archivierung*. Es sollte Wert gelegt werden auf die Führung von Bestandsverzeichnissen, die eine Übersicht liefern zu täglichen oder monatlichen Datensicherungen sowie deren Standort und Ersteller. Um das „Überleben" der wichtigsten Unternehmensdaten sicherzustellen, sollten regelmäßig Auslagerungen der Datensicherungen nicht nur in feuersichere Tresore, sondern auch in Lagerstellen außerhalb der Firmengebäude erfolgen. Die Regelungen zur Datensicherung müssen sämtliche Datenbestände sowie auch Kopien der verwendeten Standard- und Individualsoftware umfassen.

Angemessene Katastrophenplanung

Neben der Prüfung des *Brand-* und *Einbruchsrisikos* in Abhängigkeit von den jeweiligen Räumlichkeiten empfiehlt sich weiterhin unbedingt die Überprüfung bzw. Erstellung einer *Notfall-* und *Katastrophenplanung*. Zugeschnitten auf die spezifischen Umstände sind Vereinbarungen mit Ausweichrechenzentren oder Herstellern der DV-Anlagen sinnvoll, die im Notfall geeignete Maschinen zur Verfügung stellen können. Außer einer angemessenen Auslagerung von Datenbeständen gehört auch ein regelmäßiger Test des Wiederanlaufs unter solchen Bedingungen genauso zu einem erfolgreichen Katastrophenmanagement wie die Bereitstellung der erforderlichen Infrastruktur bei angeschlossenen Kommunikationsnetzen.

Abgeschirmte Netze

Der Zugang zu bestehenden *Netzen* und die darüber abgewickelte Kommunikation sind ebenfalls der jeweiligen Situation entsprechend zu überwachen und zu protokollieren. Mit derselben Selbstverständlichkeit, wie das Eindringen Unbefugter über Wählleitungen in die Anwendungen verhindert werden muß, ist z.B. auch die Absicherung bei praktiziertem Fernoperating erforderlich. Daß die Systeme den Operator rückrufen, bevor entsprechende Eingriffe zugelassen werden, gehört heute zu den Standards verwendeter System- und Sicherheitssoftware.

Maßnahmen zur Absicherung von PCs, Netzwerk- und Mehrplatzsystemen

- *Zutrittskontrolle*
  - Kontrolle des Zugangs Berechtigter
  - Verhinderung Zugang unberechtigter Mitarbeiter/ Betriebsfremder zu allen Räumen mit PCs / Netzwerk-Rechnern

- *Schutz vor Diebstahl, Sabotage und Beschädigungen*
  - Schutz PCs, Komponenten, Netzwerk-Kabel gegen
    . höhere Gewalt
    . versehentliche / beabsichtigte Beschädigung, Diebstahl

- *Schutz Datenträger*
  - Sicherung Datenträger gegen Entwendung / Diebstahl durch: Markierung, Erfassung, Kontrolle, Lagerung in zentralen Archiven

- *Kontrolle Gerätebestand*
  - Kontrolle der (zentralisierten) Beschaffung Geräte / Zusatzkomponenten, Festlegung Standard-Konfigurationen
  - Überwachung Bestand, Änderungen
  - Verhinderung Nutzung anderer / privater Komponenten

- *Kontrolle Softwarebestand*
  - Implementierung „bekannter" Software
  - Verhinderung Nutzung anderer / privater Software

- *Zugriffskontrolle*
  - Festlegung Zugriffskontrollsystem: welcher Mitarbeiter darf auf welche Daten, Programme, Peripherie (Laufwerke, Datenträger, Server, Drucker etc.) zugreifen
  - Identifizierung: berechtigte Benutzer durch security-card o.ä.
  - Authentifizierung: Verwendung von Paßworten, Zwangswechsel
  - Temporärer Schutz: Sperre von Bildschirm / Tastatur bei Verlassen des Raumes, nach Zeitablauf

- *Nachweisführung*
  - Protokollierung aller Aktivitäten (PCs, Netz etc.)
  - Auswertung von Protokollen unter Sicherheitsaspekten

- *Verschlüsselung*
  - Verschlüsselung wichtiger Daten auf Datenträgern

- *Sonstiges*
  - Einsetzung Sicherheitsbeauftragter
  - Durchführung Sicherheitsanalyse

Quelle: nach Pohl, H., Weck, G. (Hrsg.): Handbuch 1, Einführung in die Informationssicherheit, Oldenbourg Verlag München Wien, 1993

Bei Anschlüssen des unternehmenseigenen Netzes an *öffentliche Netzwerke* sind zusätzliche Sicherheitsaspekte zu berücksichtigen. Schutzmaßnahmen reichen hier bis zu „Firewall"-Systemen gegen ungewollte „Besucher" [48]. Die dabei erfolgende Zentralisierung von Sicherungsmaßnahmen, Netzabschirmung, Überwachung von Datenflüssen usw. beinhaltet ebenfalls eine Reihe von Spezialfragen, deren detaillierte Behandlung den Rahmen unserer Betrachtung sprengen würde.

Allgemeine Sicherheitsregeln?

Grundsätzlich geltende „goldene" Sicherheitsregeln zu formulieren, ist losgelöst von der jeweiligen Gesamtsituation, die sich in unterschiedlichen

⇨ Systemumgebungen,

⇨ Anwendungskomponenten,

⇨ Räumlichkeiten,

⇨ Branchen etc.

niederschlägt, nicht einfach. Dennoch aber sind gewisse Grundregeln definierbar, die unabhängig von der sehr spezifischen Situation des Unternehmens zu sehen sind. Welche Maßnahmen das z.B. generell im Bereich von PCs sowie Netzwerk- und Mehrplatzsystemen sein können, haben wir in unserem kurzen Überblick in Bild 5.14 zusammengestellt.

5.6   Anwendungen auf dem Prüfstand

Der Benutzer und seine Möglichkeiten

Feststellungen ...

„Es wurde festgestellt, daß 7 Benutzer der Fachabteilung über die Berechtigung Systemverwalter verfügen und Datenbanktabellen verändern können. Angabegemäß wird diese Berechtigung benötigt, um Auswertungen zu definieren ..."

„Das einzige Paßwort, mit dem der Zugang zur Anwendung geschützt wird, ist allgemein bekannt und wurde seit der Installation nicht geändert. Bei Änderungen im Datenbestand ist nicht zu ermitteln, welcher Bearbeiter zu welchem Zeitpunkt tätig war ..."

„Die Anwendung verfügt über Zugangskontrollen und ein Schutzkonzept. Jedoch ist der Ablauf im Bereich Lager so organisiert, daß sich der erste Benutzer morgens am einzigen Bildschirm anmeldet und alle weiteren Benutzer anschließend unter dessen Kennung weiterarbeiten ..."

„Über eine Umgebungsvariable im MS-DOS kann die Anwendung unter Umgehung aller Schutzkonzepte gestartet und benutzt werden. Die Umgebungsvariable ist angabegemäß nur den Entwicklern und 2 Mitarbeitern aus der Fachabteilung bekannt ..."

„Eine Überprüfung der Berechtigungstabellen ergab, daß 5 Benutzereinträge für Mitarbeiter vorhanden sind, die bei dem Unternehmen seit mehr als 2 Jahren nicht mehr beschäftigt sind ..."

„Auf dem PC der Fachabteilung sind Datenbankdienstprogramme vorhanden, die das Bearbeiten der Datenbestände außerhalb der zugehörigen Anwendung ermöglichen. Diese Datenbankdienstprogramme werden genutzt, weil die Anwendung keine Funktionen zur Pflege von Daten wie MwSt-Sätzen, Reisekostenpauschalen, Feiertagen usw. zur Verfügung stellt …"

Ein besonders ergiebiges Gebiet von Feststellungen im Bereich der DV-Anwender liegt im häufig sorglosen Umgang mit Benutzer- / Zugriffsberechtigungen. Die oben aufgeführten Feststellungen zeigen erneut nur beispielhaft, wie Benutzer teilweise mit Anwendungen arbeiten können bzw. wegen mangelnder Funktionalität oder schlecht gestaltetem Schutzkonzept sogar arbeiten müssen.

... Bewertungen

Mangelnde Zugriffssicherheit bei Anwendungen und Daten beeinhalten eine Reihe von Risiken, die wir bereits in Kapitel 3 kennengelernt haben.

Verlust Vertraulichkeit und Integrität

Zu nennen ist hier insbesondere die mögliche Gefährdung der *Vertraulichkeit* der Daten bei unzureichend realisierten Anwendungskontrollen. Bei einigen unserer obigen Feststellungen besteht zusätzlich die Gefahr, daß die *Integrität* der Daten verletzt wird und im schlimmsten Fall *Manipulationen* erfolgen können, die von strafrechtlicher Relevanz sind.

Werden bei den Änderungen weder Zeitpunkt noch der verursachende Benutzer protokolliert, sind weiterhin die Anforderungen an die Nachvollziehbarkeit der jeweiligen Geschäftsvorfälle nicht erfüllt. Insgesamt ist das Risikopotential als hoch einzustufen.

... und Empfehlungen

Erarbeitung Berechtigungskonzept

Wir empfehlen bei Feststellung von grundsätzlichen Schwachstellen im Bereich der Zugriffsberechtigungen die Erarbeitung eines durchgängigen *Berechtigungskonzeptes*. Im Rahmen eines solchen fachlich / technischen Benutzerkonzeptes sollte zunächst eine Gliederung von Benutzern und Benutzergruppen nach *fachlichen* Gesichtspunkten und dem Prinzip der „minimalen Rechte" erfolgen. Hier sollte geregelt werden, welche Funktionen und Funktionskomplexe in welchen Anwendungen von welchen Benutzern benötigt werden.

Parallel hierzu ist es sinnvoll, ein *technisches* Konzept zu erarbeiten, in welcher Form das jeweilige Zusammenspiel der verschiedenen beteiligten System-Komponenten erfolgen (so z.B. Unix / LAN-Manager / SAP-Standardsoftware etc.) und aus Anwendersicht möglichst wenig aufwendig realisiert werden kann.

Weiterhin empfehlen wir auch in diesem Bereich die Erstellung von *Organisationsanweisungen* mit dem Ziel, das zugrundeliegende Verfahren festzulegen und zu beschreiben. Neben dem Vergabeverfahren von Zugriffsberechtigungen, der Behandlung von Paßwörtern sowie der Kombination mit Benutzerrechten sollte hier auch die Zugriffsbeschränkung auf nicht zulässige bzw. nicht verwendete Systemfunktionen u.ä. geregelt werden.

Schutz vor Datenzugang / Datenabgang

Im Bereich der individuellen DV (PCs) bestehen in der Regel ebenfalls kaum besondere Maßnahmen zum Schutz gegen unbefugten *Zugang* (unlizenzierte Software, Viren etc.) sowie *Abgang* (vertrauliche Daten) von Software und Daten. Wir empfehlen hier ebenfalls die Prüfung bestehender Möglichkeiten für eine Absicherung des unbefugten Zugriffs auf PCs gegen Zugang unlizenzierter Software sowie gegen Abgang vertraulicher Daten.

Wie sind nun derartige Empfehlungen in die Praxis umzusetzen? Der Schutz von Anwendungen und Daten ist zum einen durch Konzepte zu realisieren, die bei Erstellung oder Auswahl von Software zu berücksichtigen sind, zum anderen aber auch durch die konsequente Umsetzung der sich dadurch bietenden Möglichkeiten in die Tagespraxis. Denn selbst das ausgefeilteste Schutzkonzept kann kaum Wirksamkeit zeigen, wenn z.B. fast alle Benutzer über die höchste Berechtigungsstufe verfügen.

Um die bestehenden Zugriffsrechte der Benutzer und die erforderlichen Schutzmaßnahmen beurteilen zu können, sind die Bereiche entsprechend unserer obigen Vorabeinteilung noch genauer abzugrenzen, in denen geregelt wird, welche Kompetenzen den Benutzern eingeräumt werden müssen (siehe Bild 5.15).

Bild 5.15:
Schutz von
Anwendungen
und Daten

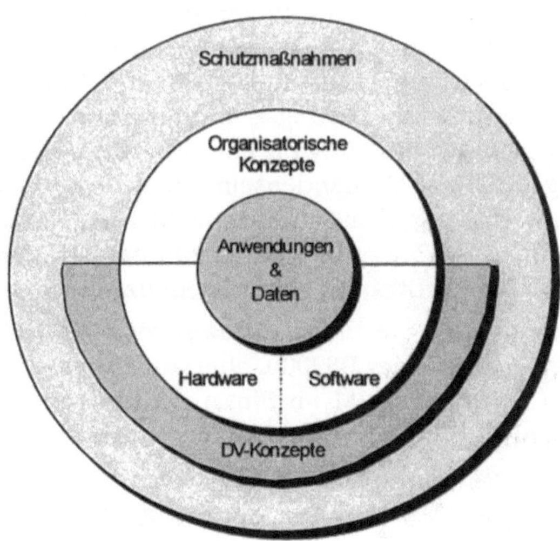

Zum einen sind die *DV-Konzepte* zu berücksichtigen, die sich sowohl auf Hardware als auch Software beziehen können. Hilfreich zur Festlegung bzw. Neuregelung sind z.B. Listen der eingetragenen Benutzer mit deren Berechtigungen sowie Protokolle bezüglich der Benutzeraktivitäten, die als Basis z.B. für folgende Fragestellungen benutzt werden können:

⇨ Sind alle Benutzer Mitarbeiter des Unternehmens?

⇨ Sind die Berechtigungen entsprechend dem Aufgabengebiet der Benutzer?

⇨ Gibt es Benutzer, die z.B. länger als 8 – 12 Wochen inaktiv waren?

⇨ Gibt es Benutzer, die regelmäßig den gesamten Tag aktiv sind?

⇨ Gibt es Benutzerkennungen, die während der Abwesenheit des entsprechenden Mitarbeiters (z.B. Urlaub) aktiv waren?

⇨ Existieren noch Standard-Benutzerkennungen der Hersteller?

⇨ Gibt es Schulungsbenutzer und welche Berechtigungen haben diese? usw.

Organisatorische Schutzkonzepte

Die DV-Konzepte müssen durch *organisatorische Konzepte* ergänzt werden. Hier stehen Verwaltung und Vergabe von Benutzerkennungen und Berechtigungen im Mittelpunkt sowie Arbeits- und Organisationsanweisungen, die z.B. das Ändern von Paßworten oder das Benutzen einer Benutzerkennung durch mehrere Mitarbeiter regeln.

Alle Schutzmaßnahmen müssen *dokumentiert* und auch gemäß der Dokumentation angewendet werden.

Nicht selten wird der Prüfer ein *mehrstufiges* Schutzkonzept vorfinden (siehe Bild 5.16). Im Vorfeld regelt die Organisation, welcher Benutzer mit welchen Rechten Zugang zur DV des Unternehmens erhält. Als nächste Stufe kann eine Zugangskontrolle über die *Hardware* erfolgen. Hierbei sind beim PC das Paßwort im CMOS oder auch ein Dongle denkbar, deren Eingabe bzw. Vorhandensein überhaupt erst den Betrieb des Rechners oder der Datensichtstation ermöglichen. Häufig in der Praxis anzutreffen ist auch die Variante, daß sich z.B. bei Großrechnern die Datensichtstation über eine Hardwarekennung identifizieren muß.

Die nächste Stufe bildet die *Basissoftware*, hier sind Logon-Verfahren wie z.B. bei Unix oder BS2000, aber auch spezielle Zugriffskontrollsysteme wie etwa RACF von IBM im Einsatz. Alle Ebenen, die wir bis jetzt betrachtet haben, sind unabhängig von den einzelnen Anwendungen.

Die *Anwendung* selbst kann ebenfalls über ein mehrstufiges Verfahren verfügen, das bei der Anwendungsentwicklung aufgrund des *Benutzermodells* festgelegt wird. Zu unterscheiden ist hier der allgemeine Zugang zur Anwendung, die Zuordnung von Funktionen bzw. Funktionskomple xen sowie die Vergabe von Berechtigungen bezüglich Daten *innerhalb* der Funktionen.

Bild 5.16:
Komponenten
des Zugriffs-
schutzes

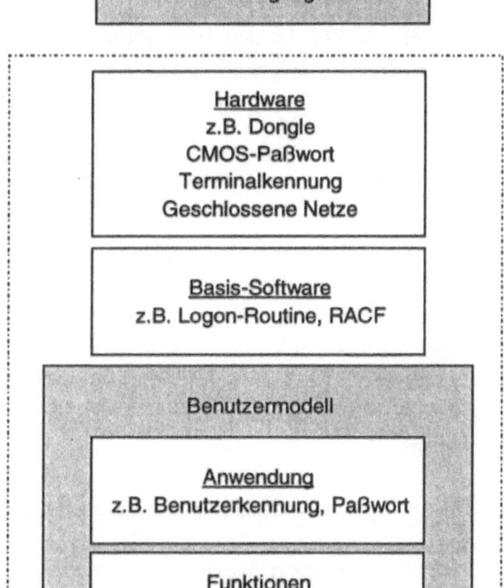

Auf solche Weise kann z.B. geregelt werden, daß ein Benutzer Mitarbeiterdaten nur lesen darf, wobei jedoch das Gehalt nicht angezeigt wird. Oder ein Benutzer darf Firmenkundendaten ändern, allerdings falls gewünscht nur aus seinem Vertriebsgebiet.

Basis für solche Regelungen ist das Benutzermodell, in dem die Aufgaben der einzelnen möglichen Benutzer den Funktionen und Daten zugeordnet werden. Daraus lassen sich Benutzergruppen ableiten, die mit den entsprechenden Berechtigungen ausgestattet werden. Fehlen solche ausgefeilten Benutzermodelle, kann dies dazu führen, daß selbst für einfache Auswertungen z.B. Systemverwalterberechtigungen erforderlich sind und die Benutzer mit einer Vielzahl unnötiger und risikobehafteter Zugriffsberechtigungen ausgestattet werden müssen (vgl. obige Feststellungen).

Ein weiterer wichtiger Punkt in diesem Zusammenhang ist die *Funktionalität* der Anwendung. So darf nicht an Pflegefunktionen für vermeintlich *fixe Daten* gespart werden. Argumentationen wie „dieses Feld ändert sich so selten, da brauchen wir keine Pflegefunktion" sind mit größter Skepsis zu betrachten. Sollte in solchen Fällen tatsächlich einmal die Pflege des Datenfeldes erforderlich sein, muß dies dann entweder der Hersteller oder der Benutzer über einen möglicherweise riskanten „Seiteneinstieg" erledigen.

Zusätzlich sollten Änderungsfunktionen stets die Teilfunktionalität beinhalten, daß *protokolliert* wird, wer Änderungen verursacht hat und zu welchem Zeitpunkt.

Ein wirksamer Schutz der Anwendungen kann nur über das Zusammenwirken der einzelnen Komponenten erzielt werden. Dabei dürfen Schutzmaßnahmen nicht nur eine *Einschränkung* von Benutzermöglichkeiten umfassen, sondern müssen sich vielmehr auch darauf erstrecken, dem Benutzer Funktionalität für ein ordnungsmäßiges Arbeiten *zur Verfügung* zu stellen.

5.7 Ergebnis: Grobstruktur Ordnungsmäßigkeit und Sicherheit

In den vorhergehenden Kapiteln unseres Abschnittes über die Rahmenbedingungen der Ordnungsmäßigkeit und Sicherheit haben wir eine ganze Reihe von Einzelaspekten kennengelernt, die im Zusammenhang mit derartigen Fragestellungen zu berücksichtigen sind.

Wie sich aus den Kapiteln 5.1 bis 5.6 ableiten läßt, sind erneut *alle* wesentlichen Bereiche der DV betroffen; außerdem wurden noch die Schwerpunkte „Übersichten" und „Dokumentation" besonders hervorgehoben (siehe Bild 5.17).

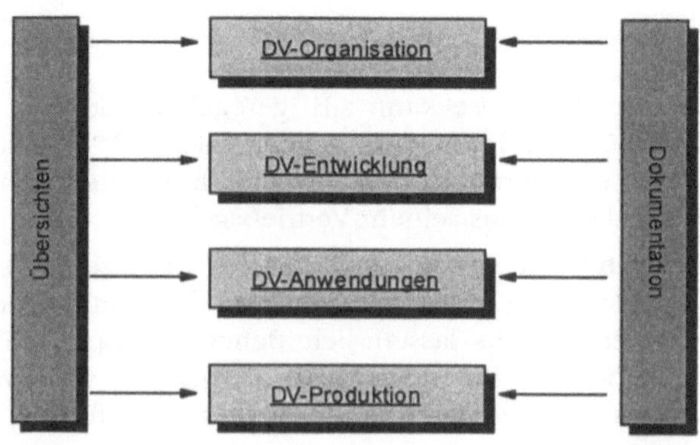

Wie bereits angeklungen ist, können angemessene Rahmenbedingungen die *Risiken*, die mit dem Einsatz der DV gegeben sind, in entscheidendem Maße verringern. Ebenfalls erwähnt haben wir eingangs, daß entsprechende Rahmenbedingungen weiterhin auch Art und Umfang der erforderlichen *Prüfungshandlungen* wesentlich mitbeeinflussen.

Aufgrund der Bedeutung der Rahmenbedingungen in solchen Zusammenhängen läßt sich (basierend auf den vorherigen Kapiteln) eine *Grobstruktur* für die anzustrebende Ordnungsmäßigkeit und Sicherheit ableiten, die wir in Anhang 6 nochmals in der Übersicht zusammengefaßt haben.

6   Qualitätssicherung – Bedeutung für den Prüfer

Rahmenbedingungen der Ordnungsmäßigkeit und Sicherheit, die alle Bereiche von der DV-Entwicklung bis zur DV-Produktion betreffen, haben wir im letzten Kapitel kennengelernt.

Als weiterem Schwerpunkt wollen wir uns nun der *Qualitätssicherung (QS)* zuwenden. DV-Revision und Qualitätssicherung im DV-Bereich haben viele Gemeinsamkeiten. Beide Aufgabengebiete müssen sicherstellen, daß DV-Organisation, DV-Anwendungen und DV-Produktion bestimmten Qualitätsanforderungen genügen, zu denen z.B. auch die der Ordnungsmäßigkeit zu zählen sind.

Fragestellungen des Prüfers sind in Teilbereichen häufig identisch mit Fragestellungen des Qualitätssicherers – mit dem Unterschied, daß Qualitätssicherung im Rahmen eines *Qualitäts-Managementsystems* kontinuierliche organisatorische und technische Maßnahmen umfaßt, während sich die DV-Revision, z.B. gesteuert über Prüfungspläne, nur zu gewissen Zeitpunkten und zumeist nur stichprobenartig, mit ähnlichen Fragestellungen befaßt.

Revision im Qualitäts-Managementsystem

Ein im Unternehmen nicht nur auf dem Papier vorhandenes, sondern vielmehr „gelebtes" Qualitäts-Managementsystem kann die Rahmenbedingungen von Ordnungsmäßigkeit, Sicherheit und Wirtschaftlichkeit positiv beeinflussen. Aus diesem Grunde ist es sinnvoll, daß die DV-Revision das Qualitäts-Managementsystem in ihre Prüfungsbereiche integriert bzw. die DV-Revision selbst zum Element des Qualitäts-Managementsystems wird. So gesehen arbeitet die Qualitätssicherung im Rahmen eines allgemeinen Qualitätsmanagements letztlich auch der DV-Revision zu.

Wechselbeziehung Rahmenbedingungen und QS

Wir wollen deshalb die in einem solchen Sinne verstandene Tätigkeit der QS für die DV-Revision als förderlich einstufen – erleichtert sie uns doch die Arbeit insofern, als das wir auf verbesserte Rahmenbedingungen stoßen. Umgekehrt sind aber auch die Rahmenbedingungen von Auswirkung auf die QS: In diesem erneuten Wechselspiel werden sowohl der erforderliche Umfang als auch die Art der qualitätssichernden Maßnahmen von den bestehenden Rahmenbedingungen im Unternehmen geprägt (siehe Bild 6.1).

Bild 6.1:
Einordnung
Kapitel 6

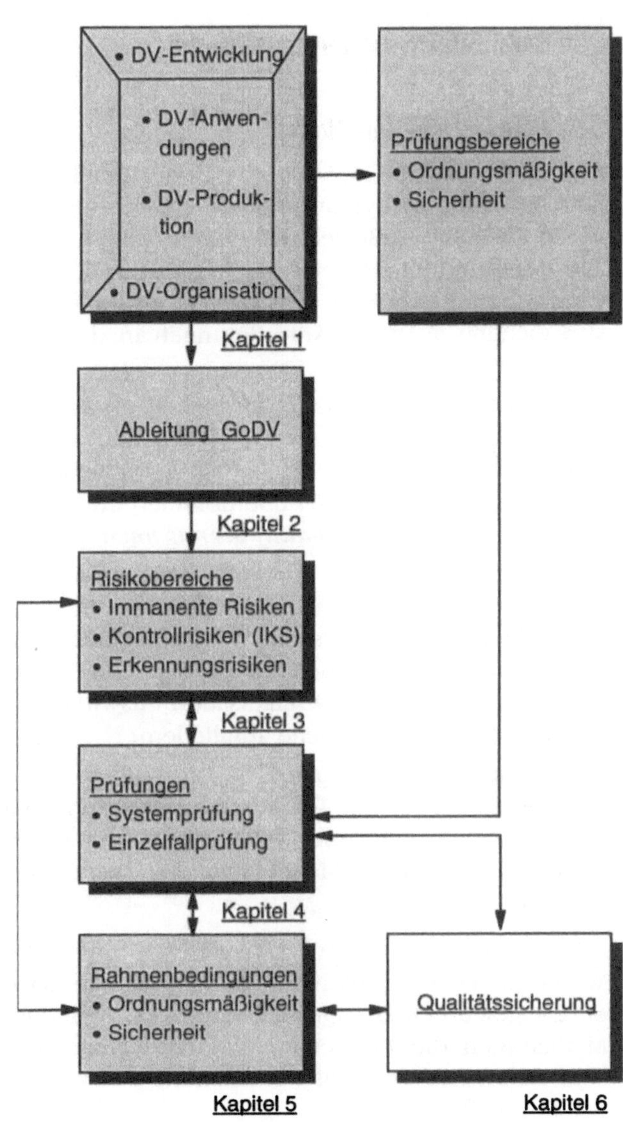

6.1   Das Qualitäts-Managementsystem

Von Normen und Zertifikaten

Qualität als Eigenschaft

Entsprechend DIN 55350 wurde bisher Qualität als *Eigenschaft* einer Einheit definiert, die vorausgesetzte und festgelegte Anforderungen erfüllt. Diese Definition läßt den paradoxen Schluß zu: Wenn die Anforderungen nur recht niedrig angesetzt werden, kann mit wenig Aufwand schnell hohe Qualität erfüllt werden. Aus diesem Grunde müssen bei der Beurteilung von Qualität auch die Anforderungen in die Beurteilung mit einbezogen werden.

Von DIN zu ISO

Die DIN 55350 wurde für Deutschland ersetzt mit der Übernahme der internationalen ISO-Normen zur Gestaltung von Qualitäts-Managementsystemen durch DIN ISO 9000 – 9004. Auch für die EU wurden diese Normen als EN 29000 – 29004 übernommen und bedeuten einen ersten Schritt in Richtung zum *Total Quality Management (TQM)*.

Die Normen behandeln Qualitäts-Managementsysteme, die für alle Bereiche eines Unternehmens angewendet werden können. Somit umfassen Qualitäts-Managementsysteme sowohl technische als auch organisatorische Maßnahmen, die sich auch auf die Bereiche DV-Revision, DV-Entwicklung, DV-Produktion und DV-Organisation auswirken können. Die Maßnahmen lassen sich in zwei Bereiche aufgliedern:

⇨ konstruktive Maßnahmen
  Vorgaben wie z.B. Vorgehensmodelle und Standards, Methoden und Werkzeuge, Aus- und Weiterbildung, Qualitätssicherungsplan (= Katalog aller geplanten Maßnahmen zur Qualitätssicherung) usw.,

⇨ analytische Maßnahmen
  Prüfungen wie z.B. Reviews, Audits, Inspektionen, Tests, usw.

Chancen konstruktiver und analytischer QS

Während die konstruktiven Maßnahmen die Basis bilden zum Erreichen eines gewünschten Qualitätsstandards, ermöglichen die analytischen Maßnahmen die Beurteilung der tatsächlich erreichten Qualität und sie sind damit auch ein Instrumentarium zur Verbesserung der Transparenz des Projektfortschritts.

Das Zusammenwirken der Normen beim Aufbau und Beurteilung von Qualitäts-Managementsystemen ist in Bild 6.2 dargestellt.

Die DIN ISO 9000 bzw. EN 29000 ist der Leitfaden zur Anwendung der DIN ISO 9001 – 9004, bzw. EN 29001 – 29004 [18].

Die DIN ISO 9001 beinhaltet Anforderungen an ein Qualitäts-Managementsystem für die Bereiche Entwicklung, Konstruktion, Produktion,

Montage und Kundendienst. Die DIN ISO 9002 bezieht lediglich die Bereiche Produktion und Montage ein, während sich DIN ISO 9003 nur mit der Endprüfung befaßt, wobei präventive Aspekte der Qualitätssicherung außer acht gelassen werden. Dies bedeutet, daß der Umfang der Elemente und Verfahren, die zum Qualitäts-Managementsystem gehören, von DIN ISO 9001 bis DIN ISO 9003 abnehmen.

Bild 6.2:
Anforderungen an Qualitäts-Management-systeme

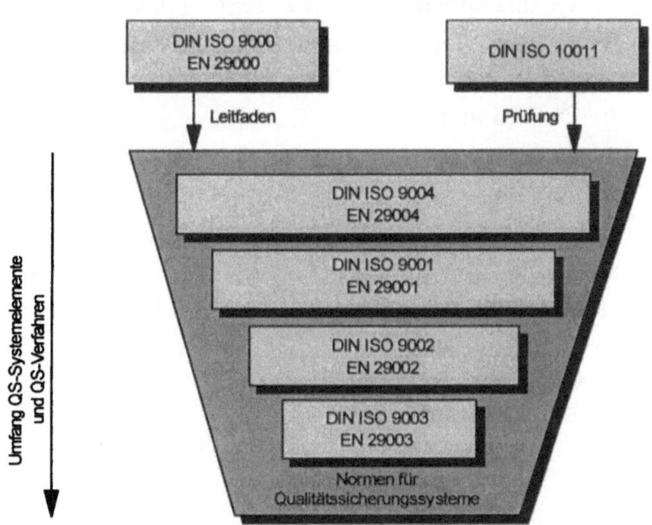

Als umfassendste Norm kann die DIN ISO 9004 betrachtet werden, die einerseits Empfehlungen zum Aufbau des Qualitätssicherungsmanagements enthält, andererseits Elemente und Verfahren von Qualitäts-Managementsystemen beschreibt, die für Dienstleister anwendbar sind. Insgesamt sind die Normen jedoch eher auf Produktionsbetriebe und weniger auf Dienstleister ausgerichtet, auch wenn in DIN ISO 9001 die Dienstleistung einem Produkt gleichgesetzt wird.

Hinzu kommt, daß eine *Zertifizierung* nur nach DIN ISO 9001 – 9003 möglich ist. Je nach zugrunde gelegter DIN ISO-Norm erstreckt sich die Zertifzierung u.U. nur auf Teilbereiche des Unternehmens. Eine Zertifizierung nach der umfassenderen DIN ISO 9004 ist nicht möglich, da die Autoren ausdrücklich darauf hinweisen, daß diese Norm nur für den „internen Gebrauch in einer Organisation" [18] einsetzbar ist und sie nicht als Leitfaden für die Normen DIN ISO 9001 – 9003 dienen soll.

Bedeutung
Zertifizierung

Die Zertifizierung wird von Zertifizierungsunternehmen wie z.B. TÜV-Gesellschaften, Deutsche Gesellschaft zur Zertifizierung von Qualitätssicherungssystemen mbH u.a. vorgenommen.

Ausgangspunkt ist hierbei das *Qualitäts-Managementhandbuch,* das im Unternehmen vorhanden sein muß. Einen Leitfaden zur Entwicklung von

Qualitäts-Managementhandbüchern findet man in der Norm DIN ISO 10013, die folgendes Inhaltsverzeichnis empfiehlt [18]:

Inhalt Qualitäts-Management-handbuch

1. Titel und Zweck Anwendungsbereich,
2. Inhaltsverzeichnis,
3. Einleitung über die betroffene Organisation* und das Handbuch selbst,
4. Qualitätspolitik und Ziele der Organisation,
5. Beschreibung Elemente Qualitäts-Managementsystem oder Verweise auf bestehende Qualitäts-Managementsysteme,
6. Definitionen,
7. Anleitung für das Qualitäts-Managementhandbuch,
8. Anhang.

* *Organisation* entspricht dem Unternehmen in unseren Betrachtungen

Themen

Wendet man die Empfehlung für unseren Bereich an, so ergeben sich für das Qualitäts-Managementhandbuch folgende Themen:

⇨ Qualitätsziele,
⇨ Organisation,
   □ Organigramm,
   □ Management,
   □ Zuständigkeitsbereiche,
   □ Stellenbeschreibungen,
   □ Arbeitsanweisungen,
   □ Berichtswesen,
   □ Schulungsmaßnahmen,
   □ Freigabeverfahren,
   □ Verfahren zur Behandlung von Problemmeldungen und Änderungsanträgen,
⇨ Technische Maßnahmen,
   □ Vorgehensmodelle,
   □ Methoden,
   □ Entwicklungsstandards,
   □ Dokumentationsrichtlinien,
   □ Testverfahren,
   □ Konfigurationsmanagement,
⇨ Hilfsmittel,
   □ Formulare,
   □ Checklisten.

Bei der Zertifizierung wird das Qualitäts-Managementhandbuch auf Konsistenz und Erfüllung der angestrebten DIN ISO-Norm geprüft und im Unternehmen die Einhaltung der im Qualitäts-Managementhandbuch beschriebenen Verfahren und Maßnahmen untersucht. Das Qualitäts-Managementsystem steht im Vordergrund, die Qualität von Produkten oder Dienstleistungen selbst wird nicht beurteilt, sondern gemäß DIN ISO 9000 ff. nur die *Geschäftsprozesse* im Unternehmen [36].

DIN ISO 9000 ff. ist folglich geeignet, Geschäftsprozesse zu modellieren, wie sie erforderlich sind im Rahmen der DV-Organisation (z.B. Beschaffung Software, Hardware usw.), DV-Produktion (z.B. RZ-Betrieb), DV-Entwicklung (z.B. Entwicklungsprozeß) und nicht zuletzt DV-Revision (z.B. Prüfungsdurchführung).

Zertifizierung von DV-Anwendungen Für die Prüfung und Zertifizierung von DV-Anwendungen ist demgegenüber z.B. die DIN-Norm 66285 u.a. (siehe Kapitel 2.2.8) geeignet. Ebenso behalten alle Grundlagen, die wir in Kapitel 2 vorgestellt haben, weiter ihre Gültigkeit. Empfehlenswert ist es, diese Grundlagen bei der Erstellung vom Qualitäts-Managementhandbüchern zusätzlich zu berücksichtigen.

Das Zertifikat nach DIN ISO 9000 ff. wird von manchen Unternehmen als Wettbewerbsvorteil angesehen, möglicherweise mit dem Aspekt, daß ein zertifiziertes Qualitäts-Managementsystem auch auf den Qualitätsstandard bei Produkten und Dienstleistungen rückschließen läßt.

Für den Prüfer gilt jedoch, daß ein Zertifikat nur Teilbereiche der Qualitätssicherung abdeckt. In DIN ISO 9000 wird auch die Prüfung von Qualitäts-Managementsystemen als Element des Systems selbst aufgeführt und in DIN ISO 10011 findet der Prüfer Anleitungen (Checklisten) sowie Empfehlungen zur Prüfung von Qualitäts-Managementsystemen.

Testat Als weiteres „Zertifikat" im Bereich der DV ist das *Testat* anzusehen, das Wirtschaftsprüfer für DV-Anwendungen erteilen können (siehe auch Kapitel 4). Diese Testate bestätigen, daß die geprüfte DV-Anwendung (vornehmlich Standard-Finanzbuchhaltungen) ordnungsmäßig arbeitet. Zur Erteilung des Testats ist der Wirtschaftsprüfer an die GoS gebunden, weitere festgelegte bindende Normen existieren nicht. Mit Verfahren aus dem Bereich Qualitätssicherung kann im Rahmen der Programmprüfung dem Wirtschaftsprüfer zugearbeitet werden.

Bei der Bewertung eines Testats ist zu berücksichtigen, daß der Wirtschaftsprüfer über recht große Ermessensspielräume verfügt. Das Testat ist in der Regel keine Produktgarantie, sondern lediglich als Gutachten zu werten, was im Zusammenhang mit Haftungsansprüchen zu beachten ist. Weiter ist der Schluß unzulässig, daß z.B. Bilanz und Buchhaltung, die mit testierter Software erstellt wurden, zwingend den Anforderungen der GoB entsprechen, denn es wird nur die DV-Anwendung testiert unter der Voraussetzung ihres ordnungsmäßigen Einsatzes und nicht ihr tatsächlicher, individueller Einsatz im Unternehmen.

Wir haben festgestellt, daß aus Testaten manchmal nicht hervorgeht, auf welche Version der DV-Anwendung es sich bezieht, bzw. bei umfangreichen Anwendungen lediglich nur ausgewählte Konfigurationen geprüft wurden. Deshalb ist es durchaus sinnvoll, auch bei testierter Software das jeweilige Testat genauer zu untersuchen, um dessen Aussagekraft beurteilen zu können.

Prüfungsver-
merk

In Abgrenzung zum wollen wir hier noch den *Prüfungsvermerk* erwähnen. Hierbei kann es sich um eine Art Gutachten handeln, das bis zum Wortlaut einem Testat ähnlich gestaltet ist, jedoch ohne das Siegel eines Wirtschaftsprüfers. Prüfungsvermerke kann im Prinzip jeder erstellen, jedoch ist hierbei abhängig vom Gutachter durchaus die Qualität eines Testats erreichbar oder sogar zu übertreffen. Sicherheit gibt es jedoch hierbei nicht und zur Einstufung eines derartigen Prüfungsvermerks muß die Qualifikation und das Vorgehen des Gutachters mit einbezogen werden.

6.2   DV-Entwicklung – Modelle und Methoden

Im Rahmen der DV-Entwicklung sind eine Reihe von *Qualitätsmerkmalen* für DV-Anwendungen und die zugehörige Dokumentation kennzeichnend für die Qualität der Entwicklung (siehe folgende Tabelle).

DV-Anwendungen	Dokumentation
Anpaßbarkeit/Wartungsfreundlichkeit	Änderbarkeit
Benutzbarkeit/Ergonomie	Aktualität
Effizienz (Zeit, Speicher, u.ä.)	Verständlichkeit
Funktionsabdeckung	Vollständigkeit
Korrektheit	Einheitlichkeit
Portabilität	Widerspruchsfreiheit
Robustheit	Übersichtlichkeit
Sicherheit	Genauigkeit
Integrationsfähigkeit	Verfügbarkeit
Wiederverwendbarkeit	
Zuverlässigkeit	

Ziel der Qualitätssicherung ist es, einen möglichst hohen Grad an Erfüllung der Qualitätsmerkmale zu unterstützen. Die hierzu dienenden Qualitäts-Managementsysteme sind eng verbunden mit den *Vorgehensmodellen*, da die Maßnahmen zur Qualitätssicherung auf das Vorgehensmodell abstimmt sein sollten. Damit ist das Verständnis des Vorgehensmodells auch Voraussetzung für eine mögliche Beurteilung des Qualitäts-Managementsystems in dem Bereich.

**Das Vorge-
hensmodell
als Basis**

Je mehr man sich mit dem Vorgehensmodell auseinandersetzt, um so besser kann beurteilt werden, inwieweit das Qualitäts-Managementsystem das Vorgehensmodell unterstützt bzw. Schwachstellen des Vorgehensmodells kompensiert.

Vorgehensmodelle existieren in vielfältiger Form und jedes Vorgehensmodell verfügt wiederum über eigene Begrifflichkeiten, die anfangs verwirren können.

Unterschieden werden u.a. insbesondere folgende Typen von Vorgehensmodellen [31] (stark vereinfacht):

⇨ Wasserfallmodell
Der gesamte Entwicklungsprozeß wird in mehrere Phasen untergliedert. Eine Phase folgt strikt der vorhergehenden. Ein Verfahren zur Behandlung von Änderungen, die erst nach Abschluß einer Phase erforderlich werden, gibt es beim Wasserfallmodell nicht. Ebenso ist das Prototyping und das schrittweise Entwickeln von Anwendungen bei diesem Modell nicht vorgesehen.

⇨ Wasserfallmodell mit Rückkopplung
Das Modell basiert auf dem Wasserfallmodell und wird dadurch ergänzt, das bei späteren Änderungen und Fehlerbehebungen bis zu derjenigen Phase *zurückgegangen* wird, in der sich Änderung und Fehlerbehebung erstmals auswirken (z.B. Phase der fachlichen Konzeption bei einer Vorgabenänderung). Ausgehend von den Anpassungen in dieser Phase werden alle Phasen erneut durchlaufen.

⇨ Spiralphasenmodell
Bei diesem Modell werden die Phasen des Entwicklungsprozesses *mehrfach* durchlaufen. Anforderungen werden zusammen mit Alternativen und möglichen Einschränkungen identifiziert sowie anschließend bewertet. Diejenigen Teile werden festgelegt, die zuerst weiterzuentwickeln sind, so z.B. als Prototyp. Nach Abschluß der Entwicklung der festgelegten Teile werden die weiteren Phasen geplant und erneut die Anforderungen behandelt.

**Vielfalt statt
Standards**

Allen Vorgehensmodellen gemein ist die Einteilung der Entwicklung in verschiedene Phasen und die Festlegung der Phasenergebnisse. Wir haben in Bild 6.3 einige Bezeichnungen von Phasen verschiedenartiger Vorgehensmodelle zusammengestellt. Die Bezeichnung der Phasenergebnisse ist häufig identisch mit der Bezeichnung der Phase selbst:

Die Begriffe spiegeln eine Art babylonischer Sprachverwirrung wider. Scheinbar gleichlautende Bezeichnungen haben abweichende Bedeutung und selbst identische Begriffe müssen in den verschiedenen Vorgehensmodellen keineswegs auch eine identische Bedeutung haben. Deshalb ist die Dokumentation des Vorgehensmodells unverzichtbar.

Methoden im Vorgehensmodell

Innerhalb des Vorgehensmodells wird der Einsatz von Methoden für die einzelnen Phasen festgelegt und ggf. auch beschrieben. Werden bereits allgemein verbreitete und dokumentierte Methoden eingesetzt wie z.B. Entity-Relationship-Model, Information Engineering, Entscheidungstabellen usw., so kann in der Dokumentation des Vorgehensmodells lediglich darauf verwiesen werden, wenn die Methodendokumentation im Unternehmen verfügbar ist.

Bild 6.3: Phasenbezeichnungen

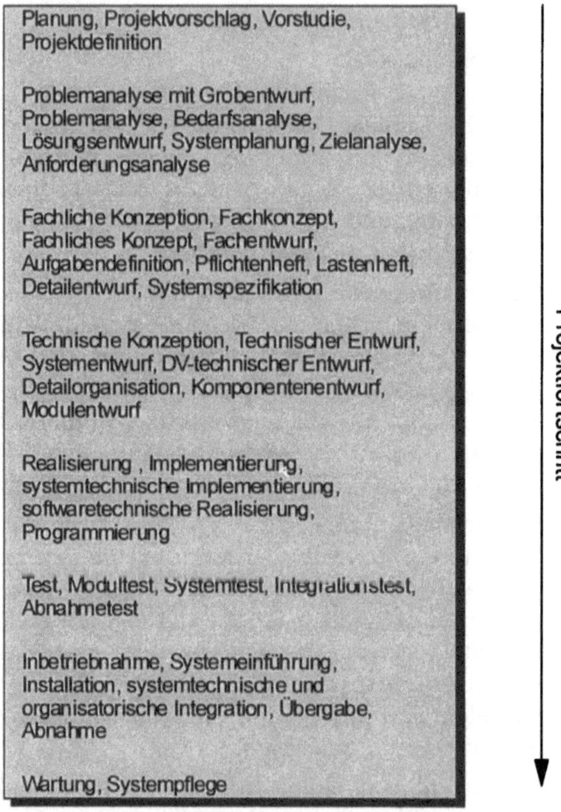

Weitere Bestandteile der Phasen im Vorgehensmodell sind auch Elemente des Qualitäts-Managementsystems. Die Aufgabe der Qualitätssicherung ist nicht nur auf das Kontrollieren von Endergebnissen beschränkt, sondern vielmehr darauf ausgerichtet, den gesamten Entwicklungsprozeß zu begleiten, den geeigneten Einsatz von Methoden zu unterstützen und ggf. zu optimieren, Qualitätsstandards zu definieren, Vorgaben für Arbeitsergebnisse und Arbeitsabläufe zu erarbeiten, mitzuarbeiten bei der Einführung solcher Standards sowie frühzeitig hinzuweisen auf die Möglichkeit entstehender Qualitätsmängel. Nur auf diese Weise kann die Qualitätssicherung präventiv wirken.

Qualitätssicherung in der DV-Entwicklung ist als Bestandteil des unternehmensweiten Qualitäts-Managementsystems zu sehen (siehe Bild 6.4). Darin eingebettet ist die Qualitätssicherung, die für alle Projekte, ein bestimmtes Projekt sowie für einzelne Phasen geplant und umgesetzt wird.

Bild 6.4:
Qualitätssicherung in der DV-Entwicklung

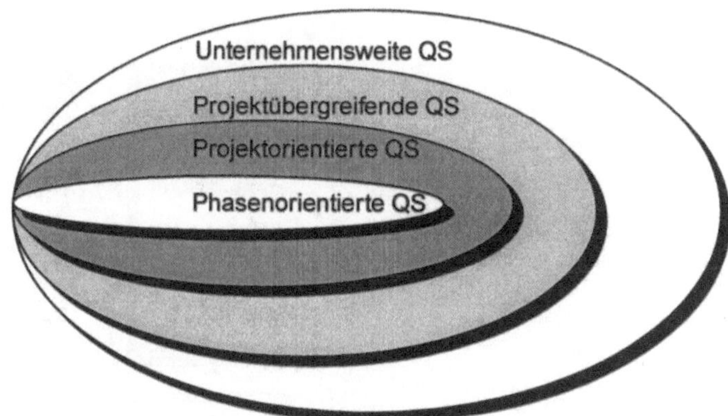

Die Dokumentation des Qualitäts-Managementsystems für die DV-Entwicklung kann in Form eines Qualitäts-Managementhandbuchs oder aber auch als Bestandteil der Dokumentation zum Vorgehensmodell vorhanden sein.

Konstruktive Maßnahmen

Im Rahmen der konstruktiven Qualitätssicherungsmaßnahmen ist mit dem Beauftragten für Qualitätssicherung spätestens vor Beginn einer Projektphase abzustimmen, wie und in welcher Form die Ergebnisse erarbeitet werden sollen. Dabei ist zu beachten, daß Qualitätsanforderungen aller vom Projekt betroffenen Bereiche (Fachabteilung, DV-Organisation, DV-Produktion) berücksichtigt werden und auch Maßnahmen festgelegt werden, die alle Bereiche einbinden und es ihnen ermöglicht, Ergebnisse zu überprüfen.

Existieren dokumentierte Standards im Unternehmen, sind im Rahmen der Abstimmung alle Abweichungen nachvollziehbar festzuhalten. Existieren noch keine Standards, so müssen die getroffenen Festlegungen dokumentiert werden, da diese als Basis für die analytischen Maßnahmen dienen.

Analytische Maßnahmen

Die Schwierigkeit von analytischen Qualitätssicherungsmaßnahmen in der DV beruht auf der Tatsache, daß viele Ergebnisse und Abläufe nicht meßbar sind und Ergebnisse demzufolge subjektiv beurteilt werden.

Als analytische Maßnahmen bieten sich im wesentlichen folgende 3 Gruppen an (siehe Bild 6.5):

⇨ Formale Prüfungen,
⇨ Reviews,
⇨ Tests.

Bild 6.5:
Einsatz analy-
tischer QS-
Maßnahmen

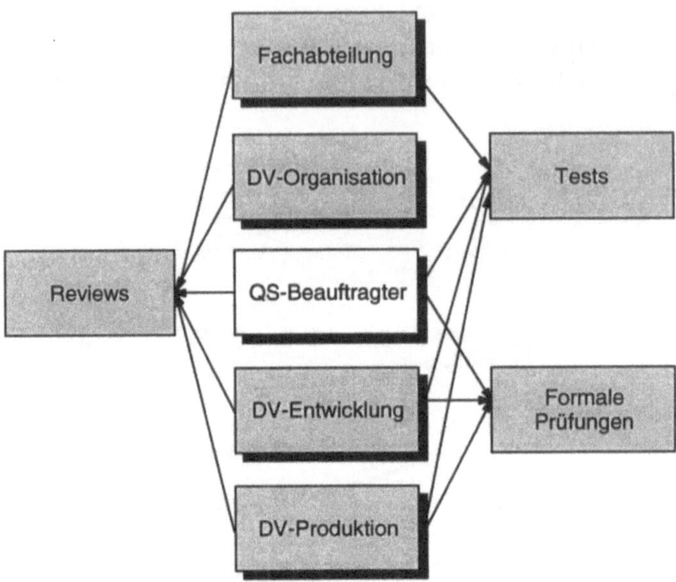

Die formalen Prüfungen können in Teilbereichen schon recht gut auto-
matisiert werden. Dies ist dort besonders dann möglich, wenn CASE-Um-
gebungen oder CASE-Werkzeuge eingesetzt werden. In der Regel kann
hier der QS-Beauftragte auf einen umfangreichen „Werkzeugkasten" zu-
rückgreifen.

In Anhang 7 haben wir einen Katalog von analytischen Qualitätssiche-
rungs-Maßnahmen zusammengestellt. Der *Einsatz* dieser Maßnahmen muß
nachvollziehbar dokumentiert werden, so z.B. in Protokollen oder Berichten des QS-Beauftragten. Ebenso sollte im Rahmen der Verfahren von
Freigaben, Änderungsanträgen und Problemmeldungen die Mitarbeit und
Stellungnahme eines QS-Beauftragten vorgesehen sein.

Kosten Quali-
tätssicherung

Qualitätssicherung in der DV-Entwicklung ist ein Kostenfaktor, der in der
Budgetierung der Projekte berücksichtigt werden sollte. Nach unseren Erfahrungen erscheint ein Anteil von 10 – 15% der Projektgesamtkosten für
Qualitätssicherung angemessen. Bedenkt man, daß die Behebung eines
Fehlers in der fachlichen Konzeption ein Vielfaches von einem Fehler in
der Programmierung kostet, wird man den Nutzen einer Qualitätssicherung
richtig einordnen können, deren Ziel es ist, Mängel so früh wie möglich
aufzuzeigen (siehe hierzu Bild 6.6 und Kapitel 7.1).

Bild 6.6:
Kosten Fehler-
behebung

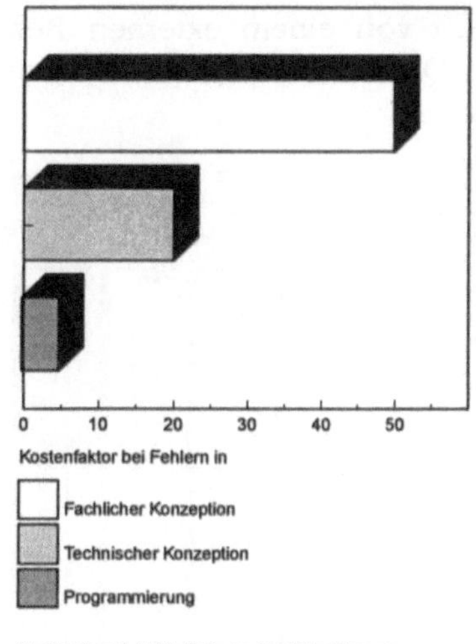

Quelle: Sneed, H.M.: Software Qualitätssicherung,
Verlagsgesellschaft Rudolf Müller GmbH Köln, 1988

Noch offensichtlicher wird der Nutzen der Qualitätssicherung in der Wartungsphase, für die in der Regel nochmals ein Budget in Höhe der Entwicklungskosten einzuplanen ist. Denn nur wenn die einleitend dargestellten Qualitätsmerkmale tatsächlich erfüllt werden, kann auch die Wartung kostengünstig und wirtschaftlich erfolgen.

6.3   Standardsoftware

Qualitäts-Managementsysteme wirken zusammen

Wir haben uns im vorhergehenden Kapitel allgemein mit der Qualitätssicherung im Bereich DV-Entwicklung befaßt.

Betrachten wir nun die spezifische Qualitätssicherung bei Standardsoftware, so sind dort eine Vielzahl von Aspekten zu berücksichtigen, die als Teilbereiche unterschiedlicher Qualitäts-Managementsystemen vorgefunden werden können (siehe Bild 6.7).

Qualitätssicherung bei Standardsoftware besteht im wesentlichen aus einem *Zusammenwirken* der Qualitäts-Managementsysteme beim

⇨ Hersteller,

⇨ Prüfer / Gutachter (für den Fall, daß die Software testiert, zertifiziert wird o.ä.),

⇨ Anwender.

Sollte sich der Anwender bei der Auswahl und Installation der Standardsoftware noch von einem externen Berater unterstützen lassen, so hat auch dessen Qualitäts-Managementsystem Einfluß auf die gesamte Qualitätssicherung.

Bild 6.7:
Qualitätssicherung bei Standardsoftware

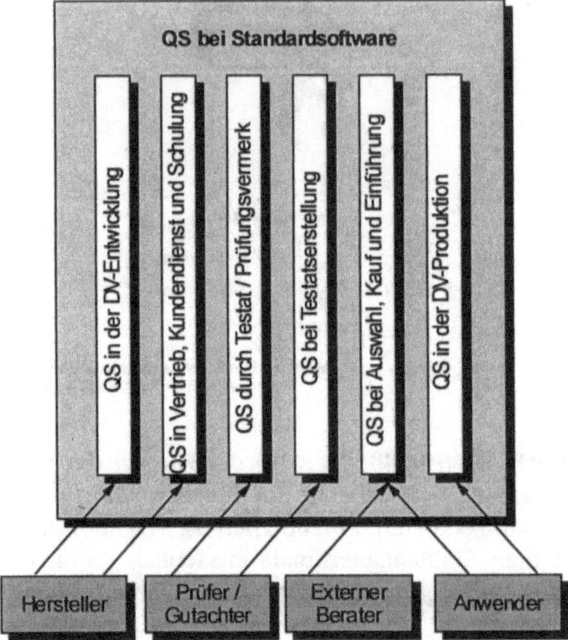

Das Zusammenwirken der Qualitäts-Managementsysteme wird dort ersichtlich, wo Qualitätsmerkmale nicht im erwarteten Maß erfüllt werden. Gehen wir z.B. von einer zuverlässigen und anerkannt guten Standardsoftware aus, so ergeben sich Reibungspunkte bei

⇨ unüberlegter Auswahl (z.B. wegen unvollständiger Definition der Anforderungen),

⇨ unzureichender Schulung,

⇨ unvollständiger Einführung (z.B. wegen fehlender Anpassungen),

⇨ störanfälliger DV-Produktion (z.B. wegen unzureichender Schulung).

Wir wollen in diesem Kapitel erneut unser Augenmerk auf die Bedeutung von *Testaten* als Qualitätssicherungsmaßnahme richten, da sich hierbei häufig ein interessantes Aufgabengebiet für den Prüfer ergibt.

Häufig wird die Erstellung eines Testats erst nach Fertigstellung der Software beauftragt, so daß wir in solchen Fällen eine Qualitätsprüfung durchführen. Erheblich einfacher und günstiger wäre es, wenn die Testatsvorbereitung bereits im Rahmen einer Qualitätssicherung aufsetzen könnte, wie wir sie in Kapitel 6.2 erläutert haben.

Grundlagen zur Beurteilung von Standardsoftware sind zunächst Kriterienkataloge, die spezifische Anforderungen des Unternehmens an Funktionalität, systemtechnische Rahmenbedingungen, Hersteller usw. beschreiben. Da derartige Anforderungen auch bei Migrationen zu berücksichtigen sind, wollen wir uns mit diesen Aspekten erst im folgenden Kapitel befassen.

Hier möchten wir dagegen Beurteilungsgrundlagen betrachten, die sich an Richtlinien und Empfehlungen orientieren, die wir bereits in Kapitel 2 kennengelernt und auch in unserem Arbeitsplan in Anhang 4 dargestellt haben. Aus diesen Richtlinien und Empfehlungen ergeben sich uns bereits bekannte Anforderungen als Qualitätsmerkmale:

⇨ Belegbarkeit,
⇨ Vollständigkeit,
⇨ Richtigkeit,
⇨ Zeitgerechtigkeit,
⇨ Klarheit,
⇨ Verfügbarkeit / Sicherheit und
⇨ Nachvollziehbarkeit.

Bild 6.8:
Software-Beurteilungsmatrix

Software-Beurteilungsmatrix Ordnungsmäßigkeit

	Basisdokumentation	Dokumentation Anpassungen	Ein-/Ausgabe Datenorganisation	Sicherheitskonzept	Schnittstellen	Testergebnisse
Vollständigkeit	✓	✓	✓	✓	✓	✓
Richtigkeit	✓	✓	✓	✓	✓	✓
Zeitgerechtigkeit					✓	✓
Klarheit	✓	✓	✓	✓	✓	✓
Belegbarkeit			✓	✓	✓	✓
Verfügbarkeit Sicherheit			✓	✓	✓	✓
Nachvollziehbarkeit Prüfbarkeit	✓	✓	✓	✓	✓	✓

✓ Matrixelemente anwendbar

Diese Qualitätsmerkmale bauen auf denjenigen auf, die wir in Kapitel 6.2 im Bereich der DV-Entwicklung angesprochen haben.

Die Beurteilung gliedert sich in einen technischen Bereich, der sich mit Dokumentation, Datenorganisation, Funktionalität, Sicherheit usw. befaßt sowie in einen fachlichen Bereich, der mittels Testdaten und Testgeschäftsvorfällen die Verarbeitung der Software überprüft.

Das Ergebnis dieser Beurteilung kann in einer Software-Beurteilungsmatrix (siehe Bild 6.8) zusammengefaßt werden, wobei die Qualitätsmerkmale von den Anforderungen der GoB abgeleitet und die untersuchten Bereiche hieran „gemessen" werden. Anstatt einer beispielhaften Beurteilung haben wir in der Matrix schematisch dargestellt, welche Qualitätsmerkmale für welche zu untersuchenden Bereiche anwendbar sind.

Die Erstellung von Testaten wird in dem Maße einfacher, wie das Qualitäts-Managementsystem des Herstellers diesbezügliche Anforderungen als Qualitätsanforderungen mit aufnimmt und umsetzt. Häufig werden bei der Erstellung des Testats Mängel im Qualitäts-Managementsystem der Herstellers offengelegt, in dem z.B. Dokumentationsteile nachgefordert oder Sicherheitskonzepte erweitert werden müssen.

Qualitäts-management von Testaten

Damit die Qualität eines Testats oder Prüfungsvermerks beurteilt werden kann, ist es erforderlich, im Vorfeld die Grundlagen und das Vorgehen in einer Form zu beschreiben, daß es nachvollziehbar und nachprüfbar macht. Auch eine derartige Beschreibung kann in ein Qualitäts-Managementhandbuch für die Erstellung von Testaten integriert werden, wobei folgende Themen zu behandeln sind:

⇨ Qualitätsziele und Qualitätsmerkmale,

⇨ Organisation und Zuständigkeiten,

⇨ Arbeitsplan,

⇨ Verfahren zu Spezifizierung der testierten Software,
  - Version,
  - Komponenten,
  - Generierung,
  - Umgebung,

⇨ Kriterien für die Beurteilung von
  - Basisdokumentation und Dokumentation der Anpassungen,
  - Datenein- / -ausgabe, Datenorganisation,
  - Sicherheitskonzept,
  - Schnittstellen,

⇨ Kriterien zum Aufbau von
  - Testdatenbeständen,
  - Testgeschäftsvorfällen,

⇨ Aufbau Testat / Prüfungsvermerk,

⇨ Testatserteilung,

⇨ Diverse Checklisten.

Neben dem Aspekt der Qualitätssicherung versetzt das Qualitäts-Managementhandbuch den Prüfer insgesamt in die Lage, Testate und Prüfungsvermerke schneller, wirtschaftlicher und mit höherer Aussagekraft als ohne eine derartige Vorgabe zu erstellen.

6.4   Migration – Neue DV-Landschaften entstehen

Wir haben uns in den vorangegangenen Kapitel mit Qualitätssicherung in der DV-Entwicklung und im Bereich Standardsoftware beschäftigt. Nun betrachten wir einen Bereich, in dem alle bisherigen Aspekte zu berücksichtigen sind, die *Migration*.

Migration als unendliche Geschichte

Unter dem Begriff Migration wird eine Vielzahl von verschiedenartigen Vorhaben in einem Unternehmen zusammengefaßt, so kann sich hinter einem Migrationsprojekt verbergen:

⇨ Wechsel oder Upgrade der Systembasis (Hardware, Betriebssystem, Datenbank, usw.),

⇨ Wechsel oder Upgrade von Standardsoftware bzw. einzelnen Komponenten,

⇨ Wechsel oder Erweiterung von Individualsoftware bzw. einzelnen Komponenten,

⇨ Outsourcing.

Die Migration stellt einen an sich normalen Vorgang in der DV-Historie eines Unternehmens dar. Auf den ersten Blick wirkt ein derartiges Vorhaben lediglich als technischer Vorgang, denn häufig werden für die Migration unterschiedliche *Werkzeuge* angeboten und die jeweiligen SW-/HW-Hersteller sprechen gern von Routinearbeiten. Doch entwickeln sich häufig hieraus ein oder auch mehrere komplexe Projekte. Dazu führen Überlegungen, die in der Regel beginnen mit: Wenn wir bei der Migration ohnehin schon alles anfassen, sollten wir dann nicht

⇨ doch einige Teile der bisherigen Anwendung weiter benutzen,

⇨ einige Komponenten neu überdenken,

⇨ Funktionen, die wir wegen anderen Prioritäten zurückgestellt haben, nun auch in Angriff nehmen,

⇨ liegengebliebene Problemmeldungen und Änderungsanträge bearbeiten,

⇨ die eine oder andere Schnittstelle erweitern, hinzufügen, ...

⇨ Daten bereinigen,

⇨ Anwendungen unter einer einheitlichen Oberfläche integrieren,

⇨ Arbeitsabläufe überdenken,

⇨ die DV-Ausstattung der Abteilung XY verbessern,

⇨ alles vernetzen usw.

So oder ähnlich fängt in der Regel die unendliche Geschichte der Migrationen an, die für so manches Unternehmen auch zur unendlichen Geschichte wird mit allen negativen Konsequenzen [37]. Aus einem „technischen Vorgang" entstehen DV- und Organisationsprojekte, denn eine 1:1-Migration trifft bei den Verantwortlichen häufig auf wenig Gegenliebe. Ein solches Vorgehen wird als Unterbrechung des Software-Life-Cycles für den Zeitraum der Migration empfunden und droht dadurch unangenehme Konsequenzen zu haben:

⇨ Weiterentwicklungen werden vorübergehend gestoppt,

⇨ Der Anwendungsstau wächst verstärkt,

⇨ Änderungswünsche der Anwender bleiben vorerst liegen,

⇨ Flexible Reaktionen auf Wettbewerbsanforderungen werden erschwert,

⇨ Negative betriebswirtschaftliche Auswirkungen entstehen,

⇨ Imageverlust intern wie extern ist zu befürchten.

Die unendliche Geschichte muß jedoch kein Naturgesetz sein, sondern derartige Vorhaben sind durch den konsequenten Einsatz neuer Methoden und Vorgehensweisen insbesondere auch durch ein wirkungsvolles Qualitäts-Managementsystem in den Griff zu bekommen.

Migration mit Neukonzeption

Die Lösung, alles neu zu machen, erscheint – abgesehen von vielen Aufgabenstellungen der Betriebswirtschaft, in denen Standardsoftware zum Einsatz kommen kann – oft nicht als gangbarer Weg. Das immense Expertenwissen, daß sich im Laufe der Historie dieser Anwendungen in ausgefeilter Funktionalität niedergeschlagen hat, ist bei einer Neukonzeption auf der „grünen Wiese" schwer zu berücksichtigen oder neu zu erdenken.

Bild 6.9:
Migration als komplexes Vorhaben

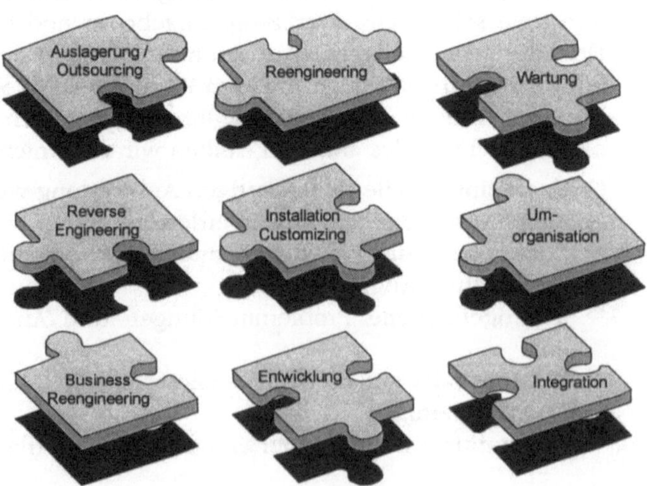

Wen wundert es da, daß nach solchen Erwägungen ein *goldener Mittelweg* angestrebt wird, der die Vorteile von 1:1-Migration und Neukonzeption verbinden und ein Risiko möglichst minimieren soll. Die Herausforderung besteht nun darin, gemeinsam mit dem QS-Beauftragten eine akzeptable Lösung für die wesentlichen Migrationsprobleme zu finden:

⇨ Mangelnde Kenntnis der Altanwendungen,

⇨ Behandlung veralteter technischer und fachlicher Konzepte,

⇨ Festlegung der passenden Migrationsstrategie,

⇨ Berücksichtigung von Abhängigkeiten zwischen Anwendungen, falls Teilbereiche nacheinander migriert werden,

⇨ Festlegung der Übergangsstrategie,
    Sukzessiver Übergang mit Parallelbetrieb und Anforderungen wie:
    ▫ Abgleich von Alt- und Neudaten,
    ▫ Ermittlung von Konvertierungs- und Rekonvertierungsregeln,
    ▫ Ad hoc Übergang („Big Bang") mit Fallback-Möglichkeiten usw.

Teilprojekte der Migration
Der angestrebte Mittelweg erfordert einen detaillierten Plan für eine methodisch und technisch unterstützte Migration mit Neukonzeption, die aus vielen Teilprojekten bestehen kann (siehe Bild 6.9).

Die organisatorischen Maßnahmen / Teilprojekte können von einer Umorganisation über Auslagerung der DV (Outsourcing) bis hin zur Restrukturierung des Unternehmens (Business Reengineering) reichen.

Bei den DV-Projekten können die Aktivitäten Installation und Anpassung (Customizing) von Standardsoftware umfassen, Entwicklungs- und Wartungarbeiten an eigenerstellten Anwendungen, Restrukturierung (Reengineering), Nachdokumentation und Nachmodellierung (Reverse Engineering) von Altanwendungen sowie die Integration der gesamten DV-Landschaft.

Wichtige Fragestellungen und Probleme, die im Rahmen der verschiedenen Migrations-Bereiche (Individual- und Standardsoftware, Outsourcing) zu berücksichtigen sind, haben wir in Anhang 7 aufgeführt. Daraus ergibt sich, daß auch das Qualitäts-Managementsystem hier ansetzen muß durch Festlegung von konstruktiven QS-Maßnahmen (Umfang abhängig vom Migrationsvorhaben) für:

⇨ Behandlung der Ist-Situation (Altanwendungen sowie veraltete technische und fachliche Konzepte),

⇨ Definition der Soll-Situation,

⇨ Festlegung der passenden Migrations- und Übergangsstrategie ggf. mit Alternativen,

⇨ Berücksichtigung von Abhängigkeiten, falls stufenweise migriert wird,

⇨ Auswahl von Standardsoftware inkl. Installation und Einführung

⇒ Auswahl Outsourcing-Unternehmen,

⇒ Planung,

⇒ Wirtschaftlichkeitsbetrachtungen,

⇒ Organisatorische Maßnahmen,

⇒ Festlegung Vorgehensmodelle, Methoden und Werkzeuge, Qualitätssicherungsplan.

Für den Prüfer ergeben sich als mögliche Aufgabenstellungen Untersuchungen, inwieweit Migrationsvorhaben klar definiert und abgegrenzt sind und inwieweit das Qualitäts-Managementsystem Anteil an solchen Vorhaben hat bzw. welche QS-Maßnahmen eingeplant sind und tatsächlich durchgeführt werden.

6.5   Ergebnis: Synergieeffekt DV-Revision und Qualitätssicherung

Wir haben in diesem Kapitel gesehen, welche große Bedeutung das Qualitäts-Managementsystem im Unternehmen hat und daß es in seinem komplexen Zusammenwirken einen wesentlichen Beitrag zur Ordnungsmäßigkeit der DV darstellt.

Abgrenzung

DV-Revision und Qualitätssicherung haben als eigenständige Bereiche ihre Existenzberechtigung. Sie

⇒ sind keine Konkurrenten im Unternehmen,

⇒ decken teilweise unterschiedliche Bereiche ab (Qualitätssicherung erstreckt sich auch auf Bereiche, die von der Revision nicht betrachtet werden),

⇒ verfolgen teilweise unterschiedliche Ziele,

⇒ haben ein abweichendes Vorgehen (Stichprobe ⇔ Kontinuität),

⇒ haben andere Wirkung (DV-Revision wirkt nach innen, Qualitätssicherung wirkt zusätzlich nach außen: vgl. Zertifizierung nach DIN ISO 9001 ff.),

⇒ prüfen und kontrollieren sich gegenseitig,

⇒ können sich nicht gegenseitig ersetzen,

⇒ ergänzen einander.

Insbesondere der Aspekt, daß DV-Revision und Qualitätssicherung auch gegenseitig als Prüf- und Kontrollinstanz tätig sein können (siehe Bild 6.10), zeigt uns, daß ein Unternehmen sehr wohl Nutzen ziehen kann aus der Existenz beider Instanzen.

Synergieeffekt Revision und QS

Aus der Zusammenarbeit ergibt sich für das Unternehmen ein positiver Synergieeffekt. Dieser Synergieeffekt kommt jedoch nur dort zustande, wo anstelle einer Koexistenz ohne Berührungspunkte ein intensives Zusammenwirken vorliegt. So kann die Qualitätssicherung das Qualitäts-Managementsystem des Unternehmens auf die DV-Revision ausdehnen, während umgekehrt die DV-Revision das Qualitäts-Managementsystem zu den Prüfungsbereichen zählt.

Die daraus entstehenden Feststellungen und Empfehlungen sowie deren Umsetzung können insgesamt wertvolle Hilfen für das Unternehmen darstellen.

Bild 6.10:
Zusammenwir-
ken Revision
und QS

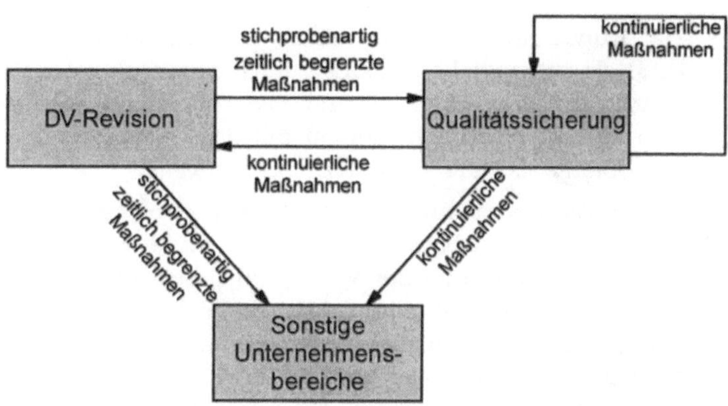

7   DV-Controlling – Wirtschaftlichkeit als Prüfungsobjekt

Nach unserem Exkurs im letzten Kapitel, der uns die Qualitätssicherung (QS) als wesentlichen Faktor zur Unterstützung der Rahmenbedingungen ordnungsmäßiger und sicherer DV vor Augen geführt hat, kommen wir nun zu einem Bereich, der oft mit der QS gemeinsam genannt wird: das Controlling als Garant für *Wirtschaftlichkeit.*

Wechselbeziehung zwischen Rahmenbedingungen, QS und Wirtschaftlichkeit

In der Tat gibt es auch hier eine wechselseitige Beziehung: Wie wir noch sehen werden, können qualitätssichernde Maßnahmen durchaus ihren Beitrag zur Erhöhung der Wirtschaftlichkeit leisten und werden somit zum Thema des DV-Controllings. Umgekehrt bestimmt aber auch das DV-Controlling und die von ihm vertretene Wirtschaftlichkeit, wie weit sich QS bewegen darf und sollte und wo ihre Grenzen liegen. Wir haben es so mit einem Wechselspiel zu tun, das wir dem Fortgang unserer Betrachtungen entsprechend einordnen (siehe Bild 7.1).

Ähnlich gelagert ist der Sachverhalt in Bezug auf das Zusammenwirken vom Controlling und die dadurch bestimmte Wirtschaftlichkeit einerseits sowie den Rahmenbedingungen der Ordnungsmäßigkeit und Sicherheit andererseits. Auch in diesem Fall bestehen vergleichbare Wechselbeziehungen: Art und Umfang der genannten Rahmenbedingungen sind von Auswirkung auf ihre Wirtschaftlichkeit, umgekehrt ist die Wirtschaftlichkeit in der Regel ein wesentlicher Bestimmungsfaktor dafür, wie weit Maßnahmen zur Sicherstellung von Ordnungsmäßigkeit und Sicherheit der DV im Unternehmen vorangetrieben werden.

Bild 7.1:
Einordnung
Kapitel 7

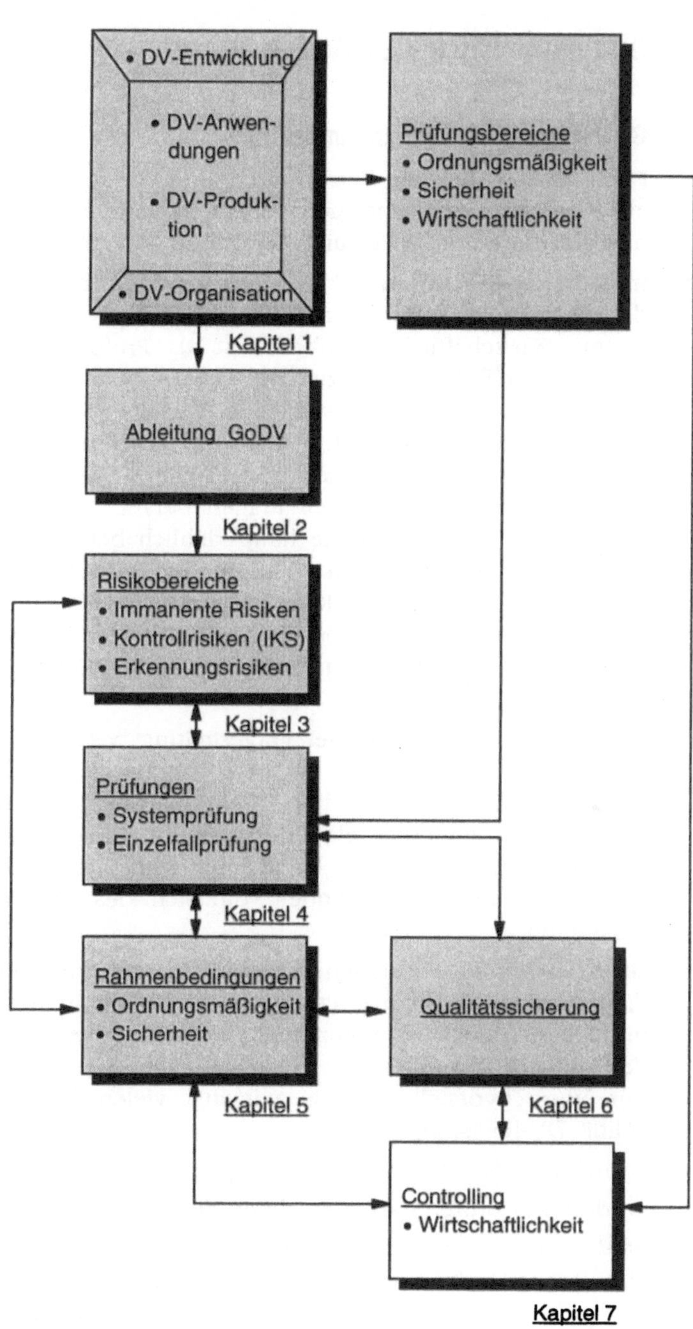

7.1   DV-Controlling und DV-Revision

Gegensatz oder Gemeinsamkeiten?

Nach unserer früheren Betrachtung von Ordnungsmäßigkeit und Sicherheit als zwei zusammengehörigen Bereichen der DV-Revision wenden wir uns nun also dem dritten Prüfungsbereich zu – der Wirtschaftlichkeit.

Wer prüft die Wirtschaftlich-keit der DV?

Im Zusammenhang mit DV-Revision und Wirtschaftlichkeit stellen sich in der Regel verschiedene Fragen. Zunächst gilt es im Unternehmen, das Thema Wirtschaftlichkeit überhaupt als Prüfungsbereich und damit als Aufgabe der DV-Revision zu akzeptieren – wie wir schon in Kapitel 1 gezeigt haben, läßt sich das allerdings leicht begründen. Ein bestimmter Kreis von Prüfern wird sich dennoch mit den hier auftretenden Fragen kaum beschäftigen: so sind die in Kapitel 1.3 erwähnten externen Prüfer zumeist weniger mit solchen Fragen befaßt, sondern konzentrieren sich stattdessen mehr auf die sie hauptsächlich betreffenden Fragen der *Ordnungsmäßigkeit* von ihnen zu prüfender Bereiche. Das trifft z.B. auf die meisten DV-Prüfungen im Rahmen von Jahresabschlußprüfungen zu – wie wir schon bei der Systemprüfung in Kapitel 4.1 festgestellt haben, ist die Wirtschaftlichkeit in einem solchen Zusammenhang weit weniger das Thema.

So müssen es schon mit der Fragestellung besonders beauftragte externe Prüfer sein, wenn sie sich, etwa im Auftrag der Geschäftsleitung, mit Fragen der Wirtschaftlichkeit des DV-Einsatzes befassen. Das dürfte allerdings häufig nicht eindeutig als Prüfungsauftrag im Sinne der von uns betrachteten DV-Revision zu bezeichnen sein, da es sich in der Regel um Beratungsunternehmen handelt, die sich des Themas Wirtschaftlichkeit annehmen.

„Alibi"-Revision fehl am Platz

Bleibt somit als wesentliche beteiligte Instanz die interne DV-Revision – dafür ist jedoch Voraussetzung, daß man sie an das Thema „heranläßt" und sie sich auch als kompetent genug erwiesen hat, für alle Mitwirkenden ein ernstzunehmender Gesprächspartner zu sein – leider oft genug nur Wunschvorstellung, wie wir aus vielen Praxisfällen wissen. Eine „Alibi"-DV-Revision, die

➪ nicht prüfen *darf*, weil keine negativen Ergebnisse erwünscht sind oder

➪ die zwar prüfen darf, aber deren Ergebnisse *ignoriert* werden,

wird sich im Bereich der Wirtschaftlichkeit sicherlich noch schwerer tun als z.B. bei Themen der Ordnungsmäßigkeit.

Auf die Frage nach der Wirtschaftlichkeit als Prüfungsbereich der DV-Revision antworten wir deshalb zwar mit einem unmißverständlichen „ja, unbedingt", müssen uns aber der Einschränkungen bezüglich des in Frage kommenden Personenkreises, der Anforderungen an die Prüfer, deren Selbstverständnis und auch deren „Standing" im Unternehmen bewußt sein.

Controlling vs. Revision

Eine weitere Frage, die sich im Zusammenhang mit dem letzten von uns betrachteten Prüfungsbereich stellt, ist die Frage nach der Überschneidung der DV-Revision mit Tätigkeiten eines möglicherweise vorhandenen DV-Controllings. Auch die Arbeit eines Controllers wird häufig nur mit „Kontrolle" gleichgesetzt – damit derselben Tätigkeitsbeschreibung also, die nur allzu oft dem Revisor zugedacht ist. Daß solche Vereinfachungen und Pauschalierungen in der Regel zu völlig falschen Bildern der Tätigkeiten beider Personengruppen führen, wissen wir ebenfalls aus umfangreichen eigenen Erfahrungen. Es muß kaum erwähnt werden, daß auch beide Personengruppen in Unternehmen mit einem derartigen Verständnis ein echtes „Schattendasein" fristen – falls man sie *überhaupt* installiert hat, um vielleicht ausreichend „modern" in den eigenen Unternehmensstrukturen zu erscheinen. In einem solchen Fall kann man getrost davon ausgehen, daß sowohl DV-Revision als auch DV-Controlling gleichermaßen eher als Behinderung denn als wirksames Hilfsinstrument des Unternehmens mit entsprechender Akzeptanz eingestuft wird. Beide Personenkreise werden so zur Aufsicht degradiert und nicht als Dienstleister verstanden.

Mehr Gemeinsamkeiten als Gegensätze

Wie unterscheidet sich nun aber der DV-Controller vom DV-Revisor? Wir unterstellen in beiden Fällen den Idealtypus, der allerdings auch „ernstgemeint" sein muß im Unternehmen – anders sind derartige Einordnungen und Tätigkeitsinhalte nicht in der Unternehmenspraxis umsetzbar.

Beide brauchen sicherlich eine kritische Sicht der Dinge, und das im gesamten Bereich der anstehenden DV-Aktivitäten. Werfen wir vor einer genaueren Antwort einen Blick auf jene Bereiche, die wir in den vorhergehenden Kapiteln noch weitgehend außen vor gelassen haben.

Wenn wir bisher die DV und ihre Komponenten betrachtet haben, geschah das vorrangig in Hinblick auf den statischen Aufbau, wie z.B. in Bild 1.2 dargestellt. Aus der Sicht der DV-Aktivitäten ergibt sich demgegenüber eine weiterreichende Betrachtung, wenn man sie auf vier Ebenen verteilt sieht: DV-Aktivitäten im Kontext (siehe Bild 7.2).

Da wir schlanke Organisationsstrukturen im Rahmen einer „lean production" auch im von uns untersuchten DV-Bereich befürworten, sollen die vier Ebenen lediglich in funktionaler Sicht gesehen werden, nicht dagegen als hierarchische Struktur:

⇨ die *strategische* Ebene,
⇨ die *konzeptionelle* Ebene,
⇨ die *dispositive* Ebene und
⇨ die *operative* Ebene.

Bild 7.2:
DV-Aktivitäten
im Kontext

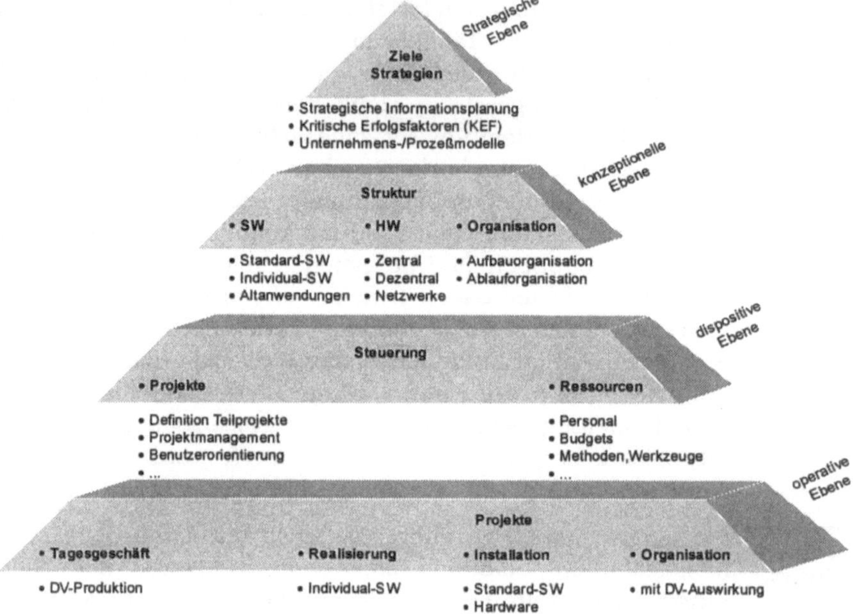

Quelle: Kontext Beratungs- und Prüfungsgesellschaft
für EDV-Systeme mbH, Anzing

Während in der *strategischen* Ebene die Unternehmensziele und -strategien festgelegt werden, die für den Ausbau der gesamten DV wesentlich sind, entscheidet sich in der *konzeptionellen* Ebene, welche organisatorische Struktur, welche Hardware- und welche Software-Struktur hieraus folgen. In der *dispositiven* Ebene werden DV-Projekte und Ressourcen gesteuert, die aus den Unternehmenszielen und der konzeptionellen Ebene resultieren. In der vierten und letzten, der operativen Ebene schließlich, werden die Projekte und das Tagesgeschäft abgewickelt.

Warum betrachten wir diese Aufteilung der DV-Aktivitäten? Weil sich die Tätigkeit des DV-Controllers wie auch die des DV-Revisors letztlich mit allen Ebenen der DV-Vorhaben und des DV-Geschehens befassen muß, wenn nicht wesentliche Bereiche ausgelassen werden sollen. Die Tätigkeit des DV-Controllers als Dienstleister und aktiv Mitgestaltender in der Unternehmens-DV bedingt eine Mitwirkung in allen Ebenen der DV-Aktivitäten.

Auch der DV-Revisor muß dasselbe Spektrum aus Prüfungssicht abdecken, dennoch bestehen gewisse Unterschiede zum DV-Controller. Wie wir in Bild 7.3 sehen, sollte der Controller eben nicht nur „Kontrolleur" und Aufsichtsinstanz sein, sondern vielmehr auch mitwirken und beraten bei der Planung und Steuerung, der Gewinnung und Bereitstellung von Informationen, der Analyse von Abweichungen. In allen genannten Bereichen ist er selbst im *Tagesgeschäft* aktiv tätig. Die als *direkter Regelkreis* bis hin zu erneuter Planung und Steuerung wirkende Kette von Tätigkeiten vollzieht sich von der strategischen bis zur operativen Ebene, sofern die Aufgaben richtig verstanden und auch ausgeübt werden.

Bild 7.3:
DV-Revision
und DV-Controlling

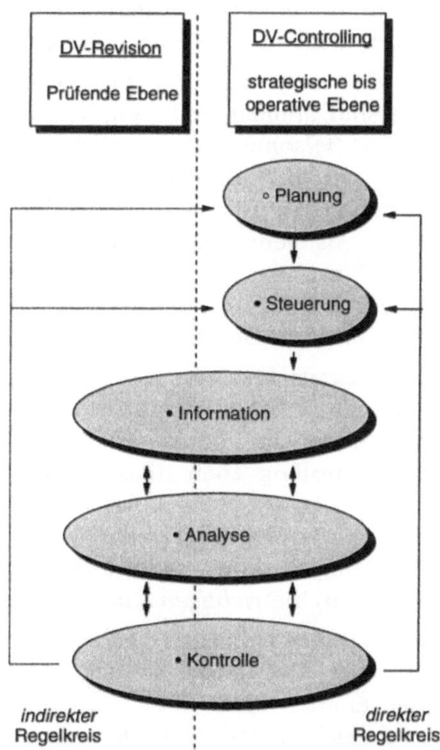

Auch der DV-Revisor sollte sich auf all diesen Ebenen bewegen, allerdings überwiegend *stichprobenhaft* prüfen und dabei auch die Tätigkeit des DV-Controllers mit einbeziehen. Zielkonflikte entstehen bei derartigem Verständnis sicherlich dann, wenn die Revision dem Controlling auch disziplinarisch zugeordnet ist, was wir gelegentlich vorfinden und im Sinne einer klaren Funktionstrennung für keine gute Lösung halten. Während das Controlling im Tagesgeschäft aktiv mitwirkt, sollte die Revision unabhängig und nur indirekt tätig sein: über analysierende und kontrollierende Funktionen sowie daraus gewonnene Prüfungsergebnisse.

Der DV-Revisor muß somit in einem *indirekten Regelkreis* ebenfalls auf das Tagesgeschäft und die darüberliegenden Ebenen einwirken, obwohl er mehr als der DV-Controller *außerhalb* steht, allerdings mit ähnlichen Zielen und Verhaltensweisen.

Eine Einbindung der Revision in das Tagesgeschäft ist unbedingt zu vermeiden.

Wenn wir auch das gelegentlich vorfinden, handelt es sich selbst dabei in der Regel nur um eine andere Variante des Sachverhalts, daß echte Revision in dem betreffenden Unternehmen nicht wirklich gewünscht ist, sondern dort vielmehr „Papiertiger" bevorzugt werden.

Umfassende Qualifikation erforderlich

Nicht nur die Ziele und Verhaltensweisen von DV-Revision und DV-Controlling sind ähnlich zu sehen, sondern auch die spezifischen Fähigkeiten beider Personengruppen sind vergleichbar, wenn sie erfolgreich sind: So wie wir den Tausendsassa in der DV-Revision in Kapitel 1.4 beschrieben haben, genauso sollte auch der erfolgreiche DV-Controller ausgestattet sein. Als Generalist und Spezialist in einer Person bedarf er breitgestreuter Fähigkeiten und Kenntnisse, sollte sich als Betriebswirt verstehen, in hohem Maße DV-Spezialist sein und ebenfalls die Anforderungen der Revision und des Gesetzgebers hinreichend kennen [38].

Zwei Blickwinkel mit gleichem Ziel

Was folgert daraus für unsere beiden Spezies? Beide müssen auf eines achten: daß die richtigen Dinge in der Unternehmens-DV getan werden. Wenn verschiedentlich heute ein Wandel vom analytischen zum konstruktiven Controlling auch in der DV konstatiert wird, wobei der ursprüngliche Effizienzgedanke einer Effektivitätsbetrachtung weicht [39], so sind wir selbst der Meinung, daß beides zu berücksichtigen ist: im Regelkreis des „richtigen" Tuns müssen DV-Controlling wie auch DV-Revision sicherstellen, daß die *richtigen Dinge richtig getan werden* (siehe Bild 7.4).

Verbunden mit einem solchen „Rightsizing" von DV-Aktivitäten ist die Notwendigkeit, sich Gedanken um den Sinn der Aktivitäten in allen angesprochenen Ebenen unter Berücksichtigung des Nutzens für unser Unternehmen zu machen. DV-Controller wie auch DV-Revisor müssen das *gemeinsam* sicherstellen, wobei jeder seine spezifischen Ansatzpunkte verfolgt. Ergebnis des „richtigen" Tuns sollte weiterhin auch die bisher schwerpunktmäßig betrachtete Ordnungsmäßigkeit der DV und ihre Sicherheit sein.

So betrachtet kann die DV-Revision auf der Basis ihrer Prüfungshandlungen auch zur Voraussetzung für ein effektives DV-Controlling werden, das auf einer transparenten, ordnungsmäßigen und sicheren DV aufsetzt [29].

Bild 7.4:
Regelkreis
„Richtiges" Tun

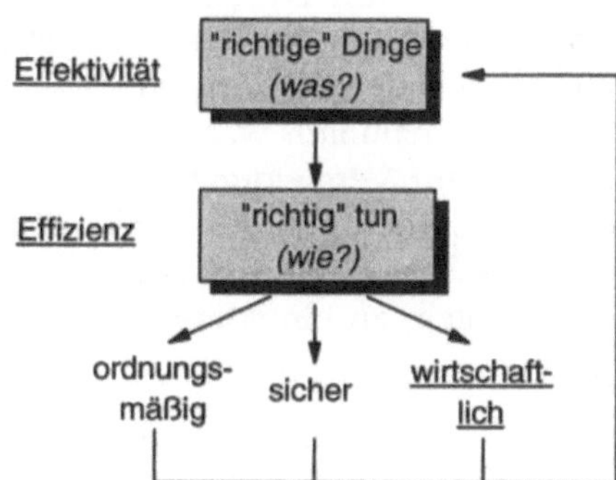

Da der DV-Controller als Teil des Unternehmens-Controllings insbesondere die finanziellen Auswirkungen von DV-Aktivitäten auf den Unternehmenserfolg zu berücksichtigen hat, steht bei ihm die Wirtschaftlichkeit als Ergebnis des „richtigen" Tuns im Mittelpunkt, sicherlich mehr noch als beispielsweise die Ordnungsmäßigkeit. Andere Sachverhalte als die Wirtschaftlichkeit, die Ordnungsmäßigkeit oder die Sicherheit als das Ergebnis eines „Rightsizing" von DV-Aktivitäten sind dagegen auch beim DV-Controller kaum zu erwarten, da systembedingt andere Aspekte (wie z.B. moralisches Handeln oder ähnliches) selten eine Rolle spielen werden.

Weitere Beteiligte

In unserer bisherigen Betrachtung des Zusammenspiels von DV-Revision und DV-Controlling im Kontext der Wirtschaftlichkeit der DV konnten wir die gesamte Unternehmens-DV einschließen, also sowohl DV-Entwicklung, -Organisation als auch -Produktion.

Engen wir unseren Blickwinkel auf den Schwerpunkt der DV-Entwicklung ein, kommen weitere Beteiligte hinzu, deren Zusammenwirken wir in der DV-Revision kennen müssen und auch richtig einschätzen sollten.

In Bild 7.5 sind die für die Wirtschaftlichkeit von DV-Projekten maßgeblichen Beteiligten zusammengestellt. Wir werden neben den Projektmitarbeitern im günstigsten Fall antreffen:

⇨ Projektmanagement,
⇨ Qualitätssicherung (QS) und
⇨ Controlling.

Ein spezifisches Projekt-Controlling kann neben einem Unternehmens-Controlling und/oder einem DV-Controlling durchaus noch zusätzlich vorhanden sein – etwa für den Bereich von Großprojekten eine sehr sinnvolle Konstruktion.

Durch die Notwendigkeit, auch komplexe Anwendungen wirtschaftlich zu erstellen und gleichzeitig deren Wartbarkeit gewährleisten zu müssen, sind die Aufgaben von DV-Controlling und QS gleichermaßen dem Aufgabenbereich eines erfolgreichen *Projektmanagements* zuzuordnen. Die Aufgaben müssen in kleineren Projekten vom Projektmanager bzw. Projektleiter in Personalunion wahrgenommen werden, während in größeren Projekten auch zur Vermeidung von Ziel- und Interessenkonflikten unterschiedliche Personen mit der Wahrnehmung solcher Aufgaben betraut werden sollten. Die DV-Revision hat den gesamten Aufgabenbereich kritisch zu betrachten, zu hinterfragen und auf eventuelle Fehlentwicklungen hinzuweisen.

Bild 7.5:
DV-Entwicklung: Revision und Beteiligte

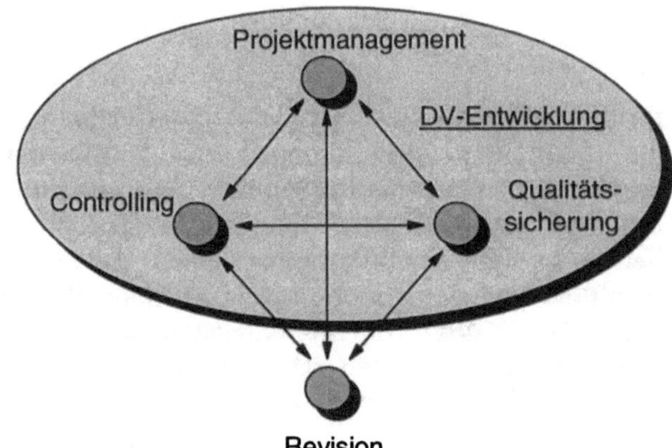

Während wir uns in der obigen Betrachtung lediglich mit dem Zusammenspiel von DV-Revisor und DV-Controller befaßt haben, wollen wir im Bereich der DV-Entwicklung ebenfalls das Projektmanagement sowie nochmals die QS erwähnen, mit denen wir uns als DV-Revision auch in Fragen der Wirtschaftlichkeit von DV-Projekten auseinanderzusetzen haben.

Wie wir im Kapitel 6 gesehen haben, kann die QS durchaus unterstützend tätig sein in Hinblick auf unsere Anforderungen an *Ordnungsmäßigkeit und Sicherheit* – QS in der DV-Entwicklung kann so gesehen auch eine Erleichterung der Prüfungstätigkeit bedeuten. Darüber hinaus muß uns ebenfalls bewußt sein, daß auch ihr Beitrag zur Sicherstellung der *Wirtschaftlichkeit* nicht minder bedeutungsvoll ist.

Zusammenspiel Revision, Controlling, QS

Wie die QS haben wir auch das DV-Controlling als in unserem Sinne wirkend eingestuft – ebenfalls im Prüfungsbereich Wirtschaftlichkeit. So gesehen ist demzufolge nicht nur das Verhältnis zwischen DV-Revision und QS von erheblicher Bedeutung, sondern ebenfalls das zwischen *QS und DV-Controlling*.

Wir werden bei einer derartigen Fragestellung vielleicht früher oder später mit einem Thema konfrontiert, das die vermeintlichen und tatsächlichen

Konfliktpunkte dieser Personengruppen betrifft. Da sich die eine Seite mit Qualität befaßt und hohe Qualität in der Regel zwar mit hohem Nutzen, aber auch hohen Kosten gleichgesetzt wird, stößt man manchmal auf die Meinung, QS und Controlling seien „natürliche" Gegenspieler und die Tätigkeiten dürften keinesfalls in Personalunion durch ein- und dieselbe Person ausgeübt werden. Da wir uns als DV-Revision mit beiden Seiten eng verbunden fühlen müssen, denn beide Seiten vertreten Interessen unserer Prüfungsbereiche, sollten wir uns im Zusammenhang mit dem Thema Wirtschaftlichkeit auch dazu eine Meinung bilden.

Abgesehen davon, daß wir ohnehin kaum glauben, daß DV-Controlling und ernstzunehmende QS allzu oft von einer Person ausgeübt werden – sind doch die erforderlichen Qualifikationen und Persönlichkeitsmerkmale beider Tätigkeiten in der Praxis zu unterschiedlich – sollte sich das Problem unserer Auffassung nach in der angesprochenen Form kaum ergeben.

Bild 7.6:
Gegenspieler
Controlling /
QS?

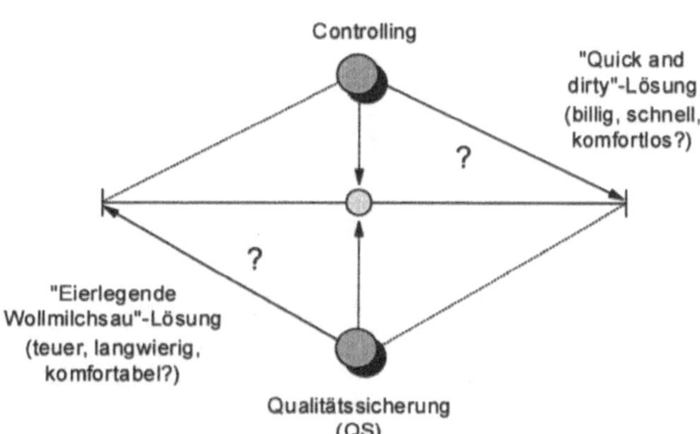

QS und Controlling haben wir in Bild 7.6 so dargestellt, wie sie vereinfacht als Gegenspieler gesehen werden: Die eine Seite, das DV-Controlling, das als Hauptziel die Kostenbegrenzung und Wirtschaftlichkeit hat und damit tendenziell in Richtung auf eine „billige" Lösung hinarbeitet. Demgegenüber die andere Seite, die QS, die eine qualitativ hochwertige und damit zwangsläufig auch „teuere" Lösung verfolgt. Ist eine derartige Einschätzung tendenziell zu bejahen oder stellt sie vielleicht eher eine „Milchmädchenrechnung" dar?

Betrachtet man das in Bild 7.6 dargestellte „Kräfteparallelogramm", so ist unschwer zu erkennen, daß selbst unter Berücksichtigung nur der „physikalischen" Kräfte beide Tendenzen auf eine Kompromißlösung hinzielen, die in der Mitte beider Extreme liegt. Doch mehr noch: Verantwortungsbewußten DV-Controllern wie auch Mitarbeitern in der QS sollte ein Zusammenhang klar sein, den wir in Bild 7.7 dargestellt haben.

Wie uns die Erfahrung lehrt, kommen sogenannte „Quick-and-dirty"-Lösungen in der Praxis häufig teurer als qualitativ hochwertigere Ansätze: Durch vermeidbare Doppelarbeiten, Kostenverlagerungen von der Entwicklung in die Wartung, erforderliche Neuentwicklungen aufgrund von Wegwerf-Lösungen, durch mangelnde Konzeption und Tragfähigkeit solcher vermeintlich günstigen Alternativen werden nur allzuoft erhebliche Folgekosten ausgelöst, die zu insgesamt erheblichen teureren Lösungen führen. Mehr Qualität ermöglicht bis zu einem bestimmten Punkt tendenziell geringere Kosten, was auch die Alltagserfahrung in der DV bestätigt. Erst danach entsteht durch ein Mehr an Qualität auch ein Mehr an Kosten – wie weit das im Unternehmen zugelassen wird, ist vom Einzelfall abhängig. Tendenziell können wir aber sagen, daß DV-Controlling und QS, die sich der Zusammenhänge bewußt sind, sich bis zu einem gemeinsamen Punkt bewegen werden, der eine hinreichende Qualität der DV-Entwicklung einerseits bei vertretbaren Kosten andererseits beinhaltet.

Bild 7.7:
Sicht auf Qualität und Kosten

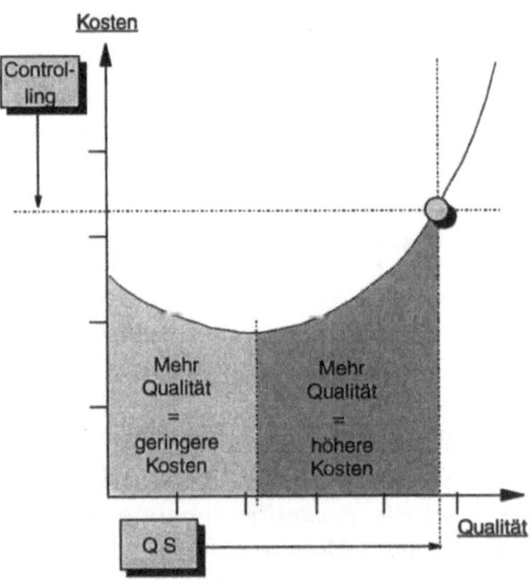

So gesehen handelt es sich bei DV-Controlling und QS nicht um Gegenspieler, sondern vielmehr um Instanzen, die wie wir aus Sicht der DV-Revision gleichermaßen die Punkte Qualität und Kosten/Nutzen berücksichtigen werden, d.h. letztlich ebenfalls Ordnungsmäßigkeit, Sicherheit und Wirtschaftlichkeit zu vertreten haben.

Vor dieser Notwendigkeit gehen die Aufgaben von DV-Controlling und QS ineinander über, weswegen wir sie gleichermaßen bereits dem Aufgabenbereich des Projektmanagements zugeordnet haben. Wir sehen somit weitere Gründe, warum die DV-Revision das gesamte Zusammenspiel der Beteiligten kritisch betrachten und hinterfragen sowie eventuelle Fehlentwicklungen im Blick behalten muß.

7.2   Sein oder Schein: Die Wirtschaftlichkeit der DV

Die Legitimation dafür, Wirtschaftlichkeit als dritten Bereich der DV-Revision zuzuordnen, ergibt sich, wie wir gesehen haben, aus ihrer Steuerungsfunktion im Rahmen des Regelkreises von DV-Aktivitäten. Aus dem ökonomischen Vernunftprinzip resultierend übernimmt die Wirtschaftlichkeit damit eine wesentliche Rolle bei der Festlegung der für unser Unternehmen richtigen Handlungsweisen im DV-Bereich.

DV als Inbegriff für Wirtschaftlichkeit?

Wie kann der DV-Controller in seiner Rolle als aktiv Mitwirkender und der DV-Revisor als Instanz der Prüfungsebene die Wirtschaftlichkeit von DV-Vorhaben sicherstellen? Die Frage als solche ist vergleichsweise neu, galt doch die DV *selbst* bis vor einigen Jahren noch unumstritten als Garant für Rationalisierungseffekte und damit auch der Wirtschaftlichkeit *an sich* und war somit über alle kritischen Fragen in dieser Richtung oder gar Zweifel erhaben.

Mittlerweile können wir von vornherein nicht mehr derart sicher sein und müssen ein DV-Controlling oder auch Anwendungs-Controlling als in höchstem Maß erforderlich einstufen, sind wir doch im Bereich der DV-Entwicklung häufig genug auf Vorhaben gestoßen, die alles andere als wirtschaftlich oder gar rationalisierend gewirkt haben.

DV nicht mehr über Zweifel erhaben

War es sicherlich lange Zeit für alle Beteiligten in der DV sehr bequem, auf kritisches Hinterfragen und hinterfragt werden verzichten zu können, muß man doch erkennen, daß sich in der technologisch neuen „Nische" häufig mehr Schein als Sein in Bezug auf Notwendigkeit und Wirtschaftlichkeit von DV-Vorhaben und -Aktivitäten herausbilden konnten. Daß dies in den letzten Jahren merklich anders geworden ist, liegt an zunehmend kritischer werdender Betrachtung der DV und ihrer Ergebnisse bei Verantwortlichen und Anwendern – wo auch nur mit Wasser gekocht wird, und das oft mit nur recht lauem, war es lediglich eine Frage der Zeit, bis selbst der Bereich der DV einer nüchternen Bestandsaufnahme unterzogen werden mußte.

7.2.1   Die „klassische" Wirtschaftlichkeitsbetrachtung

Was bedeutet Wirtschaftlichkeit in der DV? Bevor wir uns der Frage näher zuwenden, bedarf es einer kurzen Betrachtung des Begriffs der Wirtschaftlichkeit und ihrer Bedeutung in der Betriebswirtschaft.

Wie wir bereits in Kapitel 1.2 angedeutet haben, steht hinter dem Begriff ein angestrebtes optimales Verhältnis von eingesetzten Mitteln und dem damit erzielten Ergebnis. Das *Wirtschaftlichkeitsprinzip* wird aus einer solchen Definition heraus auch als „ökonomisches Prinzip", als „Sparprinzip" oder „Rational- bzw. Vernunftprinzip" bezeichnet.

Rechnerische Darstellung des Wirtschaftlichkeitsprinzips

Bei der rechnerischen Ermittlung der Wirtschaftlichkeit wird häufig ein *wertmäßiger* und ein *mengenmäßiger* Ansatz unterschieden, der wie folgt formelmäßig dargestellt werden kann:

$$\Rightarrow \textit{wertmäßige Wirtschaftlichkeit} = \frac{\text{Ertrag}}{\text{Aufwand}}$$

$$\Rightarrow \textit{mengenmäßige Wirtschaftlichkeit} = \frac{\text{Output}}{\text{Input}} = \text{Produktivität}$$

Bei dem in der wertmäßigen Wirtschaftlichkeit verwendeten Begriff des *Ertrags* handelt es sich um die betriebswirtschaftliche Größe des Betriebsertrags, also denjenigen Ertrag, den unser Unternehmen aus seiner normalen betrieblichen Tätigkeit erzielt (im Gegensatz zum neutralen Ertrag aufgrund betriebsfremder oder außerordentlicher Geschäftsvorfälle) und den es im Rahmen seiner Gewinn- und Verlustrechnung (GuV) ansetzt.

Der *Aufwand* als Gegenbegriff zum Ertrag bezeichnet demgegenüber den ebenfalls in der GuV-Rechnung wirksamen Werteverbrauch resultierend aus der normalen betrieblichen Tätigkeit des Unternehmens ohne außerordentliche oder betriebsfremde Aufwendungen.

Produktivität und Wirtschaftlichkeit

Die mengenmäßige Wirtschaftlichkeit ist in ihrer Definition identisch mit der Ableitung des Begriffs der *Produktivität*, die das Verhältnis der erzielten Leistungsmenge zur Einsatzmenge betrachtet, also allgemein die Relation Output zu Input [40]. Zu beachten ist, daß die Produktivität noch nichts über die Wirtschaftlichkeit aussagt, solange keine wertmäßigen Angaben zusätzlich möglich sind. Wenn z.B. eine hohe Produktivität zu einem hohen mengenmäßigen Output führt, der jedoch nicht entsprechend verwendet werden kann und damit auch nicht zu einem erwarteten Ertrag führt, ist eine Wirtschaftlichkeit im wertmäßigen Sinne nicht gegeben.

Wir wollen im folgenden eine derartige Sicht als die „klassische" Wirtschaftlichkeitsbetrachtung bezeichnen, deren Zusammenhänge und wesentlichste Verfahren wir in Bild 7.8 zusammengestellt haben.

Aufgrund der bei Betrachtung wirtschaftlichen Handels vorausgesetzten Knappheit der eingesetzten Mittel können im Rahmen der Wirtschaftlichkeit drei Prinzipien unterschieden werden:

⇨ Minimalprinzip,
⇨ Maximalprinzip,
⇨ Optimalprinzip.

Bild 7.8:
„Klassische"
Wirtschaftlichkeit

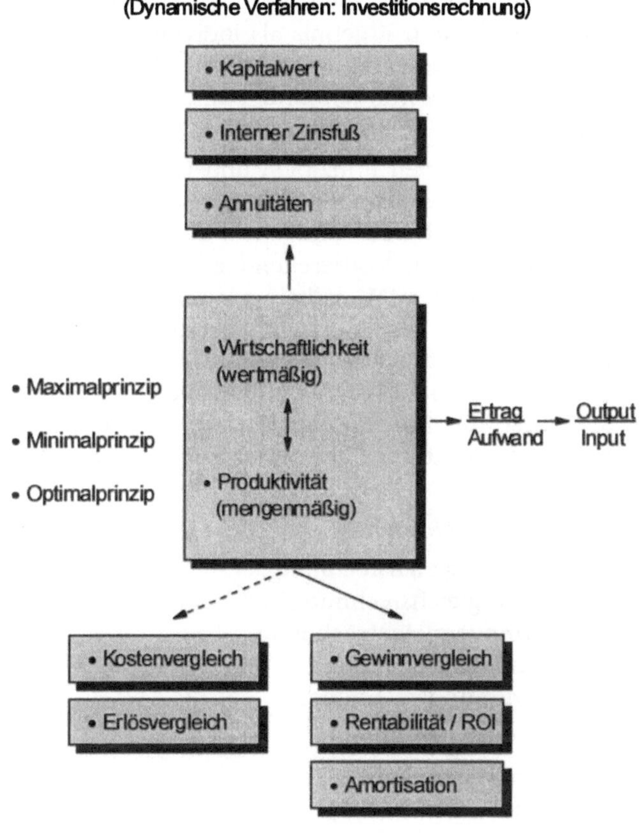

Bei allen Prinzipien steht jeweils die Relation eingesetzter Mittel zu erzieltem Ergebnis im Vordergrund. Während beim *Maximalprinzip* mit einer
bestimmten Menge eingesetzter Mittel das bestmögliche, maximale Ergebnis erzielt werden soll, geht das *Minimalprinzip* umgekehrt von einem
bestimmten Ergebnis aus, das mit dem geringstmöglichen, dem minimalen
Mitteleinsatz zu erzielen ist.

Das Optimalprinzip als Weiterentwicklung

Während beide Prinzipien die „Urformen" wirtschaftlichen Handels darstellen, kann man das *Optimalprinzip* als eine Art Weiterentwicklung der
ersten Ansätze ansehen. Hintergrund für eine derartige Weiterentwicklung
ist die Erkenntnis, daß in vielen Fällen zu einfach strukturierte Maximalbzw. Minimalprinzipien den tatsächlichen Anforderungen einer komplexen
Umwelt nicht gerecht werden können. Aus solcher Einsicht resultier-

end betrachtet das Optimalprinzip den Einsatz von Mitteln im Verhältnis zum erreichbaren Ergebnis als individuell zu optimieren, um das günstigste Wirkungsverhältnis zu erzielen – ein Sachverhalt, den wir im täglichen Leben häufig vorfinden und den wir dort schlicht als *Kompromiß* bezeichnen.

Statische und dynamische Rechenverfahren

Abgeleitet aus den Prinzipien und Überlegungen finden wir verschiedene Rechenverfahren, die im Rahmen der klassischen Wirtschaftlichkeitsbetrachtung üblich sind und auch durchaus betriebswirtschaftlich sinnvolle Aussagen liefern. Vorbereitend auf unsere Fragestellung nach der Wirtschaftlichkeit der DV sollten wir uns aus Sicht der DV-Revision mit den wesentlichsten Verfahren grob vertraut machen, die wir in *statische* Verfahren einerseits sowie *dynamische* Verfahren andererseits einteilen können. Die dynamischen Verfahren werden häufig auch den traditionellen Methoden der *Investitionsrechnung* zugeordnet, sind aber von uns ebenfalls im Kontext der klassischen Verfahren der Wirtschaftlichkeitsrechnung zu sehen.

Statische Verfahren:

⇨ Kostenvergleichsrechnung,
⇨ Erlösvergleichsrechnung,
⇨ Gewinnvergleichsrechnung,
⇨ Rentabilitätsrechnung,
⇨ Amortisationsrechnung,

Dynamische Verfahren:

⇨ Kapitalwertmethode,
⇨ Interner Zinsfuß,
⇨ Annuitätsmethode.

Als Vorteile der statischen Verfahren werden ihre relativ einfache Handhabung, die leicht verständlichen Kennzahlen sowie der geringe Aufwand für die Beschaffung der Informationen genannt [40]. Von Nachteil sind demgegenüber die mangelnde Berücksichtigung von zeitlichen Abläufen der erfolgenden Zahlungsströme sowie der Nutzungsdauer von Investitionsgütern.

Der Vorteil der dynamischen Verfahren liegt insbesondere in der Berücksichtigung des Zeitfaktors bei Zahlungsströmen sowie der Vergleichbarkeit von Investitionsvorhaben. Als nachteilig erscheinen demgegenüber die zugrundeliegenden finanzmathematischen Annahmen, die höhere Komplexität der Verfahren sowie die mangelnde Berücksichtigung des Investitionsvolumens.

Kostenvergleichsrechnung

Bei dem ersten aufzuführenden „statischen" Verfahren werden lediglich die Kosten verschiedener Investitionsvorhaben miteinander verglichen.

Unter *Kosten* werden solche im betriebswirtschaftlichen Sinne verstanden, d.h. dem bewerteten Verzehr von Gütern und Dienstleistungen im Rahmen der betrieblichen Leistungserstellung.

Wird statt der Kosten der betriebliche *Aufwand* angesetzt, also diejenige Größe, die wir bereits bei der Definition der Wirtschaftlichkeit angetroffen haben, kann anstelle einer Kostenvergleichsrechnung mit derselben Berechtigung auch eine Aufwandsvergleichsrechnung durchgeführt werden, wenn es sinnvoll erscheint. Will man weder Kosten noch den Aufwand im betriebswirtschaftlichen Sinne miteinander vergleichen, kann man stattdessen auch einen Vergleich der *Ausgaben* vornehmen. Hier werden dann lediglich die reinen Zahlungsvorgänge in Verbindung mit einer Investition betrachtet, erweitert um Kreditvorgänge (Schuldenzu- und Forderungsabgänge).

Häufig angewandt wird die Kostenvergleichsrechnung bei Ersatzinvestitionen, d.h. es werden die Kosten bestehender sowie neuer Verfahren gegenübergestellt und in der Regel die vermiedenen Kosten bei einer Alternative im Vergleich zur anderen betrachtet.

Verfahren beliebt trotz fehlender Faktoren

Da in einem solchen Fall Kapitaleinsatz sowie Erträge unberücksichtigt bleiben, handelt es sich gemäß unserer Definition eigentlich *nicht* wirklich um ein Verfahren der Wirtschaftlichkeitsrechnung. Es müssen zur Gewinnung richtiger Aussagen gleiche Verhältnisse bei den unterschiedlichen Alternativen im Bereich von Kapitaleinsatz und Erträgen unterstellt werden, wenn wir dennoch Aussagen zur Wirtschaftlichkeit ableiten wollen. Aufgrund der einfachen Rechenbarkeit erfreut sich das Verfahren jedoch in der Regel erheblicher Beliebtheit und ist häufig anzutreffen im Rahmen von Wirtschaftlichkeitsbetrachtungen, so daß wir es auch in diesem Kontext aufführen.

Erlösvergleichsrechnung

Ebenfalls keine „echte" Wirtschaftlichkeitsrechnung

Die Erlösvergleichsrechnung stellt im Gegensatz zur Kostenvergleichsrechnung lediglich auf die geldlichen Gegenwerte der verkauften Leistungen ab, wobei im betriebswirtschaftlichen Verständnis die *Erlöse* auch häufig mit den Umsatzerlösen gleichgesetzt werden. Beim Erlösvergleich mehrerer Investitionsalternativen bleibt die Kosten- bzw. Aufwandsseite unberücksichtigt.

Wenn es sinnvoll erscheint, kann anstelle des Erlöses auch mit den betriebswirtschaftlichen Größen des *Ertrags* oder der *Leistungen* gearbeitet werden. Während wir den Ertrag bei der Definition der Wirtschaftlichkeit bereits angetroffen haben, handelt es sich bei den Leistungen um das betriebswirtschaftliche Gegenstück zu den Kosten, in dem Fall also den Wertzuwachs als Ergebnis der betrieblichen Tätigkeit.

Eine weitere Unterscheidung der obigen Begriffe ist an dieser Stelle nicht erforderlich, da sie für das Verständnis des zugrundeliegenden Ansatzes unwesentlich ist. Weil die Verfahren wie die vorhergehenden jedoch lediglich nur *eine* Seite betrachten, stufen wir auch sie nicht als Wirtschaftlichkeitsrechnungen im engeren Sinne unserer Definition ein und erwähnen sie deshalb nur der Vollständigkeit halber.

Gewinnvergleichsrechnung

Mehr Faktoren werden berücksichtigt

Eine Erweiterung im Vergleich zu den vorher betrachteten Rechenverfahren stellt demgegenüber die Gewinnvergleichsrechnung dar. Die Betriebswirtschaft versteht unter dem *Gewinn* die Differenz zwischen Aufwand und Ertrag, also Größen, denen wir bereits bei der Definition der Wirtschaftlichkeit begegnet sind. Bei der Höhe des Gewinns spielen im Rahmen der Aufwandsseite auch die zuvor behandelten Kosten eine Rolle.

Da beide Seiten, nämlich Aufwand *und* Ertrag in die Betrachtung einfließen, können wir auch eine Einstufung als Verfahren der Wirtschaftlichkeitsrechnung gemäß unserer Definition vornehmen.

Die Gewinnvergleichsrechnung berücksichtigt zwar keinen Kaptaleinsatz und damit auch keine Rentabilität, kann aber z.B. für Erweiterungsinvestitionen durchaus angewandt werden, sofern eine Zurechnung der erzielten Gewinne zu den einzelnen Vorhaben möglich ist.

Rentabilitätsrechnung

Mehr als die zuvor beschriebenen Verfahren ist die Rentabilitätsrechnung geeignet, Aussagen zu Investitionsvorhaben im Sinne einer „echten" Wirtschaftlichkeitsbetrachtung gemäß unserer obigen Definition zu machen.

Die Rentabilität R eines Mitteleinsatzes (Kapital) in Prozent bemißt sich nach der Formel

$$\Rightarrow R(\%) = \frac{Gewinn \times 100}{Eingesetztes\ Kapital}$$

Durch Erweiterung um die Größe des Umsatzes läßt sich aus der Rentabilität der *Return of Investment (ROI)* ableiten. Der so errechnete Prozentsatz gibt Auskunft über den „Umschlag" des investierten Kapitals und kann dadurch ebenfalls Steuerungsfunktion bezüglich getätigter Investitionen übernehmen.

Eine „richtige" Wirtschaftlichkeitsrechnung

In die Rechenverfahren fließen sowohl Kosten als auch Erlöse über die Größe des Gewinns ein, weiterhin das eingesetzte Kapital – unserer formelmäßigen Ableitung der *Wirtschaftlichkeit* aus Ertrag und Aufwand kann auf die Weise betriebswirtschaftlich voll entsprochen werden.

Aus einer Reihe möglicher Investitionen lassen sich mit den Verfahren Rangfolgen aufgrund der Rentabilität und des ROI aufstellen, wodurch das optimale oder sogar maximale Verhältnis von Mitteleinsatz und Ergebnis vergleichsweise leicht bestimmt werden kann. Die Verfahren werden in der Regel bei Rationalisierungs- oder Erweiterungsinvestitionen angewandt, Voraussetzung ist auch hier die Zurechenbarkeit des Gewinns sowie der eingesetzten Kapitalbeträge zu den einzelnen Investitionsvorhaben.

Amortisationsrechnung

Als letztes der klassischen und statischen Verfahren soll die Amortisationsrechnung kurz gestreift werden. Die auch als *Pay-back* oder Rückzahlungsmethode bezeichnete Betrachtungsweise weist gewisse Ähnlichkeiten mit dem bereits oben aufgeführten ROI auf. Im Gegensatz zum dort ermittelten Prozentsatz ergibt sich die Amortisation einer Investition bzw. die Kapitalrückflußdauer jedoch als Rückzahlungszeitraum Z gemäß der Formel

$$\Rightarrow Z \ (\text{Anzahl Jahre}) = \frac{\text{Investitionsbetrag}}{\text{jährlicher Rückfluß}}$$

wobei der Rückfluß z.B. eine Kostenersparnis bei einer Rationalisierungsinvestition oder ein zusätzlicher Gewinn bei einer Erweiterungsinvestition sein kann.

Aussage zur Rentabilität nicht möglich

Eine Aussage über die Rentabilität einer Investition ist auch mit Hilfe eines solchen Rechenverfahrens nicht möglich, wohl aber stellt es eine wichtige Hilfsrechnung für die Berücksichtigung der Unsicherheit bei Investitionsentscheidungen dar.

Kapitalwertmethode

Die Kapitalwertmethode als erste zu nennende „dynamische" Wirtschaftlichkeitsbetrachtung wird auch als *Diskontierungs-* oder *Barwertverfahren* bezeichnet. Sie errechnet einen Kapitalwert aus der Summe aller auf einen bestimmten Zeitpunkt mit einem Kalkulationszinsfuß diskontierten (abgezinsten) Ein- und Auszahlungen.

Verfahren erfordern Finanzmathematik

Ein Kapitalwert, der gleich Null oder positiv ist, zeigt, daß die jeweilige Investition positiv zu beurteilen ist, da der zugrundegelegte Kalkulationszinsfuß erreicht oder überschritten wird. Die Vergleichbarkeit verschiedener Investitionsvorhaben wird auf die Weise mit finanzmathematischen Mitteln erreicht, die auch noch relativ leicht anwendbar sind.

Interner Zinsfuß

Die Methode des internen Zinsfußes geht man im Gegensatz zum vorhergehenden Verfahren nicht von einem gegebenen Kalkulationszinsfuß aus, sondern errechnet vielmehr als Ergebnis einen *Diskontierungszinsfuß* (interner Zinsfuß), zu dem der Kapitalwert gleich Null wird, d.h. die Barwerte aller Ein- und Auszahlungen gleich groß sind.

Auch dies finanzmathematische Verfahren ermöglicht eine Vergleichbarkeit mehrerer Investitionsvorhaben, indem es für jedes einzelne seinen spezifischen internen Zinsfuß ermittelt und das Vorhaben mit dem höchsten internen Zinsfuß als das vorteilhafteste ausweist.

Annuitätsmethode

Die Annuitätsmethode als letztes der von uns betrachteten „dynamischen" und klassischen Verfahren der Wirtschaftlichkeitsrechnung stellt eine finanzmathematische *Umformung* der Kapitalwertmethode dar. Sie kann als die gebräuchlichste der traditionellen Methoden der Investitionsrechnung angesehen werden.

Bei dem Verfahren werden durchschnittliche periodenmäßige Ein- und Auszahlungen eines Investitionsvorhabens miteinander verglichen. Das finanzmathematische Verfahren wird häufig für Ersatzinvestitionen angewandt, da es noch unter Restriktionen einsetzbar ist, bei denen die Kapitalwertmethode sowie die des internen Zinsfußes nur eingeschränkt brauchbar sind.

Alle von uns im vorhergehenden aufgeführten und als klassische Wirtschaftlichkeitsbetrachtungen eingestufte Verfahren haben eines gemeinsam: Sie befassen sich im wesentlichen mit einem *monetären* Mitteleinsatz und einem ebensolchen Ergebnis. Lediglich die Produktivität als mengenmäßige Ausprägung der Wirtschaftlichkeit, bei der eine Einsatzmenge (Input) in Relation zu einer Leistungsmenge (Output) gesetzt wird, kann uns bei nicht monetären Fragestellungen weiterhelfen.

Für unsere Untersuchung der Wirtschaftlichkeit der DV aus Sicht der DV-Revision müssen wir uns demzufolge fragen: Reicht uns der Ansatz der klassischen Wirtschaftlichkeitsbetrachtung zur Lösung unserer Aufgabenstellung? Ohne etwas vorwegnehmen zu wollen – wie wir sehen werden, nein.

*Für die Belange der DV reicht die klassische Wirtschaftlichkeitsbetrachtung häufig **nicht** aus.*

7.2.2   Die „erweiterte" Wirtschaftlichkeitsbetrachtung

Häufig treffen wir auf Fragestellungen, die im Zusammenhang mit dem „Nutzen" einer Sache gestellt werden und nicht damit zu beantworten sind, wieviel Geld es uns kostet oder bringt. Ein solcher subjektiver Nutzen einer Sache kann oft nur dadurch eingeschätzt werden, daß man sich klar wird über den Grad der Bedürfnisse, die mit der Sache befriedigt werden.

Während die Betriebswirtschaft lange Zeit eine solche Betrachtung vernachlässigte und sich mit klassischer Wirtschaftlichkeit befaßte, wurde demgegenüber in der Volkswirtschaftstheorie bereits früh mit dem Nutzenbegriff im Zusammenhang mit individuellen und kollektiven Bedürfnissen und deren Auswirkung auf gesamtwirtschaftliche Vorgänge gearbeitet. Auch die Betrachtung von Zusammenhängen zwischen Kosten und Nutzen wurde zunächst durch die „Cost-Benefit-Analysis" bekannt, bei der gesamtwirtschaftliche Effizienz im Zusammenhang mit öffentlichen Infrastruktur-Maßnahmen im Vordergrund stand.

Daß außer monetären Vorgängen noch etwas anderes wie z.B. der erwähnte *Nutzen* von Bedeutung auch für betriebswirtschaftliche Fragestellungen sein könnte, setzte sich als Erkenntnis erst relativ spät durch. Eine zunehmende Anzahl von Fragestellungen in unserer komplexer werdenden Umwelt führen auch im Unternehmen dazu, daß mit der klassischen Betrachtungsweise erzielte Ergebnisse unzutreffend sind oder aber die Methode gar nicht erst anwendbar ist. Die Notwendigkeit einer nicht ausschließlich auf monetäre Vorgänge ausgerichteten, einer „erweiterten" Wirtschaftlichkeitsbetrachtung, entsteht somit aus einer Vielzahl von heute gegebenen Sachverhalten.

In den Mittelpunkt rückt hierbei sicherlich der Nutzenbegriff, der allgemeinere Aussagen als ausschließlich monetäre Größen zuläßt. Da es keine eindeutige Quantifizierungskriterien des Nutzens gibt, ist seine Bemessung schwierig. Da er aus vielfältigen und unterschiedlichen Komponenten besteht, findet man keinen einheitlichen Nutzenbegriff, sondern häufig Unterscheidungen, die von monetären und nicht monetären Nutzen ausgehen, wobei die letzteren bis hin zu immateriellen und damit schwer faßbaren Nutzen reichen können [40].

Wir wollen im folgenden kurz eine *erweiterte* Wirtschaftlichkeitsbetrachtung untersuchen, bei der ebenfalls der Nutzen eine erhebliche Rolle spielt und deren Zusammenhänge wir wie in Bild 7.9 dargestellt sehen.

Bild 7.9:
„Erweiterte"
Wirtschaftlich-
keit

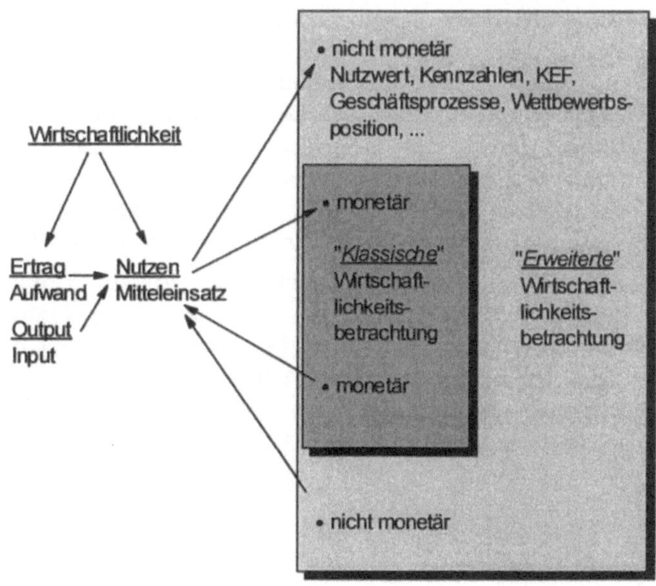

Bleiben wir unverändert bei unserer vorgenommenen Definition der Wirtschaftlichkeit, die sich aus der Relation von Ertrag und Aufwand oder allgemeiner von Output und Input ergibt. Sieht man den Ertrag bzw. Output allgemein als den Nutzen eines Vorhabens oder einer Aktivität an, kann der zugehörige Aufwand bzw. Input ebenfalls allgemein als Mitteleinsatz verstanden werden.

Allgemeine Definition der Wirtschaftlichkeit

Die Wirtschaftlichkeit läßt sich so in ihrer allgemeinsten Form definieren als

$$\Rightarrow \text{Wirtschaftlichkeit} = \frac{\text{Nutzen}}{\text{Mitteleinsatz}}$$

Besteht sowohl der Nutzen als auch der Mitteleinsatz in monetären Größen, handelt es sich um die klassische Wirtschaftlichkeitsbetrachtung entsprechend unserer vorherigen Erkenntnisse. Ist demgegenüber eine der Größen nicht monetär zu quantifizieren, sprechen wir im folgenden von einer „erweiterten" Wirtschaftlichkeitsbetrachtung.

Abgeleitet aus den Überlegungen finden wir verschiedene Ansätze, die auch betriebswirtschaftlich und damit für den Einsatzbereich der DV sinnvolle Aussagen liefern. Im Zusammenhang mit unserer Fragestellung nach der Wirtschaftlichkeit der DV sollten wir uns aus Sicht der DV-Revision mit den wesentlichsten Methoden und Verfahren auch in diesem Bereich grob vertraut machen.

Erwähnt werden sollen folgende Ansätze als kleine Auswahl:

⇨ Nutzenrechnungen,

⇨ Vergleichswerte,

⇨ Sonstige Ansätze.

Mehrdimensionale Verfahren

Der Vorteil der recht unterschiedlichen Ansätze liegt insbesondere in der Berücksichtigung auch anderer als monetärer Werte im Rahmen einer umfassenderen Nutzenbetrachtung. Dadurch bedingt sind sie für eine Reihe von Fragestellungen nur allein geeignet, hinreichende Antworten zu liefern. Aufgrund der von ihnen ins Kalkül gezogenen, über die rein monetären Aspekte hinausreichenden Faktoren werden sie auch als *mehrdimensionale* Verfahren bezeichnet im Gegensatz zu den ein- oder wenigdimensionalen Verfahren der klassischen Wirtschaftlichkeitsbetrachtung.

Als nachteilig ist bei den mehrdimensionalen Verfahren sicherlich die wesentlich höhere Komplexität sowie auch der höhere Schwierigkeitsgrad in der Anwendung zumindest bei einigen neueren Ansätzen zu sehen. Als Konsequenz hieraus werden wir in der täglichen Praxis der DV-Revision insgesamt wohl noch eher selten auf Wirtschaftlichkeitsuntersuchungen treffen, die eine derartige Betrachtungsweise zugrundelegen.

Nutzenrechnungen

Bei den Nutzenrechnungen handelt es sich um die am weitesten verbreiteten Verfahren der erweiterten Wirtschaftlichkeitsbetrachtung. Es sind eigentlich mehrere Verfahren, die eine Betrachtung des Nutzens und z.T. auch entstehender Kosten miteinander verbinden. Aufzuführen sind insbesondere die

⇨ Nutzenanalyse,

⇨ Nutzwertanalyse und die

⇨ Nutzwert-Kosten-Analyse.

Alternativen nur über Nutzenkategorien bewertbar

Allen Verfahren ist gemein, daß bestehende Vorteile von Lösungsalternativen in Nutzenkategorien eingeordnet werden müssen, die es zu bewerten gilt. Der Nutzen ist dabei ggf. nicht kardinal, sondern nur ordinal meßbar (größer, kleiner). Außer der Ermittlung des Nutzens sind noch Gewichte bzw. Realisierungschancen festzulegen, unter deren Voraussetzung der Nutzen gilt. Im Rahmen z.T. recht aufwendiger Rechenverfahren werden als Ergebnis in der Regel Punktzahlen ermittelt, die für eine Gesamtbewertung heranzuziehen sind. Erweitert um Kostenbetrachtungen können mit Hilfe der Verfahren geeignete Aussagen insbesondere zur Auswahl von Lösungsalternativen getroffen werden.

Da wir im nächsten Kapitel noch weiter auf die Verfahren eingehen werden, vertiefen wir das Thema im Rahmen der Übersicht nicht weiter.

Vergleichswerte

Das wesentlichste Verfahren im Bereich der Methoden mit Verwendung von Vergleichswerten ist das

⇨ Kennzahlenverfahren.

Kennzahlensysteme weit verbreitet

Kennzahlensysteme sind uns in der Betriebswirtschaft an vielen Stellen geläufig, werden hierdurch doch ganze Unternehmens- oder Branchenvergleiche ermöglicht. Während z.B. die bereits betrachtete Wirtschaftlichkeit noch eine recht allgemeine Kennzahl ist, existieren eine Reihe spezifischer Verhältniszahlen (Gliederungs-, Beziehungs-, Indexzahlen) sowie sonstige Hilfszahlen, mit denen Aussagen über Sachverhalte der erweiterten Wirtschaftlichkeit losgelöst von einer monetären Betrachtung erfolgen können.

Auch auf die Kennzahlen kommen wir noch im Verlauf des Kapitels zurück, so daß an dieser Stelle keine weitergehenden Erläuterungen erforderlich sind.

Sonstige Ansätze

Ohne einen Anspruch auf Vollständigkeit in der Übersicht verfolgen zu wollen, muß uns vor allem bewußt sein, daß sich eine Vielzahl von neueren Ansätzen mit Methoden der Nutzenanalyse befassen, die wir in unserer Einteilung der erweiterten Wirtschaftlichkeitsbetrachtung zurechnen.

Die Modelle mit z.T. auch sehr theoretischen Ansätzen verfolgen unterschiedliche Zielsetzungen mit unterschiedlichen Schwerpunkten, wobei auch Komponenten der vorher genannten Methoden und Verfahren in Teilbereichen einfließen.

Vielfalt spezifischer Verfahren

Wir wollen nur die folgenden Ansätze kurz erwähnen, um zu verdeutlichen, daß eine Vielfalt von „maßgeschneiderten" Methoden und Verfahren gegeben ist, wenn nur eine ausreichende Spezifikation der jeweiligen Zielsetzungen und Anforderungen unserer Wirtschaftlichkeitsbetrachtung vorliegt:

⇨ Unterstützung kritischer Erfolgsfaktoren (KEF),
⇨ Berücksichtigung Geschäftsprozesse,
⇨ Beinflussung Wettbewerb.

Im Rahmen der Strategischen Informationsplanung (SIP) kommt den kritischen Erfolgsfaktoren eines Unternehmens erhebliche Bedeutung zu, da sie für die Erreichung der Unternehmensziele und die Wettbewerbsfähigkeit ausschlaggebend sind. Folgerichtig werden bei derartigen Verfahren die Geschäftsprozesse daraufhin bewertet, inwieweit sie insbesondere die KEF unterstützen.

Strategische Zielsetzungen im Vordergrund

Auch bei Modellen mit der Zielrichtung, Einflüsse auf den Wettbewerb zu bestimmen und zu optimieren, stehen strategische Zielsetzungen des Unternehmens im Vordergrund. Durch Simulation von Alternativen bei strategischen Entscheidungen, Untersuchung von Wettbewerbsvorteilen und neuer Marktchancen usw. werden auch hier entsprechend unserer Definition erweiterte Wirtschaftlichkeitsbetrachtungen vorgenommen, die nur noch begrenzte Ähnlichkeit mit den klassischen Verfahren haben.

Wir wollen die Thematik nicht vertiefen, da für jede der angeschnittenen Fragestellungen ausführliche Darstellungen in spezifischen Veröffentlichungen zu finden sind. Wesentlich für uns aus der Sicht der DV-Revision ist demgegenüber vor allem, ein Gefühl zu vermitteln für die Anforderungen und Möglichkeiten herkömmlicher wie auch weniger gebräuchlicher, dafür aber u.U. auf die jeweilige Aufgabenstellung zugeschnittener Wirtschaftlichkeitsbetrachtungen.

Inwieweit wir unsere bisherigen Erkenntnisse auf die Anforderungen der DV und der DV-Revision im besonderen umsetzen können, gilt es nun im nächsten Schritt weiter zu untersuchen.

7.2.3   Die Anforderungen der DV

Betrachten wir eingangs kurz die Art von DV-Investitionen, auf die wir in der Regel treffen und mit welchen Zielen sie für gewöhnlich verbunden sind.

Noch vor wenigen Jahrzehnten galt die DV selbst als Inbegriff der Wirtschaftlichkeit, bei der als Ziel vornehmlich die Rationalisierung im Vordergrund stand. In ihren Anfängen überwiegend zur Bewältigung von Massenaufgaben oder zur Erledigung sehr komplexer Operationen vorgesehen, hat sich ihre Rolle in der Wandlung hin zur Bereitstellung moderner Informations- und Kommunikationssysteme im Laufe der Jahre stark gewandelt und damit auch der Schwerpunkt ihrer Anforderungen und Ziele.

Bild 7.10:
Ziele von DV-
Investitionen

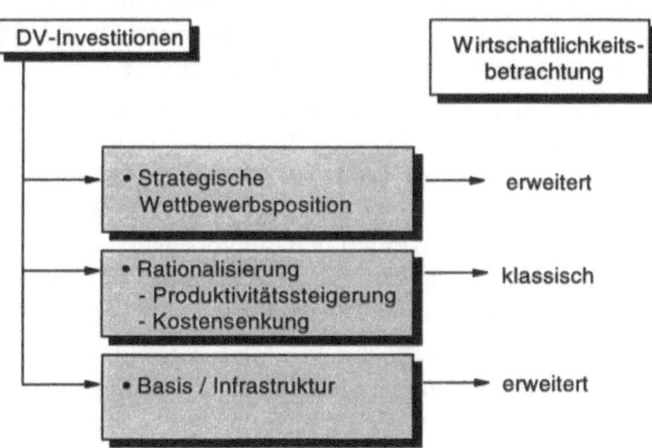

DV-Anwendungen sind als Ressourcen des Unternehmens anzusehen, die über längere Zeit genutzt und auch für diverse Wertschöpfungsprozesse herangezogen werden. Neben einer ähnlichen Betrachtung wie für Anlagegüter sollte sich das Unternehmen bei den Anwendungsinvestitionen an den eigentlichen Zielen orientieren und daraus Entscheidungsregeln ableiten [41]. Im Rahmen einer derartigen Einstufung können heute überwiegend drei Kategorien von Zielen im Bereich der DV-Investitionen unterschieden werden (siehe Bild 7.10):

DV-Investitionen mit der Zielsetzung der

⇨ Rationalisierung,
⇨ Verbesserung der Wettbewerbsposition sowie Gewährleistung der
⇨ Basis / Infrastruktur.

Rationalisierung

Die bei weitem gängigste Zielkategorie ist auch heute sicherlich noch in der DV-Investition zu Rationalisierungszwecken zu sehen. Die damit beabsichtigte Kostensenkung oder Produktivitätssteigerung gilt unverändert für alle möglichen Einsatzbereiche der DV im Unternehmen und ist als traditionelle Zielsetzung nicht nur in Zeiten der wirtschaftlichen Rezession überwiegend.

Anwendung klassischer Verfahren

Anders als die beiden anderen Zielkategorien sind in diesem Bereich Entscheidungsregeln vergleichsweise einfach zu definieren: Wir können alle Verfahren anwenden, die wir im Rahmen unserer Betrachtung der *klassischen Wirtschaftlichkeitsbetrachtung* kennengelernt haben. Oft werden DV-Investitionen im wesentlichen anhand verfügbarer Kosteninformationen und -vergleiche beurteilt – die gesamte Palette der vielfältigen Wirtschaftlichkeitsrechnungen wird selbst im begrenzten Bereich der Rationalisierung nur in den seltensten Fällen herangezogen. Aufgrund der relativ leichten Quantifizierbarkeit der Rationalisierungseffekte werden wir bei einer Prüfung der Wirtschaftlichkeit des DV-Einsatzes in der Regel hierzu das detaillierteste Zahlenmaterial vorfinden.

Bezüglich ihres strategischen Werts ist die Produktivitätssteigerung höher einzuordnen als die reine Kostensenkung, da sie langfristiger wirksam ist und letztlich auch mehr zur Verbesserung der Geschäftsprozesse beiträgt. Es ist jedoch, wie wir bereits festgestellt haben, unbedingt darauf zu achten, daß die Produktivitätssteigerungen auch entsprechend verwendet werden können, da ansonsten keine Verbesserung der (wertmäßigen) Wirtschaftlichkeit der DV erzielbar ist.

Mehr Produktivität ohne höhere Wirtschaftlichkeit?

Werden z.B. erhebliche Produktivitätsverbesserungen durch verkürzte System-Antwortzeiten erzielt, kann das aufgrund einer höheren Anzahl von Benutzertransaktionen pro Zeiteinheit auch zur Bearbeitung von mehr Geschäftsvorfällen durch technisch besser unterstützte, zufriedenere, konzentriertere und weniger Fehler verursachende Benutzer führen. Sofern eine solche Produktivitätsverbesserung jedoch in einem Bereich erfolgt, der einen derartigen Geschäftsvorfall ohnehin nur ein- bis zweimal am Tag durchzuführen hat, werden wir durch eine Verringerung von System-Antwortzeiten sicherlich keine Erhöhung der Wirtschaftlichkeit erzielen.

Sollte sich demgegenüber jedoch herausstellen, daß die betreffende Stelle keine weiteren entscheidenden Tätigkeiten auszuüben hat, können wir eher durch Einsparung oder Verlagerung der Aufgaben eine erhebliche, auch langfristig wirksame Kostensenkung erzielen.

Wenngleich das Beispiel sicherlich stark vereinfacht ist, zeigt es doch recht deutlich, worum es selbst bei klassischer Wirtschaftlichkeitsbetrachtung im Rahmen von Rationalisierungen durch DV-Einsatz geht: Trotz möglicherweise vorgelegter beeindruckender Zahlen muß wie in allen Bereichen kritisch durch die DV-Revision hinterfragt werden, wenn Schein und Sein der DV-Wirtschaftlichkeit klar voneinander getrennt werden soll.

Strategische Wettbewerbsposition

Eine weitere Zielkategorie von DV-Investitionen ist in der Verbesserung der Wettbewerbsposition des Unternehmens und damit letztlich auch der Ertragssteigerung zu sehen. Maßnahmen zielen in diesen Fällen auf die direkt am Markt tätigen Bereiche ab und haben häufig strategische Aspekte, womit der Zielsetzung auch ein deutlich höherer *strategischer Wert* als etwa der DV-Investition zu Rationalisierungszwecken eingeräumt wird.

Investition in innovative Anwendungen

Beispiele für derartige DV-Investitionen sind innovative Anwendungen, die mit umfassenden Veränderungen im Unternehmen verbunden und deren Ausgangspunkt neue strategische Ansätze der Unternehmensleitung sind, die durch entsprechende Informationssysteme unterstützt werden sollen. Es wird so Einfluß auf den Wettbewerb ausgeübt und ggf. auf Basis der bereits erwähnten kritischen Erfolgsfaktoren vorgegangen. Solche innovativen Anwendungen können im Unternehmen Produkte, Prozesse und Strukturen sowie auch gesamte Branchen und deren Wettbewerbssituation verändern [40].

Aufgrund der Schwierigkeiten bei der Quantifizierung der gewünschten Nutzen unterbleiben jedoch entsprechende Betrachtungen beim Start solcher DV-Projekte häufig und es erfolgen lediglich diffuse Verweise auf die gewünschten Verbesserungen.

Aus der Prüfungssicht der DV-Revision ist die Legitimation eines Vorhabens dieser Zielkategorie nach Maßstäben der Wirtschaftlichkeit in der Tat sicherlich wesentlich schwerer als im vorherigen Fall der DV-Investition zu Rationalisierungszwecken. Während dort häufig eine relativ einfache Wirtschaftlichkeitsrechnung ausreicht, müssen hier Nutzen ermittelt werden, deren Meßbarkeit in vielen Fällen erheblich aufwendiger ist.

Notwendigkeit erweiterter Wirtschaftlichkeitsbetrachtung

Es wird somit klar, daß die klassische Wirtschaftlichkeitsbetrachtung für derartige DV-Investitionen in der Regel nicht ausreicht, sondern statt dessen nahezu zwingend eine *erweiterte Wirtschaftlichkeitsbetrachtung* durchgeführt werden muß, wenn nicht auf brauchbare Aussagen in dem Bereich gänzlich verzichtet werden soll.

Als Methode der Quantifizierung bieten sich bei einer derartigen Zielkategorie z.B. die erwähnten Nutzenrechnungen an oder aber je nach Schwerpunkt Methoden neuerer Ansätze. Wesentlich ist, daß auch nicht monetär bewertbarer Nutzen berücksichtigt und nicht vor der Problematik seiner Bewertung kapituliert wird.

Basis / Infrastruktur

Als dritte und letzte wesentliche Zielkategorie von DV-Investitionen sehen wir diejenige an, die einer Erhaltung, Erweiterung und Verbesserung der technisch-organisatorischen Infrastruktur des Unternehmens dient. Solche Investitionen haben vornehmlich die Aufgabe, die „Basis" und die „Grundausstattung" im Unternehmen sicherzustellen [41].

Abgrenzungsschwierigkeiten ergeben sich bei der Zielkategorie sowohl zu der Rationalisierung als auch zu derjenigen mit der Zielsetzung einer Verbesserung der Wettbewerbsposition. Aufgrund der möglichen Mischformen kann eine Investition in die Infrastruktur einerseits zu erheblichen

Rationalisierungseffekten führen, andererseits aber auch Grundvoraussetzung sein für eine Verbesserung der Wettbewerbsposition.

Infrastruktur oder Wettbewerbsposition?

Soll ein Informationssystem zu einer Verbesserung des Kunden-Services aufgebaut werden, handelt es sich sicherlich auch um eine DV-Investition zur Verbesserung der Wettbewerbsposition. Andererseits muß man dafür ggf. eine technisch-organisatorische Infrastruktur schaffen, ohne die ein derartiges Informationssystem nicht aufgebaut werden kann.

Deutlich wird, daß die Unterscheidung zwischen Zielkategorie zwei und drei manchmal schwierig und fließend ist, sie jedoch eines gemeinsam haben: In beiden Fällen muß der Nutzen bewertet werden. Aufgrund dieser Tatsache unterbleiben wie bei der vorherigen Zielkategorie häufig detailliertere Betrachtungen und es erfolgen mehr oder minder verschwommene Ersatzhinweise.

Voraussetzung zum Überleben

Im Extremfall kann es bei DV-Investitionen in die Basis oder Infrastruktur gar nicht darum gehen, ob auch Rationalisierungseffekte, eine Verbesserung der Wettbewerbsposition oder ähnliches erzielt werden kann, sondern es geht möglicherweise schlicht um das Überleben des Unternehmens. So haben wir Fälle vorgefunden, in denen *ohne* derartige Investitionen künftig überhaupt keine Erträge mehr hätten erzielt werden können, somit die Frage nach einer Ertragssteigerung sich erst gar nicht mehr stellte.

Auch dabei wird klar, daß die klassische Wirtschaftlichkeitsbetrachtung für derartige DV-Investitionen in der Regel nicht ausreicht, sondern daß statt dessen auch bei einem solchen Typus die *erweiterte Wirtschaftlichkeitsbetrachtung* durchgeführt werden muß wie im vorhergehenden Fall.

Hier wie dort werden uns möglicherweise Nutzenrechnungen weiterhelfen, da sie verdeutlichen können, wo der Nutzen unserer Maßnahmen liegt bzw. liegen muß – im Fall des Überlebens eines Unternehmens durch notwendige Basis / Infrastruktur-Maßnahmen sind die anzusetzenden Nutzen mit Sicherheit sehr hoch zu bewerten.

Investition darf kein Zufallsergebnis sein

Bei allen drei Zielkategorien von DV-Investitionen geht es letztlich darum, welchen Beitrag sie zum Erhalt oder zur Steigerung des Unternehmenserfolges leisten. DV-Controlling wie auch DV-Revision müssen daran mitwirken, daß die Investitionspolitik im Unternehmen nicht das Ergebnis zufälliger oder bewußt an anderen Zielsetzungen ausgerichteter Prozesse ist. Daß gerade die Bewertung von Nutzen ein schwieriges Kapitel in der Unternehmenspraxis ist, wissen wir aus entsprechender Erfahrung.

Neben den Neuentwicklungen im Bereich der DV-Projekte sind auch Änderungs- und Erweiterungs-Investionen mit denselben Maßstäben zu betrachten. Der richtige Zeitpunkt von Ersatzinvestitionen bei Anwendungssoftware gehört nach entsprechender Analyse der Wartungskosten genauso in die Betrachtung von Kosten und Nutzen wie etwa bei Projekten auf der „grünen Wiese".

7.2.4   Die Bereiche der DV und ihre Wirtschaftlichkeit

Kehren wir nach unserer kurzen Beschäftigung mit den unterschiedlichen Ansätzen einer Wirtschaftlichkeitsbetrachtung sowie Anforderungen der DV in dem Bereich zum Ausgangspunkt unserer Untersuchung zurück: dem Gegenstand der DV-Revision. Wie Sie sich erinnern, haben wir die DV in vorhergehenden Kapiteln häufig in die Teilbereiche

⇨ DV-Organisation,
⇨ DV-Produktion,
⇨ DV-Anwendungen und
⇨ DV-Entwicklung

zerlegt, eine Einteilung, die außer für die Ordnungsmäßigkeit und Sicherheit unverändert auch im Rahmen unserer Prüfung der Wirtschaftlichkeit der DV gelten sollte.

Im folgenden wollen wir zum Abschluß unserer allgemeinen Betrachtung somit noch einen Blick auf die unterschiedlichen Aspekte der Wirtschaftlichkeit der DV werfen und die uns bereits gut bekannten *Teilbereiche der DV* in den Vordergrund stellen.

DV-Organisation, DV-Produktion und DV-Anwendungen

Bei Untersuchung der Wirtschaftlichkeit von DV-Organisation und -Produktion wird in der Regel gern und häufig auf traditionelle, von uns als „klassisch" bezeichnete Wirtschaftlichkeitsbetrachtungen zurückgegriffen.

Es liegt nahe, in beiden Bereichen vornehmlich die entstehenden Kosten in Hinblick auf beschäftigte Mitarbeiter etc. im Blickfeld zu haben, jedoch kann eine derartige Sicht nicht als ausreichend eingestuft werden, solange nicht auch andere Aspekte Berücksichtigung finden. So haben sich mittlerweile auch hier „erweiterte" Wirtschaftlichkeitsbetrachtungen durchgesetzt, die den besonderen Anforderungen und Gegebenheiten Rechnung tragen.

Insbesondere im Bereich der DV-Produktion, also im wesentlichen dem Rechenzentrums-Betrieb, werden heute recht ausgefeilte Kennzahlenmethoden angewandt, die weitgehende Aussagen über die Leistungsfähigkeit zulassen. So kann sich z.B. auf der Basis des *Data-Center-Baseline-Verfahrens* über eine Quantifizierung der Produktivität jedes RZ sowohl mit dem Branchenbesten, mit einem Durchschnitts-RZ oder sogar mit einem weltweit führenden Muster-RZ vergleichen [42]. Im Rahmen des Verfahrens werden Normen ermittelt, die statistische Durchschnittswerte der maßgeblichen Vergleichs-RZ darstellen und bei denen sich die Effizienz an der Relation zwischen der Norm und den eigenen Kennzahlen bemessen läßt. Bewertende Aussagen werden dann aufgrund von Art und Umfang der festgestellten Abweichungen möglich.

Wir haben in Bild 7.11 ein Beispiel für ein *allgemeines Kennzahlenschema* dargestellt, das eine Betrachtung der vorliegenden Kapazitäten der DV-Produktion eines RZ und ihre Nutzung ermöglicht.

Bild 7.11:
Kennzahlen-
schema

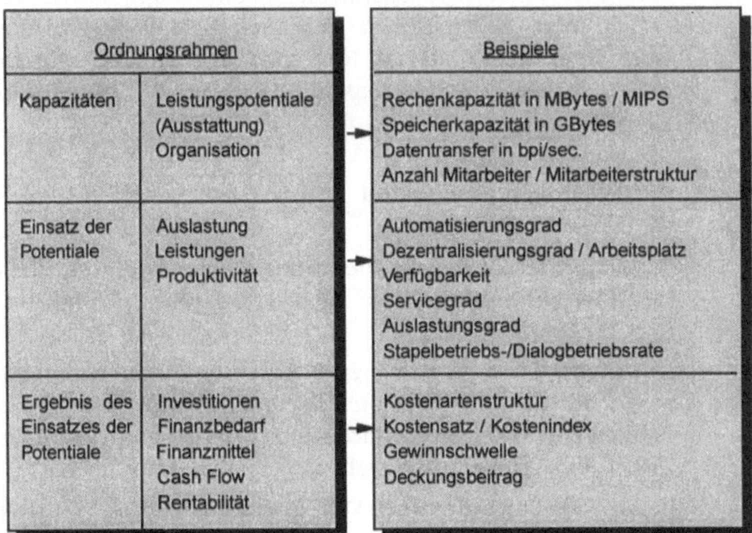

Quelle: nach Zilahi-Szabó, M.G., Leistungs- und Kostenrechnung für
Rechenzentren, Forkel-Verlag Wiesbaden, 1988

Die ausgewählten Beispiele für Kennzahlenbildung in dem Bereich umfassen für den Vergleich

⇨ Leistungspotentiale aufgrund von Kapazitäten,

⇨ Angaben zum Einsatz der Leistungspotentiale sowie zum

⇨ Ergebnis des Einsatzes.

Die Ausstattung eines Rechenzentrums mit seinen *Leistungspotentialen* Personal, Rechner, Speicher, Datentransfer usw. wird im ersten Teil dem Verhalten des Rechners im Dialog- und Stapelbetrieb gegenübergestellt. Weiterhin sind die Organisationsformen hinsichtlich der Nutzung und des Ablaufes *bei* der Nutzung der Kapazitäten zu betrachten [43].

**Kapazitäten als
Ausgangspunkt**

Im Bereich der Leistungspotentiale können die in Bild 7.11 aufgeführten Rechen- und Speicherkapazitäten wie auch der Datentransfer im jeweiligen Kontext als Kennzahlen und Vergleichsgrößen herangezogen werden. Genauso können wir jedoch auch etwa die geleisteten Aufwände beteiligter Arbeitsvor- und -nachbereiter, Anwendungsbetreuer, Operatoren und

Datenerfassungskräfte betrachten. Andere mögliche Kennzahlen im Bereich der Leistungspotentiale stellen die Anzahl angeschlossener Terminals (Dialog-Arbeitsplätze), aktiver Benutzer, Transaktionen usw. dar.

Wie werden die Kapazitäten eingesetzt?

Bei Vergleich des *Einsatzes* der zuvor genannten Leistungspoteniale im zweiten Teil der Kennzahlen ist die Frage nach Umfang, Qualität und Beschaffung der jeweiligen Kapazitäten zu stellen. Aussagen zu Auslastung, erbrachten Leistungen sowie auch zur Produktivität erleichtern angestellte Wirtschaftlichkeitsbetrachtungen. Bezüglich des Einsatzes vorhandener Leistungspotentiale lassen sich ebenfalls diverse Kennzahlen ableiten, so z.B. zum

⇨ Automatisierungsgrad
$$\frac{\text{Anzahl MA DV - Entwicklung}}{\text{DV - Anwender}} \quad , \quad \frac{\text{Kosten DV}}{\text{Anzahl MA}} \quad \text{usw.}$$

⇨ Dezentralisierungsgrad
$$\frac{\text{Anzahl Dialog - APs}}{\text{Anzahl MA}}$$

⇨ Verfügbarkeit
$$\frac{\text{Sollstunden Betrieb - Ausfall Stunden}}{\text{Sollstunden}} \times 100$$

⇨ Auslastungsgrad
$$\frac{\text{Ist - Leistung}}{\text{Soll - Leistung}} \times 100$$

⇨ Stapel-/Dialogbetriebsrate
$$\frac{\text{Programmläufe Stapel / Dialog}}{\text{Gesamtläufe}} \times 100$$

Weitere Kennzahlen zum Einsatz der Kapazitäten lassen sich aus CPU-Auslastung, Antwortzeiten, Paging-Raten, Kanalbelastung usw. ermitteln, auf die wir jedoch an dieser Stelle nicht weiter eingehen.

Was bringt der Einsatz?

Zum *Ergebnis* des Einsatzes der jeweiligen Leistungspotentiale / Kapazitäten können wir im dritten Teil schließlich eine Reihe von Kennzahlen bilden, die sich sehr eng an die bereits von uns behandelte klassische Wirtschaftlichkeitsbetrachtung anlehnen. Wenn Kostenartenstrukturen, Kostensätze, Gewinnschwellen oder aber Deckungsbeiträge aufgeführt werden, handelt es sich letztlich um Kennzahlen aus dem Bereich klassischer Wirtschaftlichkeitsrechnungen, die lediglich in Relation gesetzt werden, ähnlich Kennzahlen bei Branchen- oder Betriebsvergleichen usw.

Die obigen Kennzahlen erlauben mehr als die isolierte Betrachtung eine Wertung durch Vergleich mit *ähnlich gelagerten Fällen*, wo demgegenüber ohne einen derartigen Vergleich lediglich nur begrenzt aussagefähige Ergebnisse erzielt würden. Deshalb empfiehlt sich das dargestellte Verfahren insbesondere für den Bereich der DV-Organisation und DV-Produktion, die so ebenfalls einer Prüfung durch die DV-Revision unterzogen werden können – vorausgesetzt natürlich, daß entsprechende Vergleichs-zahlen beschafft und auch als Prüfungsgrundlage von allen Beteiligten akzeptiert werden.

Zusammen-hang DV-Ent-wicklung und DV-Produktion

Festgestellt wurden bei Untersuchung von Einflußfaktoren der Effizienz von Rechenzentren eindeutige Zusammenhänge mit der Handhabbarkeit der in Produktion befindlichen DV-Anwendungen [42]. Da sie sich nach ihrer Übernahme in Produktion im laufenden Betrieb auswirken, können wir die Wirtschaftlichkeit von DV-Anwendungen, die wir bei der *Software-Inventur* in Kapitel 5.2 bereits kurz gestreift haben, *gemeinsam* mit der DV-Produktion behandeln. Es wurde festgestellt, daß insbesondere ältere Anwendungen dann nicht mehr in eine neue Technologielandschaft pas-sen, wenn z.B. zu viele Programmschritte Operator-Eingriffe erfordern, Speicherung auf Bändern bedingen oder durch umständliche I/O-Opera-tionen ineffiziente Folgeerscheinungen auftreten.

Die Abhängigkeit der effizienten DV-Produktion von bestehenden DV-Anwendungen kann soweit gehen, daß Migrationen oder ein Redesign solcher alter Anwendungen unumgänglich sind. Dies bedeutet, daß bereits in der *DV-Entwicklung* neben dem Entwicklungsprozeß als solchem auch die Wirtschaftlichkeit der künftigen Anwendungen in der *DV-Produktion* berücksichtigt werden muß und schwerpunktmäßig darauf zu achten ist, daß z.B. der Operator-Einsatz durch eine geeignete Benutzeroberfläche (Dialogbetrieb) wie auch geeignete Speichermedien (Platten- statt Bandspeicher) etc. zu unterstützen bzw. zu minimieren ist.

DV-Entwicklung

Ein Schwerpunkt unserer Betrachtung der Wirtschaftlichkeit der DV sowie der Möglichkeiten ihrer Prüfung durch die DV-Revision ist zweifellos im Bereich der DV-Entwicklung zu sehen. Hier werden nicht nur Weichen für künftige Anwendungen gestellt, die sich später in der Wirtschaftlichkeit der DV-Produktion niederschlagen, sondern es gilt es vielmehr originär Grundsteine für wirtschaftlichen DV-Einsatz auch im *Entwicklungsprozeß* zu legen.

Entwicklung oder Fehlent-wicklung?

Der DV-Entwicklungsprozeß beinhaltet eine Vielzahl von Möglichkeiten für Fehlentwicklungen bezüglich Prozessen, Ergebnissen sowie Grund-voraussetzungen, so daß wir darauf ein besonderes Augenmerk zu legen haben.

Was müssen DV-Controlling, DV-Revision sowie die übrigen beteiligten Organisations-Einheiten beachten, wenn es gilt, die Wirtschaftlichkeit von DV-Entwicklungen sicherzustellen, d.h. von *Neuentwicklungen* wie auch *Änderungs-* oder *Erweiterungsprojekten?* In Bild 7.12 haben wir die Einzel-schritte aufgeführt, die wir für Installationsprojekte (Einführung von Stan-dardsoftware) wie auch Realisierungsprojekte (Erstellung und Einführung von Individualsoftware) erforderlich halten.

Bild 7.12:
Projektmanagement DV-Entwicklung

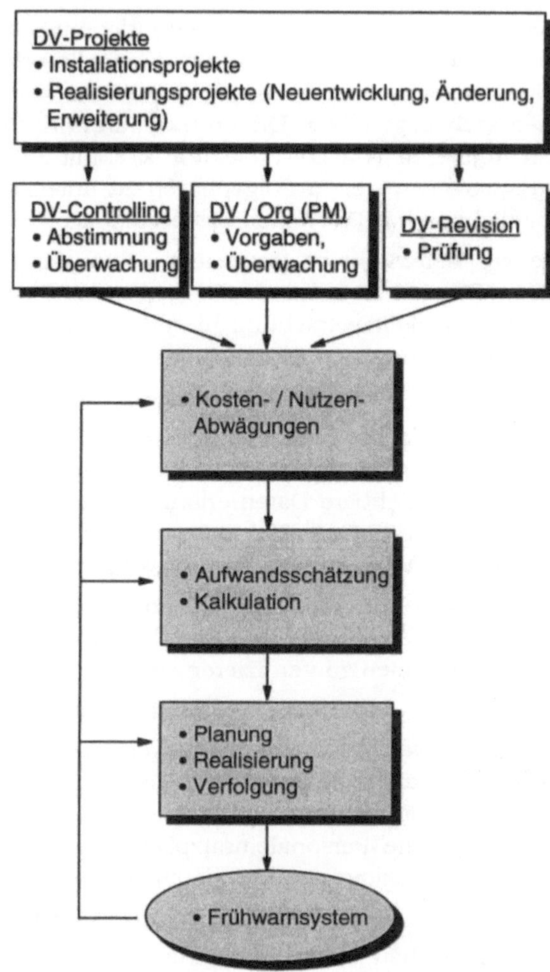

Es sind im wesentlichen folgende Schritte zu beachten, die die Wirtschaftlichkeit von DV-Entwicklungen gewährleisten sollen:

⇨ Kosten/Nutzen-Abwägungen,

⇨ Aufwandschätzung und Kalkulation,

⇨ Planung, Realisierung und Verfolgung,

⇨ Aufbau eines Frühwarnsystems.

Kosten/Nutzen-Abwägungen

In mehreren
Schritten zum
wirtschaftlichen
Ergebnis

Hierbei handelt es sich um die Grundvoraussetzung für die Durchführung von DV-Projekten überhaupt, da durch die erfolgende DV-Investition ein Beitrag zum Unternehmenserfolg geleistet werden soll und das auch für einen sachverständigen Dritten transparent nachvollziehbar sein muß. Vor dem Aufsetzen von DV-Projekten ist somit z.B. in der Phase Voruntersuchung sowie später in Folgephasen zu untersuchen, wie es um die Wirtschaftlichkeit des DV-Vorhabens bestellt ist.

Wie wir bereits zuvor festgestellt haben, sind zur Beantwortung der in diesem Bereich zu stellenden Fragen sowohl klassische als auch erweiterte Wirtschaftlichkeitsbetrachtungen erforderlich, deren Eignung je nach Aufgabenstellung speziell untersucht werden muß.

Aufwandschätzung und Kalkulation

Ausgangspunkt für konkrete Zahlen vom Projektstart an ist die Aufwandschätzung, wobei mittels ingenieurmäßiger Verfahren richtige und ebenfalls nachvollziehbare Daten erlangt werden müssen. Zusätzlich erkennbar sein müssen die Einflußfaktoren der jeweiligen Aufgabenstellungen und Systemumgebungen sowie ihre Auswirkungen auf entstehende Aufwände.

Auf der Basis der Aufwandschätzung ist eine Projektkalkulation durchzuführen, mit deren Hilfe die im Rahmen der Kosten/Nutzen-Abwägungen ermittelten Zahlen zu verifizieren sind.

Planung, Realisierung und Verfolgung

Die erarbeiteten Aufwandschätzungen sind in Projektplanungen umzusetzen unter Berücksichtigung von Realisierungszeiträumen und dem Einsatz von Projektmitarbeitern. Konkrete Einzelaufgaben müssen definiert und in eine realistische Personaleinsatzplanung überführt werden. Im Laufe der Realisierung sind Soll-Ist-Abweichungen festzustellen und zu analysieren.

Frühwarnsystem

Mit dem Aufbau eines Frühwarnsystems sind die Voraussetzungen zum rechtzeitigen Gegensteuern bei Fehlentwicklungen zu schaffen: Es ist ein Werkzeugkasten erforderlich, der das Überwachen von Vorgehen, Kosten, Terminen und Qualität ermöglicht. Aus den Ergebnissen des Frühwarnsystems wiederum ergibt sich ein Feedback auf alle vorherigen Schritte von den Kosten/Nutzen-Abwägungen bis hin zur Realisierung mit der Möglichkeit einer Korrektur und Neuplanung.

Zusammenfassung im
Projektmanagement

Daß nur ein derartiges Gesamtvorgehen die Wirtschaftlichkeit von DV-Projekten sicherstellen kann, haben wir in unserer Praxis bei der Realisierung und Prüfung von DV-Vorhaben nachhaltig festgestellt. Es fällt auf, daß die oben aufgeführten Einzelschritte ebenfalls erforderlich sind, um auch andere Zielsetzungen der DV-Entwicklung sicherstellen, wie z.B. die

Einhaltung von Qualität und Terminvorgaben. Weiterhin sind sie identisch mit den wesentlichsten Aufgaben des Projektmanagements, das somit neben seinen übrigen Aufgaben und Zielen im Software-Entwicklungsprozeß auch dessen Wirtschaftlichkeit sicherstellen muß.

Frühzeitige Einbindung von Controlling und Revision

Während das Projektmanagement im Rahmen der DV/Org-Abteilung die erforderlichen Vorgaben aufstellen und in allen Projektphasen anhand der obigen Einzelschritte auch überwachen sollte, ist das DV-Controlling bzw. der Projekt-Controller für den Teilbereich der DV-Entwicklung ebenfalls von Anfang an beteiligt. Ihm muß die Möglichkeit gegeben sein, von den einleitenden Kosten/Nutzen-Abwägungen bis hin zur Überwachung der Einhaltung von Vorgaben aktiv steuernd im Geschehen mitzuwirken. Auch der DV-Revisor sollte die Gelegenheit haben, aus seiner prüfenden Sicht die Entstehung und Abwicklung von DV-Projekten von Anfang an mitzuverfolgen.

Lassen Sie uns im folgenden die einzelnen Schritte detaillierter betrachten, die dem DV-Revisor die Möglichkeit geben, die Wirtschaftlichkeit von DV-Projekten als dritten Prüfungsbereich auch in die Praxis umsetzen zu können.

Grundsätzlich wie auch für alle Einzelschritte gilt, daß der Revisor nicht die Anwendung eines bestimmten Verfahrens durch die Fachseite fordern, sondern vielmehr ein *geeignetes Verfahren* verlangen sollte, das den jeweiligen Aufgabenstellungen am besten gerecht wird.

Das geeignete Verfahren muß genauso wie im Bereich Ordnungsmäßigkeit und Sicherheit auch diejenigen Maßnahmen transparent und nachvollziehbar machen, die die Wirtschaftlichkeit der DV-Vorhaben sicherstellen.

7.3   Kosten/Nutzen-Abwägungen als Ausgangspunkt

7.3.1   Grundlagen

Befragt man die Verantwortlichen in der DV sowie die Auftraggeber in den Fachabteilungen, ob Kosten/Nutzen-Abwägungen zu Beginn eines DV-Vorhabens erforderlich sind, wird man wohl in den meisten Fällen auf Zustimmung stoßen.

Kosten/Nutzen-Abwägung als Politikum

Betrachtet man demgegenüber die tägliche DV-Praxis, erlebt man jedoch nur allzu oft eine völlig andere Welt. Sofern entsprechende Untersuchungen nicht gänzlich unterbleiben, sind sie in vielen Fällen ein Politikum: Mit dem Hintergrund, bestimmte Ziele im Unternehmen zu erreichen, werden nur allzu oft Auseinandersetzungen um Notwendigkeit und Umfang von DV-Projekten zum Instrument und Vehikel, völlig andere Kontroversen auszutragen [44]. Oder konkret bestehende Anforderungen, Sach- und Terminzwänge führen zu einseitigen Betrachtungen, bewußten oder unterbewußten Manipulationen von zunächst vielleicht realistischen Einschätzungen. Auch Angst um die Durchsetzbarkeit von Vorhaben kann die Darstellung im Unternehmen mannigfaltig beeinflussen – eine nüchtern realistische, „ingenieurmäßige" Betrachtung ist unter solchen Randbedingungen oft kaum zu realisieren.

Methodisches Vorgehen unabdingbar

Dennoch aber sind auch andere Bedingungen möglich, die wir aus Sicht der DV-Revision als Ziel vor Augen haben und einfordern sollten: Die methodisch korrekte Behandlung von DV-Projekten bereits ab Phase der Voruntersuchung mit Bestimmung ihrer Wirtschaftlichkeit in transparenter und für Dritte nachvollziehbarer Form.

Ausgangspunkt für ein derartiges Vorgehen kann nur die Anwendung anerkannter Methoden und Verfahren in dem von uns bereits behandelten Spektrum klassischer wie auch erweiterter Wirtschaftlichkeitsbetrachtungen sein.

Werfen wir zunächst erneut einen Blick auf die in dem Bereich einsetzbaren Bewertungsverfahren. In Bild 7.13 haben wir die bekanntesten von ihnen zusammengestellt, die auf unsere Problematik der Wirtschaftlichkeit von DV-Investitionen allgemein sowie der von DV-Projekten im besonderen anwendbar sind.

Bild 7.13:
Kosten/Nutzen-Bewertungsverfahren

Mitteleinsatz \ Nutzen	monetär	nicht monetär	nicht berücksichtigt
monetär	Wirtschaftlichkeitsrechnung (Rentabilität, ROI, Amortisation, Kapitalwert, ...) (DM)	kein Verfahren bekannt	Erlösvergleichsrechnung (DM)
nicht monetär	Nutzwert-Kosten-Analyse (Punktwerte/DM)	Nützlichkeitsanalyse (Punktwerte)	Nutzenanalyse Nutzwertanalyse (Punktwerte)
nicht berücksichtigt	Kostenvergleichsrechnung (DM)	Schätzung Wert Mitteleinsatz (Punktwerte)	

Quelle: nach Rinza, P., Schmitz, H.: Nutzwert-Kosten-Analyse, VDI-Verlag Düsseldorf, 1992

Die Darstellung enthält in neuer Anordnung im wesentlichen diejenigen Verfahren, die wir im Rahmen der vorhergehenden Wirtschaftlichkeitsbetrachtungen bereits kennengelernt haben. Entsprechend unserer allgemeinsten Definition der Wirtschaftlichkeit als Relation von Nutzen und Mitteleinsatz haben wir in der Tabelle zum einen den Nutzen sowie zum anderen den Mitteleinsatz aufgeführt.

Generell unterscheiden wir sowohl beim erforderlichen Mitteleinsatz als auch beim Nutzen den

⇨ monetären sowie den
⇨ nicht monetären Bereich.

Monetärer Mitteleinsatz immer gefragt

Für den Fall, daß beim betreffenden Verfahren Nutzen oder Mitteleinsatz überhaupt nicht berücksichtigt sind, haben wir eine dritte Spalte bzw. Zeile vorgesehen, die das verdeutlicht. Da wir in alle Betrachtungen zumindest im Bereich des Mitteleinsatzes auch monetäre Aspekte, also z.B. auftretende Kosten, nach Möglichkeit berücksichtigen wollen, haben wir die Spalte des monetären Mitteleinsatzes besonders hervorgehoben und sehen die hierin aufgeführten Verfahren als besonders geeignet auch aus Sicht der DV-Revision an.

Wie wir Bild 7.13 entnehmen können, bleiben damit im wesentlichen die Kostenvergleichs- und die Wirtschaftlichkeitsrechnung im Rahmen der klassischen sowie die Nutzwert-Kosten-Analyse in der erweiterten Wirtschaftlichkeitsbetrachtung übrig, mit denen wir unsere DV-Vorhaben in den meisten Fällen hinreichend bewerten können. Weitere Verfahren sind zwar ebenfalls brauchbar, sollen aber im folgenden nicht weiter untersucht werden.

Investitions-Schwerpunkt Software

Wir kommen zurück zu unseren DV-Investitionen, die es aus Sicht der DV-Revision einzuordnen und zu prüfen gilt. Aufgrund unseres Schwerpunktes im Bereich der DV-Entwicklung wollen wir dabei vorrangig DV-Investitionen im Bereich von DV-Projekten betrachten, also Installationsprojekte für Standardsoftware sowie Realisierungsprojekte für Individualsoftware.

Zur Verdeutlichung der von uns dargestellten Verfahrensweisen im Bereich der Kosten/Nutzen-Abwägungen wollen wir im folgenden ein vereinfachtes Fallbeispiel heranziehen. Der DV-Revisor sollte dabei nicht zwingend auf den einzelnen Vorgehensschritten bestehen, jedoch immer ein für sachverständige Dritte transparentes Verfahren auch bereits bei den Vorüberlegungen zu DV-Investitionen einfordern. Verschwendung von Ressourcen, Fehlinvestitionen oder Entwicklungen von „Nice-to-have"-Systemen können damit in Zusammenarbeit mit dem DV-Controlling schon im Vorfeld der Projektarbeit mit hinreichender Sicherheit ausgeschlossen werden.

7.3.2   Fallbeispiel: Projekt VERTRAG 2000

Bei der uns bereits bekannten XY GmbH, die nach einem Wechsel in der DV-Leitung ihre Methoden und Vorgehensweisen mittlerweile vorbildlich verbessert hat, liegen die Ergebnisse einer Voruntersuchung zum Projekt VERTRAG 2000 vor (siehe Bild 7.14).

Bild 7.14:
Projekt-
Szenario

<u>Ergebnisse Voruntersuchung Projekt VERTRAG 2000</u>

- Die DV-Unterstützung der Abteilung Verträge muß im Bereich Sachbearbeitung, Vertragsabwicklung und Registratur durch neues Dialog-System maßgeblich verbessert werden.

- Das vorhandene veraltete Dialogsystem im Bereich Sachbearbeitung sowie die Batch-Anwendung im Bereich Vertragsabwicklung sind abzulösen.

- Entscheidend für die künftige Wettbewerbsfähigkeit des Unternehmens ist, daß die neue Anwendung die Sachbearbeitung eines Vorgangs innerhalb von ca. 10 Minuten zuläßt mit Antwortzeiten bis max. 5 sec.

- Die Anwendung ist so auszulegen, daß der Kundenservice merklich verbessert wird sowie ausreichende Zukunftssicherheit und Wartungsfreundlichkeit gegeben ist.

- Die Eigenentwicklung der neuen DV-Lösung wird ca. TDM 2.500 Fremdkosten verursachen. Voraussichtliche Projektlaufzeit wird ca. 2 Jahre sein, Projektbeginn ab 1.7.90 möglich.

- Die Projektaufwände können mit Einführung des Systems in der 2.Hälfte 92 ab 1993 aktiviert und über 5 Jahre abgeschrieben werden.

Die schwierige Situation der Abteilung Verträge wird aus der Voruntersuchung deutlich. Empfohlen wird die vollständige Neukonzeption der DV-Unterstützung der Abteilung. Eine grobe Schätzung der voraussichtlichen Kosten geht von einer Eigenentwicklung unter Einschaltung der DV-Abteilung der Muttergesellschaft aus, die die Funktion eines externen Dienstleistungs-Zentrums für die gesamte Unternehmensgruppe übernimmt und ihre Leistung auf Basis eines Werkvertrages anbieten würde.

Es ist allen Beteiligten klar, daß erheblicher Handlungsbedarf besteht, da mit der Abteilung Verträge ein Kernbereich des Unternehmens zur Diskussion steht. Die praktizierten Abläufe einschließlich der vorhandenen DV-Unterstützung lassen es fraglich erscheinen, daß noch längere Zeit so wie bisher unverändert weitergearbeitet werden kann, ohne daß größerer Schaden für das Unternehmen entsteht.

Das Projektteam erhält von der Geschäftsleitung den Auftrag, aufgrund der Ergebnisse der Voruntersuchung Alternativen und Neukonzeptionen weiter zu untersuchen. Die Lösungen müssen sich im Rahmen des genehmigten DV-Projektbudgets bewegen, das lediglich TDM 3.000 für die Geschäftsjahre 1990-92 beträgt.

1. Schritt: Untersuchung von Standardsoftware

Das Projektteam führt eine kurze *Marktanalyse* durch, bei der als erstes die für den Bereich der Abteilung Verträge einsetzbare und verfügbare Standardsoftware untersucht wird (siehe Bild 7.15).

Bild 7.15:
Auswahl Standard-SW

Selektions-schritt	Kriterien
1	Lauffähigkeit in Systemumgebung
2	Installationen und Mitarbeiteranzahl
3	Systemintegrations-Möglichkeiten
4	Kriterienkatalog / Nutzwertanalyse

Ergebnis: Standard-SW VERTRAS

Vorab zeigt sich bereits recht schnell, daß das Angebot am Markt vorhandener Standard-Lösungen für die Abteilung Verträge recht gering ist, da aufgrund verschiedener Eigenarten in der Vertragsabwicklung einige besondere Anforderungen bestehen.

In Selektionsschritten zum Ergebnis

Die sieben vorgefundenen Pakete werden nun in verschiedenen *Selektionsschritten* weiter untersucht. Im ersten Schritt werden alle Anbieter ausgeschieden, deren Produkte nicht in der Betriebssystem-Umgebung der XY GmbH einsetzbar sind. Im nächsten Schritt werden alle diejenigen Anbieter aussortiert, deren Installationsanzahl geringer als 20 ist und die über weniger als 10 Mitarbeiter verfügen. Dieser Schritt erscheint dem Projektteam nach kontroverser Diskussion erforderlich, da andernfalls zu geringe Sicherheit in Hinblick auf den Anbieter gesehen wird.

Im dritten Selektionsschritt werden alle Produkte ausgeschieden, die sich nicht problemlos in die Software-Landschaft der XY GmbH mit ihrem spezifischen Rechnungswesen sowie der Materialwirtschaft integrieren lassen. Die drei noch verbliebenen Produkte werden aufgrund ihres geringen Kostenunterschiedes nur einer *Nutzwertanalyse* anhand eines Kriterienkataloges unterzogen.

Als Ergebnis wird die Standard-Lösung VERTRAS als das geeignetste Paket ermittelt.

2. Schritt: Alternativen und ihre Kosten

Nach der Festlegung der geeigneten Standardsoftware, die im Projekt VERTRAG 2000 möglicherweise zum Einsatz kommen könnte, werden die Alternativen gegenübergestellt (siehe Bild 7.16).

Bild 7.16:
Alternativen
und Kosten

Alter- native	Merkmale	Kosten TDM
I	Eigenentwicklung	2.500
II	Std-SW VERTRAS	2.000
III	Beibehaltung Altanwendung/Wartung	500

Die Eigenentwicklung wird mit den in der Voruntersuchung grob geschätzten Fremdkosten von ca. TDM 2.500 voraussichtlich die teuerste Alternative sein, wenngleich auch ein Verbleib der Mittel in der Unternehmensgruppe durch die Realisierung seitens der Muttergesellschaft sichergestellt ist.

Kostenverant-
wortung nach
dem Verursa-
cherprinzip

Da es sich um eine echte Profit-Center-Struktur und eine exakte innerbetriebliche Leistungsverrechnung handelt, müssen die Kosten wie bei einem externen Anbieter in voller Höhe angesetzt werden. Der Vorteil der Profit-Center-Struktur liegt jedoch für das gesamte Unternehmen darin, daß eine klare Aufteilung der *Verantwortung für Kosten und Nutzen* nach dem Verursacherprinzip besteht: Die Nutzer fordern Dienstleistungen, deren Nutzen sie selbst ermittelt haben und deren Wirtschaftlichkeit sie vertreten müssen. Sie tragen damit auch die Verantwortung für alle Investitionsentscheidungen. Der DV-Bereich erbringt demgegenüber die geforderten Dienstleistungen zu den von ihm festgestellten und minimierten Kosten. Die organisatorischen Rahmenbedingungen für eine klare und eindeutige Zuordnung der Verantwortung von Kosten und Nutzen der DV-Systeme sind damit gegeben.

In der Reihenfolge hinter der Eigenentwicklung steht die Standardsoftware VERTRAS mit kalkulierten Kosten von ca. TDM 2.000. Die Beibehaltung der vorhandenen Software-Lösung auf dem dritten Platz würde voraussichtlich ebenfalls Kosten in Höhe von TDM 500 bedingen, da entsprechende Wartungsarbeiten erforderlich wären. Dennoch aber könnte die Altanwendung von ihrem Komfort her nicht an eine Neuentwicklung oder die Standardsoftware heranreichen, so daß sich ein ausschließlicher Vorteil in Hinblick auf die entstehenden Kosten ergeben würde.

Aufgrund der Erkenntnisse entschließt sich das Projektteam, eine *Ausgaben- bzw. Aufwandsvergleichsrechnung* in Abwandlung der klassischen Kostenvergleichsrechnung durchzuführen (siehe Bild 7.17).

Bild 7.17:
Aufwandsvergleichsrechnung

Personalplanung Abteilung Verträge

Bereich	MA 1990 (aktuell)	MA 1993	MA ab 1994	Einsparung (%)
Sachbearbeitung	10	10	10	0
Vertragsabwicklung	8	7	6	25
Registratur	5	3	3	40
Summe	23	20	19	17

a): Eigenentwicklung

Planung DV-Ausgaben, -Aufwand, Einsparungen - Werte in TDM, MA-Gehalt p.a. TDM 100

Jahr	Ausgaben	Aufwand	Kostensenkung	Effekt. Aufwand	Effekt. Einsparung
1990	800	-	-	-	-
1991	1.200	-	-	-	-
1992	500	-	-	-	-
1993	-	500	300	200	-
1994	-	500	400	100	-
1995	-	500	400	100	-
1996	-	500	400	100	-
1997	-	500	400	100	-
Summe	2.500	2.500	1.900	600	-

b): Standard-Software

Jahr	Ausgaben	Aufwand	Kostensenkung	Effekt. Aufwand	Effekt. Einsparung
1990	-	-	-	-	-
1991	2.000	400	-	400	-
1992	-	400	-	400	-
1993	-	400	300	100	-
1994	-	400	400	-	-
1995	-	400	400	-	-
1996	-	-	400	-	400
1997	-	-	400	-	400
Summe	2.000	2.000	1.900	900	800

Wie die Personalplanung der Abteilung Verträge ergibt, können durch eine neue Software-Lösung, sei sie nun eigenentwickelt oder auch Standardsoftware, nur relativ wenige Mitarbeiter eingespart werden. Ursachen hierfür sind in der Aufgabenstruktur zu sehen, die insbesondere im Bereich Sachbearbeitung durch eine Fülle von Nebentätigkeiten im Kundenservice gekennzeichnet ist. Während dort demzufolge keine Mitarbeiter eingespart werden können, ergibt sich dagegen durch die neue DV-Lösung im Bereich Vertragsabwicklung immerhin eine Reduzierung von 25% der Mitarbeiter, bei der Registratur sogar 40%. Auf die gesamte Mitarbeiterzahl betrachtet beträgt die Reduzierung letztlich ca. 17% des Personalstandes von 1990.

„Rechnet" sich Investition im Abschreibungszeitraum? Aufgrund der Personalplanung wird eine Ausgaben- und Aufwandsvergleichsrechnung sowohl für die Eigenentwicklung als auch die Standardsoftware durchgeführt. Entsprechend den Ergebnissen der Voruntersuchung können die Anschaffungs- und Herstellkosten nach der Einführung aktiviert und über 5 Jahre abgeschrieben werden. Zu vergleichen ist dann der Aufwand in Form von Abschreibungen mit den erwarteten Kostensenkungen. Schnell wird klar, daß die erzielte Kostensenkung zumindest für die Dauer der Abschreibung den Gesamtbetrag der Aufwendungen nicht erreichen wird.

Für die Standardsoftware ist das Ergebnis zwar günstiger, aber auch dabei ist mit keinem Ausgleich des effektiven Aufwandes durch die effektiven Einsparungen im Abschreibungszeitraum zu rechnen.

Beide Investitionen würden sich somit zwar „rechnen", jedoch erst über einen längeren Zeitraum. Die Standardsoftware sieht vom Ergebnis der Wirtschaftlichkeitsrechnung gesehen dabei günstiger aus als die Eigenentwicklung.

3. Schritt: Die Nutzwertanalyse

Wenig befriedigt durch das Ergebnis der Wirtschaftlichkeitsrechnung macht sich das Projektteam anschließend daran, eine *Nutzwertanalyse* der bekannten drei Alternativen zu erstellen.

Hierbei ist zunächst festzustellen, welche Ziele die neue DV-Lösung erfüllen soll und wie die Gewichtung der Ziele aussieht.

Rangfolgenbestimmung mit Präferenzen Aufgrund der Ergebnisse der Voruntersuchung werden fünf Ziele benannt und deren Reihenfolge bezüglich ihrer Wichtigkeit durch eine Präferenzmatrix ermittelt. Dabei werden vom Projektteam und den Verantwortlichen Nennungen in Bezug auf die Reihenfolge abgegeben, die verhindern, daß persönliche Wertungen oder gar „nice-to-have"-Anforderungen das Rennen machen. Aus der Präferenzmatrix und deren Reihenfolge werden durch Festlegungen von Relationen (z.B. zwischen dem ersten und dem letzten Platz) Gewichte rechnerisch ermittelt und durch eine nachträgliche Analyse verifiziert und angepaßt. Bei der Betrachtung der fünf Ziele ist festzustellen, daß der durch die Wirtschaftlichkeitsrechnung untersuchte Aspekt der Mitarbeiter-Einsparung ebenfalls Eingang findet, jedoch erst an vierter und damit vorletzter Position. Deutlich wird hierdurch jedoch, daß auch in Kombination mit der Nutzwertanalyse durchaus monetär quantifizierbare Einzelziele einfließen und so letztlich zu einer Mischung mehrerer Verfahren führen können.

Als Ergebnis erhält das Projektteam eine Aufstellung von Zielen mit einer bestimmten Reihenfolge und Gewichtung (siehe Bild 7.18). Klar ersichtlich wird daraus die erhebliche Bedeutung der Dauer der künftigen Vorgangsbearbeitung in VERTRAG 2000 mit dem höchsten Gewicht vor den Anforderungen an den Kundenservice.

Bild 7.18:
Ziele und Gewichtung

Ziel	Merkmale	Gewichtung (%)
1	Dauer Vorgangs- bearbeitung, Antwortzeit	35
2	Kundenservice	30
3	Zukunftssicherheit	20
4	Mitarbeiter-Einsparung	10
5	Wartungsfreundlichkeit	5

In einem weiteren Schritt gilt es dann den Erfüllungsgrad der Anforderungen bei den einzelnen Alternativen in Hinblick auf die festgelegten Ziele zu ermitteln. Während der Erfüllungsgrad zum einen direkt meßbar ist, wie z.B. bei der Dauer der Vorgangsbearbeitung sowie den Antwortzeiten und damit direkt in einen Prozentsatz in Relation zu den gewünschten 100% umgesetzt werden kann, ist das bei anderen Zielen nicht so leicht machbar. In solchen Fällen wird zu Wertetabellen und sogar zu einer Benotung gegriffen, um Prozentsätze des Erfüllungsgrades abzuleiten [45].

Als Ergebnis erarbeitet unser Projektteam eine Tabelle, die für jedes Ziel bei jeder der drei Alternativen den Erfüllungsgrad angibt (siehe Bild 7.19)

Bild 7.19:
Alternativen und Erfüllungsgrad

Alternative / Ziel	I Erfüllungsgrad (%)	II Erfüllungsgrad (%)	III Erfüllungsgrad (%)
1	100	75	10
2	100	50	25
3	100	50	10
4	100	100	0
5	60	80	0

Der Rest der Nutzwertanalyse ist nur noch Rechenarbeit: Die Multiplikation der einzelnen Erfüllungsgrade mit den Gewichten der Ziele ergibt die Einzel-Nutzwerte, die in Addition den aufsummierten Gesamt-Nutzwert jeder einzelnen Alternative angibt (siehe Bild 7.20). Es wird deutlich, daß aufgrund der spezifischen Anforderungen von VERTRAG 2000 die Eigenentwicklung den deutlich höchsten Nutzwert hat und damit auch die Standardsoftware VERTRAS aus dem Feld schlägt.

Bild 7.20:
Nutzwert-
analyse

Alternative / Ziel	I	I	II	II	III	III
	G	E	N	E	N	E	N
1	35	100	35	75	26,3	10	3,5
2	30	100	30	50	15,0	25	7,5
3	20	100	20	50	10,0	10	2,0
4	10	100	10	100	10,0	0	0,0
5	5	60	3	80	4,0	0	0,0
Nutzwert			98,0		65,3		13,0

G: Gewicht in % gem. Bild 7.18
E: Erfüllungsgrad in % gem. Bild 7.19
N: Nutzwert (G * E)

4. Schritt: Die Nutzwert-Kosten-Analyse

Nachdem auf diese Weise die Nutzwerte der Alternativen bestimmt sind, gilt es als letztes die einzelnen Nutzwerte mit den entstehenden Kosten zusammenzuführen. Wie in Bild 7.21 ersichtlich, hat die Alternative A3 (Beibehaltung der Altanwendung und deren Wartung) den geringsten Nutzwert bei vergleichsweise auch den geringsten Kosten.

Bild 7.21:
Nutzwert-Ko-
sten-Analyse

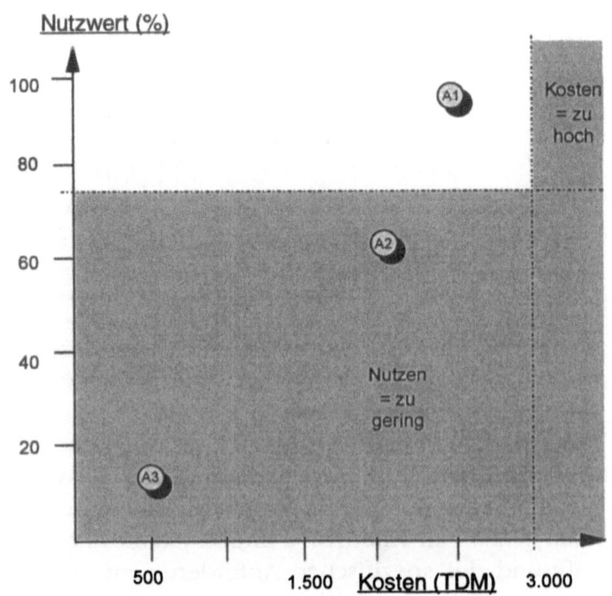

Die Alternative A2 (Standardsoftware VERTRAS) liegt mit ihrer *Nutzwert-Kosten-Relation* in der Mitte, während die Eigenentwicklung A3 sowohl bei den Kosten als auch dem Nutzwert in Führung liegt.

Vom Projektteam werden in Übereinstimmung mit der Geschäftsleitung die Grenzen für den minimal erforderlichen Nutzwert festgelegt, wobei 75% nicht unterschritten werden sollen. Weiterhin ist die Grenze der nicht überschreitbaren Kosten durch die Höhe des genehmigten DV-Projektbudgets auf maximal TDM 3.000 begrenzt, wie uns bereits bekannt ist.

Bei Einzeichnen der Grenzen in das Nutzwert-Kosten-Diagramm zeigt sich, daß lediglich die Alternative A1 (Eigenentwicklung) im festgesetzten Rahmen liegt, da nur sie den gewünschten Nutzwert liefert, und das innerhalb des gesteckten Kostenrahmens.

Nach Präsentation der Ergebnisse genehmigt die Geschäftsleitung die Realisierung einer Eigenentwicklung entsprechend den Vorgaben der Voruntersuchung. Die DV-Abteilung der Muttergesellschaft wird mit der Durchführung des Projektes VERTRAG 2000 beauftragt.

7.4   Projektaufwände richtig einschätzen und kalkulieren

7.4.1   Grundlagen

Nach der Durchführung von Kosten-/Nutzenbetrachtungen stellt die Aufwandschätzung mittels ingenieurmäßiger Verfahren den nächsten Schritt dar, der in der Regel in der frühen Projektphase nach Definition des DV-Projektes erfolgen sollte. Wenn wir im folgenden von Aufwand sprechen, ist damit zunächst der *Mitarbeiterbedarf* in Verbindung mit der erforderlichen Zeit gemeint, der als maßgeblicher Kostenfaktor in der Software-Entwicklung anzusehen ist und demgegenüber andere Faktoren wie Rechnerleistung, Materialkosten oder ähnliches vernachlässigt werden können [46]. Der für die von uns als *Bearbeiter* des Projektes bezeichnete anfallende *Bearbeiteraufwand* (Bearbeitertag, Bearbeitermonat etc.) steht somit im Vordergrund und erst in zweiter Linie die daraus resultierenden Kosten bzw. Aufwände aus betriebswirtschaftlicher Sicht.

Wie wir bereits bei der Kosten/Nutzenbetrachtung andeuteten, stellen Aktivitäten im Rahmen dieses Schrittes häufig ein Politikum dar. Bei der Schätzung des Bearbeiteraufwands kommt das insbesondere dann zum Tragen, wenn ihr keine einleitenden Schritte vorausgingen und eventuelle Konflikte somit nicht bereits im Stadium einer Kosten/Nutzenbetrachtung des DV-Projektes ausgetragen werden konnten.

Ingenieurmäßiges Vorgehen als Ausgangspunkt

Im Gegensatz zum ersten Schritt, der zunächst insbesondere grobe Anhaltspunkte liefern muß, ist von der Aufwandschätzung ein genaueres Zahlenwerk zu fordern, wenn auch damit ein Beitrag zur *Wirtschaftlich-*

keit des DV-Projektes geleistet werden soll. Die Angaben müssen realistisch und fundiert sein: sind sie doch feste Maßgröße für Planung sowie Durchführung und beeinflussen neben dem wirtschaftlichen Erfolg auch entscheidend Charakter und Qualität des Vorhabens [47]. Leider werden jedoch auch bei diesem Schritt häufig eine ganze Reihe von Fehlern gemacht.

Ungeliebte Aufwandschätzung

Bekannte Probleme, die sich gerade im Bereich der Aufwandschätzung immer wieder auswirken, sind u.a. [48]:

⇨ Geringe Bereitschaft, in frühen Phasen in die Voruntersuchung und Aufwandschätzung Zeit und Geld zu investieren,

⇨ Geringer Informationsgrad über das Projekt zum Schätzungszeitpunkt,

⇨ Verzicht auf detaillierte Schätzungen wegen erwarteter hoher Änderungshäufigkeit,

⇨ Generelle Abneigung gegen formalisierte Schätzverfahren.

Werden dennoch aber entsprechende Schätzungen vorgenommen, kommt es nur allzu häufig zu gravierenden Fehleinschätzungen. Betrachtet man die in der Praxis angewandten Kalkulationsverfahren, so ist unschwer festzustellen, daß nur in einem geringen Umfang sowohl methodengestützt als auch erfahrungsbezogen geschätzt wird, was sicherlich als unabdingbare Voraussetzung für ein professionelles Vorgehen anzusehen ist.

Untersucht man die Ursachen für die nahezu regelmäßig auftretenden Fehleinschätzungen von Projektaufwänden, trifft man zumeist immer wieder auf dieselben Faktoren.

Von den in solchen Untersuchungen [45] ermittelten Ursachen haben wir einige in Bild 7.22 zusammengestellt.

Geringe Akzeptanz ingenieurmäßiger Verfahren

Es fällt bei verschiedensten Studien immer wieder auf, daß zwischen dem Angebot an mehr oder weniger ingenieurmäßigen Rechenverfahren sowie deren Nutzung in der Praxis gerade in der DV-Entwicklung eine erhebliche Diskrepanz besteht. Wie kaum in einem anderen Bereich sind hier die Verantwortlichen häufig der Meinung, aufgrund ihrer eigenen Erfahrungen in der Vergangenheit selbst die besten Schätzungen abliefern zu können. Das gilt, obwohl regelmäßig nachgewiesen werden kann, daß selbst bei einfachen DV-Vorhaben die Schätzwerte unterschiedlicher Fachleute immer wieder weit auseinanderklaffen [46].

Bei aller Überzeugungskraft der Praktiker müssen wir jedoch aus Sicht der DV-Revision darauf bestehen, daß ein methodisch korrektes Vorgehen auch in der Aufwandschätzung angewandt wird, das als Grundlage für die anschließende Projektkalkulation dient.

Bild 7.22:
Ursachen Fehl-
schätzungen

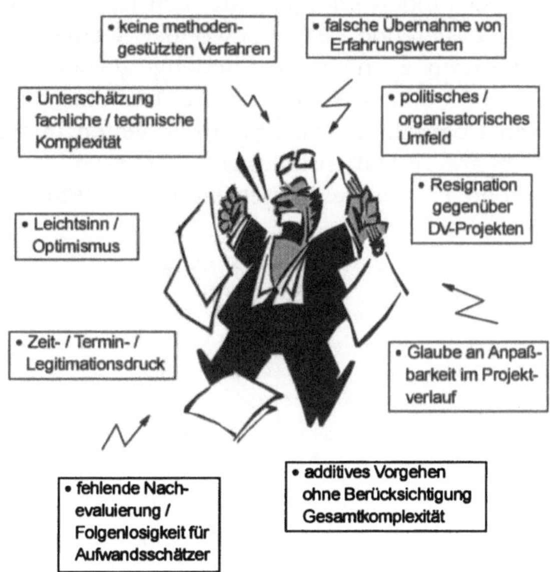

Wie ist nun vorzugehen, wenn bereits bei Projektstart gravierende Fehler vermieden werden sollen? Betrachten wir dazu zunächst ein allgemeines Vorgehensmodell, das helfen kann, Aufwandschätzungen als Ausgangspunkt in der richtigen Weise anzugehen (siehe Bild 7.23).

Der erste Schritt ist zweifellos in der

⇨ Aufgabenanalyse und -strukturierung

zu sehen, bei der die im DV-Projekt anfallenden Aufgaben zu untersuchen sind. Wir erkennen einen Zusammenhang mit dem angewandten Vorgehensmodell (siehe Kapitel 6.2), da uns eine vorliegende Problem- oder Anforderungsanalyse die Arbeit erheblich erleichtert. Es ist demzufolge ersichtlich, daß wie bereits die Kosten-Nutzen-Analyse auch die nachfolgende genauere Aufwandschätzung in der frühen Projektphase angesiedelt sein muß, um frühzeitig Entscheidungshilfen zu liefern.

Der Analyse folgen muß ein

⇨ Aufgabenvergleich

Die Erfahrungs-
datenbank als
Ausgangspunkt

mit anderen, bereits erfolgreich abgewickelten DV-Projekten. Wir verstehen darunter eine für den Zweck aufgebaute unternehmensspezifische *Wissens- und Datenbasis*, also letztlich eine *Erfahrungsdatenbank*, auf die für eine solche Aufgabe zugegriffen werden kann. Eine Erfahrungsdatenbank kann vergleichsweise einfach darin bestehen, daß entsprechende Aufzeichnungen und Auswertungen zu früheren Projekten, deren Anforderungen, Struktur, geschätzten Aufwänden und tatsächlichen Realisierungsaufwänden erfolgen. Aus den Daten kann eine auf dem Erfahrungsschatz basierende Größe gewonnen werden, mit deren Hilfe individuelle Korrekturen auch von methodengestützten Verfahren möglich sind. Wie unser Bild 7.22 jedoch zeigt, ist aber Vorsicht geboten, denn aus der falschen Übernahme von Erfahrungswerten in vielleicht doch nicht so vergleichbare Aufgabenstellungen, insbesondere bei innovativen Projekten, sind bereits viele Fehleinschätzungen entstanden.

Bild 7.23:
Vorgehen Aufwandschätzung

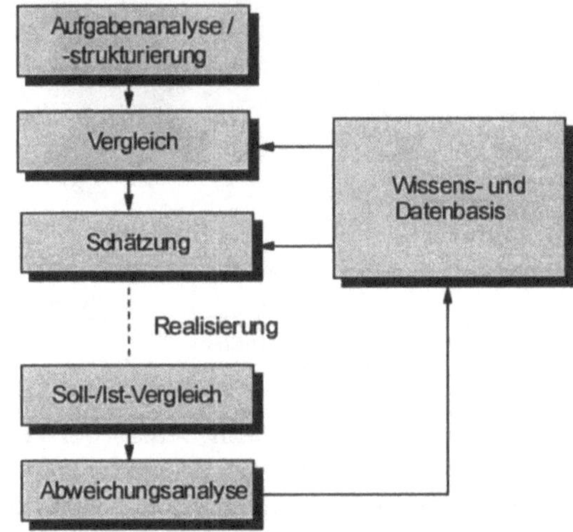

Bei der nachfolgenden eigentlichen

⇨ Aufwandschätzung

wird erneut auf unsere Wissens- und Datenbasis zurückgegriffen. Die Wissensbasis, die in diesem Fall auch die methodengestützten Verfahren enthält, liefert uns in Ergänzung mit eigenen Erfahrungswerten und Daten hoffentlich brauchbare Resultate, auf die wir unsere nachfolgende Projektkalkulation aufbauen und die Realisierung entsprechend dem jeweiligen Vorgehensmodell aufsetzen können.

Während der Realisierung im Laufe des kontinuierlichen Projekt-Controllings (siehe auch Bild 7.12) sowie nach Abschluß des DV-Projektes ist ein

⇨ Soll-/Ist-Vergleich mit anschließender
⇨ Abweichungsanalyse

erforderlich, deren Ergebnisse wiederum in unsere unternehmensspezifische Wissens- und Datenbasis einfließen und sie erneut erweitern in Hinblick auf künftige Aufgabenstellungen.

Welche methodengestützte Verfahren empfehlen sich, deren Einsatz auch von der DV-Revision gefordert werden kann und die unserem Ziel, der

Sicherstellung der Wirtschaftlichkeit der DV-Entwicklung, am ehesten förderlich sind?

Das „Teufels-
quadrat"

Es sollten nach Möglichkeit solche Verfahren zum Einsatz kommen, die bekannte wichtige Einflußgrößen der DV-Entwicklung berücksichtigen. Solche sind z.B. die auch im „Teufelsquadrat" (H.M. Sneed) vorkommenden Faktoren

⇨ Quantität,

⇨ Qualität und

⇨ Projektdauer.

Derartige Faktoren konkurrieren miteinander um knappe Kapazitäten und sind nicht nur von Einfluß auf resultierende Kosten, sondern auch auf die im Projekt entstehende Produktivität gemäß unserer Definition der mengenmäßigen Wirtschaftlichkeit.

Wenige geeig-
nete Verfahren

Methodengestützte Verfahren, die unsere oben aufgeführten drei Einflußfaktoren sowie die Produktivität berücksichtigen und dabei noch zuverlässige Ergebnisse liefern, sind nicht allzu dicht gesät, wie uns entsprechende Untersuchungen zeigen. Zu erwähnen sind beispielhaft die mit unterschiedlicher zugrundeliegender Methodik arbeitenden Verfahren aus neuerer Zeit (nach 1980) nach

⇨ COCOMO sowie

⇨ FUNCTION POINT.

Während in der Untersuchung gemäß [46] das Verfahren COCOMO (Constructive-Cost-Model), bei dem aufgrund empirischer Untersuchungen ein Zusammenhang zwischen Systemumfang und Erstellungsaufwand ermittelt wurde, als nicht besonders geeignet bezeichnet wird, ist das bei dem wohl bekanntesten Verfahren nach FUNCTION POINT anders zu sehen. Aufgrund dieses Sachverhaltes wollen wir uns im folgenden hiermit als einem Beispiel für ein in der Praxis bewährtes methodengestütztes Verfahren näher beschäftigen, das wir getrost auch als „ingenieurmäßig" bezeichnen können.

Das bei der IBM entwickelte Function Point Verfahren geht davon aus, daß die Anforderungen kommerzieller DV-Projekte im Rahmen einer Voruntersuchung o.ä. näher untersucht wurden und grob bekannt sind. Insbesondere die Geschäftsvorfälle bzw. Funktionen im Rahmen neuer DV-Anwendungen sowie bestehende Einflußfaktoren werden zum Ausgangspunkt der Schätzung gemacht (siehe Bild 7.24), die letztlich *Schwierigkeitsgrad und Umfang* des Projektes in den Mittelpunkt stellt [46].

Schwierigkeit und Umfang der einzelnen Funktionen sind Ansatzpunkt der Untersuchung und werden durch die Summe von Function Points dargestellt. Ermittelt werden sie durch eine Bewertung der Funktionen bezüglich ihrer Eingaben und Ausgaben. Zusätzlich wird auch die Komplexität der Datenobjekte mit Function Points bewertet, wobei alle Bewertungen in den Kategorien „leicht", „mittel" oder „komplex" erfolgen.

Im Anschluß daran werden noch 14 Faktoren, die von erheblichem Einfluß auf die Anwendungsentwicklung sind, entsprechend ihrer Bedeutung im jeweiligen Projekt ebenfalls nach vorgegebenen Richtlinien mit Zahlen bewertet, was im Ergebnis als „degree of influence" bezeichnet wird. Sämtliche Einzelergebnisse werden nun in einer Formel zusammengefaßt und ergeben die Summe bewerteter Function Points für das jeweilige Vorhaben.

Bild 7.24:
Ablauf Function
Point Verfahren

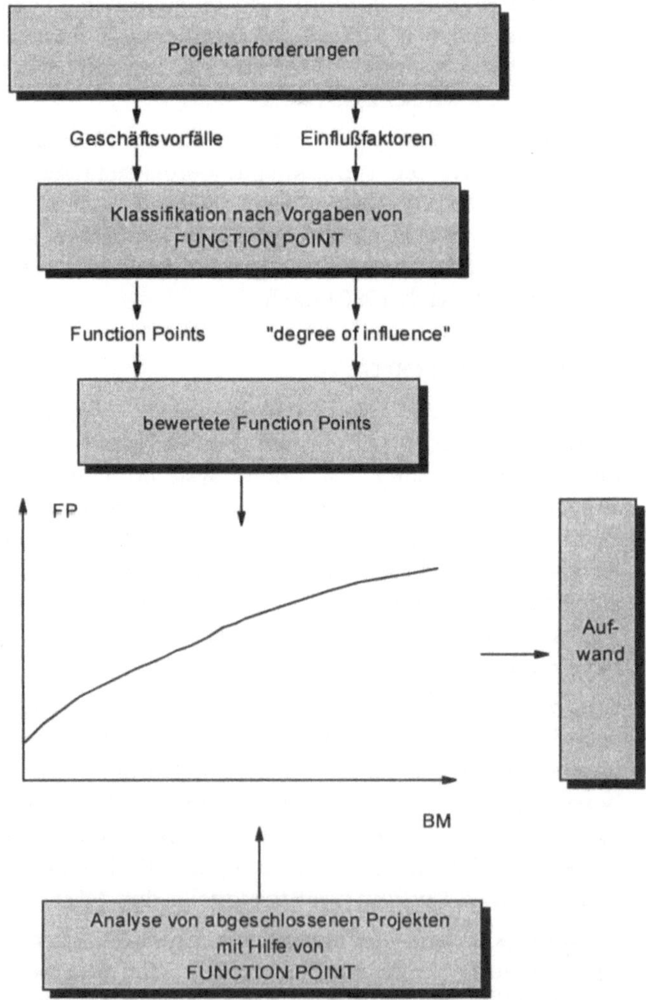

Quelle: Noth, T., Kretzschmar, M.: Aufwandschätzung von
DV-Projekten, Springer-Verlag Berlin Heidelberg, 1986

<table>
<tr><td>

Justierbarkeit als Vorteil

</td><td>

Zwischen den bewerteten Function Points sowie den tatsächlichen Aufwänden in Bearbeitermonaten gibt es Zusammenhänge, die sich statistisch in Form eines Kurvenverlaufs entsprechend Bild 7.24 darstellen lassen. Ein wesentlicher Vorteil des Verfahrens ist darin zu sehen, daß sowohl auf allgemeine Erfahrungswerte (Standard-Kurvenverlauf für bestimmte Systemumgebungen) als auch spezifische Werte aus der von uns bereits angesprochenen Wissensbasis des Unternehmens zugegriffen werden kann. Weiterhin können für verschiedenste Systemumgebungen von PCs bis zu Hostsystemen sehr *individuelle Kurvenverläufe* ermittelt und angesetzt werden. Diese bleiben in unserer Wissensbasis durch die Analyse abgeschlossener Projekte permanent justierbar und stellen letztlich den sehr spezifischen, im Kontext zu sehenden Produktivitätsfaktor des Unternehmens wie auch der Systemumgebung dar.

</td></tr>
</table>

In den letzten Jahren hat das Function Point Verfahren dadurch weltweit allerdings fast so viele verschiedene Ausprägungen erhalten wie es Anwender gibt. Da so Transparenz und Vergleichbarkeit nicht mehr gewährleistet erschienen, wurde 1986 in den USA die „International Function Point User Group" (IFPUG) gegründet, die sich die Standardisierung und Verbreitung des Verfahrens zum Ziel gesetzt hat.

Seit ca. Mitte 1993 gibt es zusätzlich die „Deutschsprachige Anwendergruppe für Software Metrik und Aufwandschätzung e.V." (DASMA), die eng mit der IFPUG zusammenarbeitet. Der Verein gibt die Dokumente der IFPUG in deutscher Sprache heraus und führt regelmäßige Workshops durch, bei denen im Kreise von Software-Häusern und Anwendern Werkzeuge zur Ermittlung und Verwaltung von Maßzahlen der DV-Entwicklung behandelt werden.

<table>
<tr><td>

Verfahren praxiserprobt

</td><td>

Da das Function Point Verfahren mittlerweile als hinreichend genau und praxiserprobt angesehen werden kann, können wir im Rahmen der DV-Revision die Anwendung eines derartigen Verfahrens nur begrüßen, da hierdurch die Transparenz und Nachvollziehbarkeit im Schätzprozeß gegeben ist, die wir zur Sicherstellung der Wirtschaftlichkeit benötigen.

</td></tr>
</table>

Es ist nicht weiter erstaunlich, daß ein derartiges Verfahren auch in Software-Werkzeugen wiederzufinden ist, mittels derer der Entwicklungsprozeß wirkungsvoll unterstützt werden kann. Als Beispiel sei das System SOFTMAN aus der Reihe der SOFTORG-Produktionsumgebungen erwähnt, in dem neben anderen Verfahren auch die Function Point Methode implementiert ist [47].

<table>
<tr><td>

Was berücksichtigt Function Point?

</td><td>

Welche Phasen des DV-Entwicklungsprozesses durch die Aufwandschätzung nach Function Point abgedeckt werden, ist für die weitere Kalkulation des Projektes erheblich. Einigkeit besteht darin, daß sowohl Aufgaben des Projektmanagements sowie anfallende Zusatzaufgaben wie Hardware- und Softwarebeschaffung etc. nicht in dem errechneten Aufwand

</td></tr>
</table>

enthalten sind. Interpretationsspielraum läßt demgegenüber die Aussage, daß in der ursprünglichen IBM-Aufwandskurve entsprechend deren Vorgehensmodell auch Aufwände für die Projektabgrenzung nicht inbegriffen sind [46]. Hieraus kann abgeleitet werden, daß die gesamte Fachspezifikation nicht enthalten ist, die im Rahmen anderer Phasen- und Vorgehensmodelle ca. 25% des gesamten Entwicklungsaufwandes ausmacht (siehe Kapitel 6.2). So betrachtet stellt der auf Basis Function Points ermittelte Aufwand lediglich 75% des gesamten Aufwands dar, zu dem noch zusätzlich sämtliche Managementaufwände hinzuzurechnen sind.

Voraussetzungen ausschlaggebend

Deutlich wird, daß auch bei der Anwendung eines solchen Verfahrens die Annahmen und Voraussetzungen genau zu prüfen sind, von denen bei der Aufwandschätzung ausgegangen wird, da andernfalls erneut weite Spielräume für unterschiedlichste Interpretationen und Rechenergebnisse gegeben sind.

Zur besseren Verständlichkeit und Nachvollziehbarkeit des Verfahrens wollen wir im folgenden unser Fallbeispiel aus dem letzten Kapitel weiter betrachten, bei dem es in die nächste Phase sowie die Aufwandschätzung und Kalkulation geht.

7.4.2　Fortsetzung Fallbeispiel: Projekt VERTRAG 2000

Im Rahmen der anstehenden konzeptionellen Phase laut Vorgehensmodell der XY GmbH stehen im Projekt VERTRAG 2000 nun die Durchführung einer Aufwandschätzung sowie der Projektkalkulation auf dem Plan. Aufgrund seiner weiten Verbreitung und auch Eignung als leicht anwendbares, transparentes und methodengestütztes Verfahren entschließt sich das Projektteam zu einer Aufwandschätzung nach Function Point.

Bild 7.25:
Bewertung
Funktionen /
Eingaben

Einstufung / Kriterien	einfach	mittel	komplex
Anzahl unterschiedlicher Datenelemente	1 - 5	6 - 10	> 10
Anzahl der benötigten Datenbestände	1	2 - 3	> 3
Eingabeprüfungen	formal	formal + logisch	formal + logisch + DB-Zugriff
Anspruch an die Benutzeroberfläche	gering	normal	hoch

Vergebbare Punktzahl für Eingaben:
einfach / wenig: 3, mittel / mehrere: 4, komplex / viele: 6, bereits berücksichtigt / kein nennenswerter Aufwand: 0

Zunächst werden dafür die wesentlichen Aufgaben im Projekt VERTRAG 2000 strukturiert und in eine Liste von Dialog- und Batchfunktionen sowie Datenobjekten umgesetzt. Es werden 33 Dialog- sowie 10 Batchfunktionen identifiziert, weiterhin ermittelt man 19 wesentliche Datenobjekte.

Für jede der Dialog- sowie Batchfunktionen ist anschließend eine Bewertung sowohl der *Eingaben* als auch der Ausgaben erforderlich. Bezüglich des ersten Teils hält man sich an die Bewertungskriterien für Eingaben einer Funktion gemäß der in Bild 7.25 dargestellten Tabelle.

Einfacher noch werden die *Ausgaben* aller Funktionen bewertet entsprechend der in Bild 7.26 enthaltenen Tabelle.

Bild 7.26:
Bewertung
Funktionen /
Ausgaben

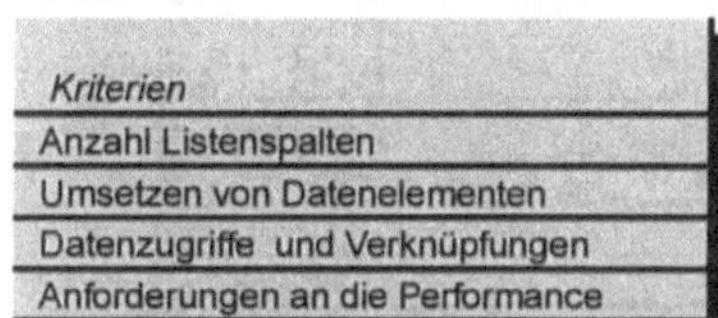

Vergebbare Punktzahl für Ausgaben:
einfach / wenig: 4, mittel / mehrere: 5, komplex / viele: 7, bereits berücksichtigt / kein nennenswerter Aufwand: 0

Nachdem die Bewertung für jede identifizierte Funktion bezüglich ihrer Ein- und Ausgaben erfolgt ist, wird im nächsten Schritt die Untersuchung der *Datenobjekte* erforderlich.

Function Point verlangt, daß jedes Datenobjekt gezählt und bewertet wird, das von der Anwendung gepflegt bzw. angesprochen wird. Anhaltspunkte für die Klassifizierung der Datenobjekte liefert die in Bild 7.27 dargestellte Tabelle.

Bild 7.27:
Bewertung
Datenobjekte

Kriterien \ Einstufung	einfach	mittel	komplex
Anzahl unterschiedlicher Datenelemente	1 - 20	21 - 40	> 40
Anzahl Schlüsselbegriffe	1	2	> 2
Anz. Beziehungen zu anderen Datenobjekten	1 - 3	3 - 8	> 8

Vergebbare Punktzahl:
einfach / wenig: 7, mittel / mehrere: 10, komplex / viele: 15, kein nennenswerter Aufwand: 0

Aus den ermittelten Function Points für Funktionen sowie denen für Datenobjekte erhält man so eine Summe von Function Points, die es allerdings noch zu bewerten gilt. Für die Bewertung der 14 *Einflußfaktoren* im

Fall von VERTRAG 2000 wird ebenfalls auf eine Tabelle zugegriffen, die in Bild 7.28 wiedergegeben ist.

Bild 7.28:
Bewertung Einflußfaktoren

Einflußfaktor	Punktebereich	Einflußfaktor	Punktebereich
1. Kommunikations-Einrichtung	0 - 5	8. Online - Dateipflege	0 - 5
2. DDP-Konzept	0 - 5	9. Komplexe Verarbeitung	0 - 50
3. Antwortzeitverhalten	0 - 5	10. Wiederverwendbarkeit Programme	0 - 5
4. Antwortzeitverhalten bei starker Last	0 - 5	11. Konvertierungen	0 - 5
5. Hohe Transaktionsrate	0 - 5	12. Bedienungserleichterung	0 - 5
6. Online-Daten-Eingabe	0 - 5	13. Anzahl lokal getrennter Stationen	0 - 5
7. Dialog und komplexe Transaktionen	0 - 5	14. Erleichterung Änderungsdienst	0 - 5

> **Punktebereich:**
> kein Einfluß: 0
> starker Einfluß: 5 bzw. 50

Jetzt liegen alle Informationen vor, aus denen nach einer Formel die bewerteten Function Points (BFP) unter Berücksichtigung des Ergebnisses der Einflußfaktoren (EF) ermittelt werden können:

$$\Rightarrow \text{BFP} = \text{FP} \times (0,65 + \frac{\text{EF}}{164})$$

Da man über noch keine eigenen Erfahrungswerte einer unternehmensspezifischen Zuordnung von Function Points und entstehenden Aufwänden in Bearbeitermonaten (BM) verfügt, verwendet das Projektteam eine Standard-Tabelle, die eine derartige Zuordnung ermöglicht (Bild 7.29).

Nach Durchführung aller Schritte ergibt sich die in Bild 7.30 dargestellte Gesamtsituation bezüglich der BFP, dem daraus abgeleitetem Aufwand in BM sowie den geschätzten Kosten für das Projekt VERTRAG 2000.

Aus den ermittelten 485 BFP kann man einen Aufwand in Höhe von 44,7 BM entsprechend der Tabelle in Bild 7.29 ermitteln. Der stellt jedoch nur 75% des Gesamtaufwandes dar, da im Kurvenverlauf die Phase der Fachkonzeption, die vom Projektteam mit einem Anteil von 25% am Gesamtaufwand angesetzt wird, nicht enthalten ist. Weiterhin erfolgt auf den daraus ermittelten 100%-Wert, der auch erforderliche QS-Maßnahmen enthalten soll, noch ein 10%-*Zuschlag* für Projektmanagement-Aufgaben. In der Summe ergibt sich so ein geschätzter Gesamtaufwand von ca. 65,6 BM für das Projekt VERTRAG 2000. Veranschlagt man nun 1 BM zu 20 Bearbeitertagen (BT), resultieren unter Berücksichtigung eines Tagessatzes von DM 1.500 geschätzte Gesamtkosten in Höhe von TDM 1.968.

Bild 7.29:
Function Point /
Aufwand-Zuordnung

Function Points	Bearbeiter Monate (BM)	Function Points	Bearbeiter Monate (BM)
50	2,3	800	85,3
100	5,6	850	92,4
150	9,5	900	99,6
200	13,9	950	106,9
250	18,6	1000	114,4
300	23,6	1100	129,6
350	28,9	1200	145,2
400	34,4	1300	161,3
450	40,1	1400	177,7
500	46,1	1500	194,6
550	52,2	1600	211,7
600	58,5	1700	229,3
650	65,0	1800	247,1
700	71,6	1900	265,3
750	78,4	2000	283,7

Es stellt sich somit heraus, daß die Kosten für die Eigenerstellung noch im Rahmen des in der Voruntersuchung abgesteckten Rahmens liegt, der auch noch Erweiterungsinvestitionen im Bereich Hardware enthielt. Eine Korrektur der Ergebnisse der zuvor angestellten Kosten/Nutzen-Abwägungen ist somit nicht erforderlich.

Aufbauend auf den Ergebnissen der Aufwandschätzung ist diese anschließend in eine konkrete Projektplanung umzusetzen. Auch sie stellt eine Rahmenbedingung für die wirtschaftliche Projektabwicklung dar, weshalb wir uns im folgenden Kapitel näher mit ihr beschäftigen werden.

Bild 7.30:
Ermittlung Projektaufwand

Funktionen	Punkte-bewer-tung
33 Dialogfunk-tionen - Eingabe - Ausgabe	120 180
10 Stapelfunk-tionen - Eingabe - Ausgabe	56 82
Summe Funktionen	438

Datenobjekte	Punkte-bewer-tung
19 Datenobjekte	113
Summe Datenobjekte	113

Einflußfaktoren	Punkte-bewer-tung
Summe Einflußgrad	38

$$BFP = FP * (0{,}65 + EF{:}164)$$
$$485 = 551 * (0{,}65 + 38{:}164)$$

485 BFP =	44,7 BM (75%)
	59,6 BM(100%)
+ 10% PM	6,0 BM
Summe:	ca.65,6 BM

1 BM = 20 BT = TDM 30
Gesamtkosten TDM 1.968

7.5   Umsetzung und Verfolgung: Projektplanung und Realität

7.5.1   Grundlagen

Nachdem wir uns im vorherigen Kapitel mit der ingenieurmäßigen Aufwandschätzung in DV-Projekten befaßt haben, geht es im nächsten Schritt um die Umsetzung in eine konkrete Projektplanung, die Verfolgung der tatsächlichen Aufwände im Projektverlauf sowie die Analyse von Soll-Ist-Abweichungen während der nun erfolgenden Realisierung.

Ableitung Personaleinsatzplanung

Die erarbeiteten Aufwandschätzungen sind hierbei in konkreten Zeitbedarf umzusetzen unter Berücksichtigung von verfügbaren Zeiträumen und dem Einsatz vorgesehener bzw. erforderlicher Projektmitarbeiter. Konkrete Einzelaufgaben müssen in Vorbereitung der Projektarbeit definiert und in eine entsprechende *Personaleinsatzplanung (PEP)* überführt werden.

Während wir eine Betrachtung entstehender Kosten erst im Rahmen des Projekt-Controllings vornehmen (siehe Kapitel 7.6), beschäftigen wir uns im Rahmen der Projektplanung sowie den zugehörigen Analysen von Soll-Ist-Abweichungen zunächst ausschließlich mit der Verteilung und

Analyse von entstehenden *Bearbeiteraufwänden* entsprechend unserer Definition im vorhergehenden Kapitel.

Aufgaben-Mitarbeiter-Matrix

Im Rahmen einer *Aufgaben-Mitarbeiter-Matrix* erfolgt die Zuordnung identifizierter Teilaufgaben sowie der beteiligten Mitarbeiter. Hierbei wird der Bearbeiteraufwand pro Teilaufgabe und Mitarbeiter auf ausreichend kleine, planbare Zeiträume (z.B. Kalenderwochen) heruntergebrochen. Im Ergebnis läßt sich so die *Zeitdauer* der Teilaufgaben sowie letztlich des gesamten geplanten Projekts oder Teilprojekts unter Berücksichtigung von Feiertagen, Urlaub und Krankheitszeiten etc. ermitteln. Diese Aufgabe, die in der Regel vom Projektleiter bzw. Projektmanager durchgeführt werden sollte, kann in Verbindung mit den vorherigen Schritten eine ausreichende Sicherheit in der Projektarbeit gewährleisten.

Die Personaleinsatzplanung, die im Rahmen der Projektberichte regelmäßig aktualisiert werden muß, kann eine Vielzahl von Informationen liefern, die für die aktuelle Übersicht und Prüfung des Projektablaufs notwendig sind. Aufführen wollen wir hier z.B.

⇨ Ausstehende Aufgaben,
⇨ Verteilung auf Mitarbeiter,
⇨ Bearbeitertage pro Kalendermonat ab Planungszeitpunkt,
⇨ Verfügbarer Bearbeiteraufwand,
⇨ Projekt-Reserven usw.

Unterstützt werden kann eine derartige Planung mittels einer Reihe von am Markt erhältlichen, insbesondere PC-basierten Projektmanagement-Werkzeugen (so z.B. CA-Project, MS-Project u.a.). Zur Verdeutlichung des Ablaufs wollen wir im folgenden unser Fallbeispiel aus den letzten Kapiteln weiter betrachten und nun in eine Planung von Mitarbeitern und Zeiträumen umsetzen.

7.5.2   Fortsetzung Fallbeispiel: Projekt VERTRAG 2000

Die Aufwandschätzung für das Projekt VERTRAG 2000 der XY GmbH hatte einen Bearbeiteraufwand von ca. 65,6 Bearbeitermonaten (BM) bzw. rund 1.310 Bearbeitertagen (BT) ergeben.

Da im Projekt aufgrund der Dringlichkeit spätestens nach einem Zeitraum von 24 Zeitmonaten mit der Einführung begonnen werden soll, muß eine entsprechende Anzahl von Entwicklern bei der mit der Realisierung beauftragten Muttergesellschaft bereitgestellt werden (siehe Kapitel 7.3.2).

Wird im Gegensatz zu unserer *Kostenschätzung* im vorherigen Kapitel, die 20 BT pro BM angesetzt hatte, eine tatsächliche, durchschnittliche *Bearbeiterleistung* von 125 Std/Monat unterstellt, was ca. 16 BT im Monat entspricht, ergibt sich ein Bedarf von ca. 3,5 Bearbeitern über den Zeitraum von 24 Monaten, um den geschätzten Aufwand zu erbringen. Aus dieser Sicht erscheint das Projekt insgesamt realistisch machbar.

Bei der Berücksichtigung eines Vorgehensmodells im Projekt, das den voraussichtlichen *Anteil* der einzelnen Phasen am Gesamtaufwand ausweist, ergibt sich folgende grobe Aufteilung des Aufwands:

⇨ Konzeption (20%):   260 BT,
⇨ Entwurf   (30%):   390 BT,
⇨ Realisierung (40%):   530 BT,
⇨ Einführung (10%):   130 BT.

Es wird davon ausgegangen, daß in der Konzeptionsphase überwiegend 2 Mitarbeiter mit fallweiser Unterstützung tätig werden, 3 Mitarbeiter beim Entwurf sowie 5 Mitarbeiter in der Realisierung. Unter diesen Rahmenbedingungen ist festzustellen, daß sowohl die Phasen Konzeption als auch Entwurf mindestens jeweils 8 Zeitmonate erfordern werden sowie nochmals ca. 7 Zeitmonate für die Realisierung einzuplanen ist. Da im Anschluß noch die Einführung erfolgen muß, wird der vorgesehene Zeitrahmen nur knapp zu halten sein.

Unter diesen Restriktionen erfolgt zunächst lediglich die Personaleinsatzplanung für die Konzeptionsphase (siehe Bild 7.31).

Bild 7.31
Personalein-
satzplanung

Personaleinsatzplanung Phase: Konzeption Planungszeitraum 07.90 - 02.91		Stand 10.06.90 Mitarbeiter gesamt								
Aufgaben	Mitar-beiter	07 90	08	09	10	11	12	01 91	02	Summe
Anforderungs-analyse	DHS	12	13	13						38
	ZER	10	10							20
Grobkonzept	DHS				12	4	5	5	7	33
	ZER			8	8	4		3	3	26
Informations-objekte	DHS				2	4	4	2	2	14
	ZER			2	5	5	4			16
Funktions-struktur/-komplexe	DHS				2	7	2	6	3	20
	ZER					4	5	7		16
Reviews	DHS			1				1	1	3
	MAB			2				2	2	6
	SOH			2				2	2	6
	WER			2				2	2	6
	ZER			1				1	1	3
Projektleitung	ZER	5	3	2	2	2	2	2	5	24
Beratung	GEH	5	5							10
Summe										241
Verfügbar										260
Reserve										19

Heruntergebrochen auf ausreichend kleine Zeiträume und in regelmäßigen Abständen erstellt (z.B. wöchentlich), ergänzt durch Auswertungen pro Mitarbeiter bzw. Aufgabenkomplex sowie für jede Phase wiederholt bietet die Personaleinsatzplanung wie im Beispiel ein wirkungsvolles Instrument, das Projektgeschehen nicht nur im Griff behalten zu können, sondern auch für externe wie interne Anforderungen nachvollziehbar zu machen.

7.6 Ergebnis: Das Controlling-System als Prüfungshilfe

Aufgrund unserer bisherigen Überlegungen zu Aufwandschätzungen, Planungen sowie Projektverfolgung im Rahmen der Überwachung der Wirtschaftlichkeit kann nunmehr eine Zusammenführung in einem umfassenden Controlling-System erfolgen. Ein derartiges funktionierendes Controlling-System kann durchaus als *Prüfungshilfe* angesehen werden, verschafft es doch nicht nur dem unternehmensinternen Controller, sondern auch uns aus Sicht der DV-Revision den erforderlichen Überblick.

Das Controlling-System liefert die Datenbasis für Verfolgung und Einhaltung der Budgetvorgaben.

Ein effizientes DV-Controlling muß ermöglichen, daß alle DV-bezogenen Aktivitäten in hinreichendem Umfang, wie in Bild 7.3 dargestellt, durch wirksame

⇨ Planung,
⇨ Steuerung,
⇨ Information,
⇨ Analyse und
⇨ Kontrolle

abgesichert sind sowie bezüglich ihres Nutzens und ihrer Wirtschaftlichkeit beherrschbar bleiben.

Aus der globalen Zielsetzung heraus ist ein DV-Controlling- und Budgetierungsverfahren zu entwickeln, das umgesetzt wird in

⇨ angewandtem Rechenverfahren,
⇨ erforderlichem organisatorischen Ablauf sowie einer
⇨ angemessenen Systemunterstützung.

Das Rechenverfahren

Es ist zunächst ein *Rechenverfahren* zu verlangen, das eine Darstellung projektorientierter wie auch projektübergreifender Plan- und Ist-Zahlen ermöglicht, Abweichungen ausweist und den für ein wirksames Projekt-Controlling erforderlichen Aspekt eines *Frühwarnsystems* beinhaltet. Das Rechenverfahren im Rahmen des DV-Controlling sollte sowohl anwendbar sein für den Bereich der DV-Entwicklung (Projekte) als auch den der DV-Produktion (Rechenzentren).

Der organisato-
rische Ablauf

Ein *organisatorischer Ablauf* muß die Behandlung von Projektanträgen über Unterschriftsregelungen bis hin zur Ablage von Originalbelegen regeln. Wesentlicher Bestandteil des organisatorischen Ablaufs ist das Interne Kontrollsystems (IKS), das eine vollständige, richtige, nachvollziehbare und sichere Behandlung aller Vorgänge gewährleisten muß.

Auch im Bereich des organisatorischen Ablaufs sind sowohl die DV-Entwicklung als auch die DV-Produktion einzubeziehen.

Die Systemun-
terstützung

Im Rahmen der *Systemunterstützung* ist festzulegen, durch welche Anwendungen (Individual- oder Standardsoftware) sowie über welche Rechner die Aufgaben des DV-Controlling-/Budgetierungsverfahrens abgewickelt werden.

7.6.1 Allgemeine Anforderungen

Im Rahmen von vorrangigen Anforderungen sollten zunächst die Bereiche DV-Entwicklung sowie DV-Produktion abgedeckt werden auf der Basis bestimmter Kostenstellen und Kostenarten. Es muß darauf geachtet werden, daß von Anfang an alle durch die DV verursachten Kosten auch einbezogen werden, ohne daß Positionen in anderen Bereichen „versteckt" werden.

Berücksichti-
gung externer
und interner
Kosten

Während *externe* Kosten aufgrund von Fremdleistungen mit Sicherheit berücksichtigt werden müssen, entsteht häufig eine Diskussion über *interne* Kosten, d.h. insbesondere *Personalkosten*. Erst bei Berücksichtigung auch solcher Positionen in unserem Controlling- und Budgetierungsverfahren kann jedoch von einem „echten" DV-Controlling gesprochen werden.

Zur Ermittlung der Personalkosten können die jeweiligen Gehälter sowie anteilige Zusatzkosten in interne Stundensätze umgewandelt und durch Verfolgung der erbrachten Bearbeiteraufwände in interne Kosten umgerechnet werden.

Erst ein solches Verfahren ermöglicht auch die konsequente Zuordnung der Budgetverantwortung im Projektbereich zur Fachseite als „Besteller" und damit eine optimale Steuerungsfunktion aller anfallenden DV-Aktivitäten nach dem Verursacherprinzip.

7.6.2 Rechenverfahren

Im Rahmen des angewandten Rechenverfahrens sind verschiedene Anforderungen zu stellen. So muß das Verfahren insbesondere *richtig* und *vollständig* sein, was sich u.a. in der Wahl geeigneter Kostenstellen sowie Kosten- bzw. Ausgabenarten niederschlagen sollte.

Die Ausgabenplanung im Rahmen der DV-Entwicklung und der DV-Produktion muß nach Genehmigung durch die verantwortlichen Instanzen in eine *Gesamtbudgetierung* einfließen. Die erfolgenden Verdichtungen ergeben sich nach Vorgabe der festzulegenden Kostenstellen sowie Kosten- bzw. Ausgabenarten.

Die Verschieblichkeit / Kompensationsmöglichkeit von Ausgaben in der Gesamtbudgetierung sollte sowohl uneingeschränkt vertikal bestehen (zwischen unterschiedlichen Plan-/Budgetpositionen desselben Planungszeitraumes) als auch horizontal (zwischen gleichen und unterschiedlichen Plan- / Budgetpositionen unterschiedlicher Planungszeiträume). Die letzte Anforderung stößt häufig in solchen Unternehmen auf Schwierigkeiten, die festgeschriebene Jahresplanungen haben, die im jeweiligen Zeitraum ausgeschöpft werden müssen und keinen Vortrag in die folgende Planperiode (z.B. das nächste Geschäftsjahr) zulassen.

Ausgaben- oder Aufwandsbetrachtung? Planungs- und Berichtszeiträume sind in der Regel Monat, Quartal, Halbjahr und das gesamte Geschäftsjahr. Das Rechenverfahren muß die Ableitung einer mengen- und wertmäßigen *Ausgabenrechnung* aus einer *Journalführung* von Einzelpositionen ermöglichen. Spezifische Sachverhalte wie wiederkehrende Beträge aus Verträgen sowie die Verknüpfung mit deren Laufzeiten usw. müssen berücksichtigt werden können. Bei besonders ausgefeilten Verfahren kann darüber hinaus noch die Ableitung einer *Aufwands-/Abschreibungsrechnung* aus der Ausgabenrechnung möglich sein durch Aufteilung der Einzelposition in z.B. Kauf einerseits sowie Miete/Leasing andererseits.

Frühwarnaspekte Das Rechenverfahren muß im Bereich der Projekte unbedingt einen *Frühwarnaspekt* beinhalten, der sich auf Basis von Plan-Plan- und Plan-Ist-Abweichungen unter Berücksichtigung permanenter Neuschätzungen der Restausgaben ergibt. Derartige Frühwarnsignale können z.B. sein, wie in unserem Beispiel in Anhang 8 ausgeführt:

⇨ Plan-Mehrausgaben (aktuelle Mehrausgaben ab Folgemonat),

⇨ Plan-Mehrausgaben kumuliert (gesamte Mehrausgaben inkl. früher erfolgter Planänderungen,

⇨ Ist-Mehrausgaben laufender Monat,

⇨ Ist-Mehrausgaben kumuliert inkl. laufendem Monat usw.

Neben dem Frühwarnaspekt muß das Rechenverfahren genehmigte *Einzelbudgets* im Rahmen von *Jahres-* und *Mehrjahres-Budgets* berücksichtigen können.

Verfügungen über *Einzelbudgets* erfolgen zunächst einmal über vorgelegte Rechnungen. Sofern ein ausgefeilteres Verfahren angewandt werden soll als das beispielhaft in Anhang 8 dargestellte, sind auch mehrstufige Verfügungen denkbar (z.B. mit zu genehmigenden *Budgetabrufen* und nachfolgenden *Auftragserteilungen*). Die Verfügungen sind neben den erst später vorgelegten Rechnungen sowie bereits erbrachten Ist-Aufwendungen unter Beachtung der Verteilung auf die jeweiligen Zeiträume rechnerisch zu unterscheiden. Grundlage der Verfügungen ist die erfolgte detaillierte Einzelplanung.

Die Planung, Genehmigung und zentrale Erfassung der maßgeblichen Gesamt- und Einzelbudgets muß in einem den Anforderungen des jeweiligen Unternehmens entsprechenden *organisatorischen Ablauf* erfolgen.

Kennzahlen-system

Die für das Rechenverfahren erforderlichen Plan- und Ist-Zahlen sind in einem Schema von *Kennzahlen* zu sehen, wie sie beispielhaft in Anhang 8 dargestellt sind. Die Plan- und Ist-Zahlen, die über verschiedene *Belegarten* erfaßt werden, umfassen dort im einzelnen:

⇨ Gesamtbudgets Projekte (Großprojekte, Mehrjahres-Budget),

⇨ Gesamtbudgets pro Jahr,

⇨ Ausgabenplanungen (Erst- und Folgeplanungen),

⇨ Auftragserteilungen (aufgrund genehmigter Budgets),

⇨ Summen-Meldungen (über bis zum Monatsultimo erbrachte, aber noch nicht fakturierte Fremdleistungen),

⇨ Interne Personalkosten,

⇨ Rechnungen.

Ein zentral ablaufendes Rechenverfahren sollte u.a. folgende Zusammenhänge sowie auch Abweichungen zwischen folgenden Positionen behandeln können:

1. Auftragserteilungen aufgrund von genehmigten Budgets,

2. Summen-Meldungen, die sich auf 1. beziehen,

3. Vorgelegte Rechnungen zu 1. bzw. 2., die bei Vorlage ausgeziffert werden,

4. Sonstige vorgelegte Rechnungen.

7.6.3 Organisatorischer Ablauf

Der organisatorische Ablauf sollte zum einen die Behandlung von DV-Gesamtbudgets sowie zum anderen die von DV-Einzelbudgets unterscheiden. Zu den DV-Gesamtbudgets gehören sowohl DV-Jahresbudgets als auch die Mehrjahres-Budgets z.B. bei Großprojekten.

Die DV-Einzelbudgets entstehen im Rahmen von genehmigten Gesamtbudgets und beinhalten ebenfalls den Mittelabruf sowie deren Verwendung im Tagesgeschäft.

In unserem Bild 7.32 haben wir beispielhaft wesentliche Gremien aufgeführt, die in der Regel im Rahmen von Controlling-Verfahren zusammenwirken und zwischen denen Informationen über die oben aufgeführten Plan- und Ist-Zahlen den jeweiligen Anforderungen des Unternehmens entsprechend zirkulieren.

Bild 7.32:
Zusammenspiel
Controlling-
Gremien

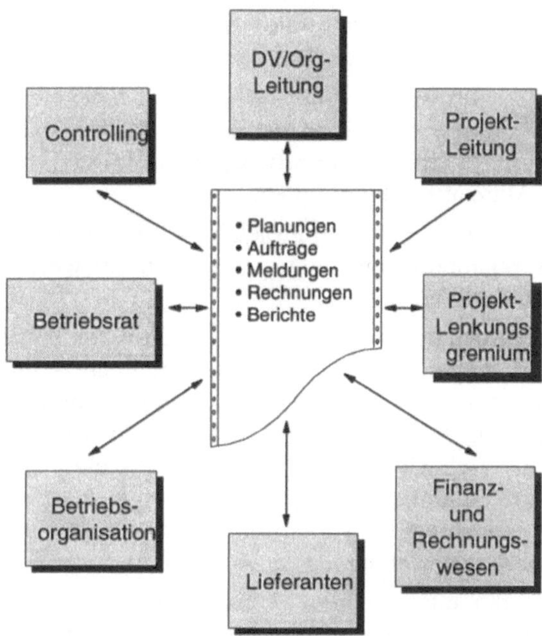

Während im organisatorischen Ablauf bei der Behandlung der DV-Gesamtbudgets in der Regel Institutionen wie DV/Org-Leitung, Finanz- und Rechnungswesen etc. das Übergewicht haben, ist demgegenüber die Verfahrensweise bei der Behandlung von DV-Einzelbudgets mehr das Tagesgeschäft von Projektleitung, Betriebsrat, Controlling etc.

Projektleiter
und Budgetverantwortlicher

Die DV-Einzelbudgets werden aus den zuvor genehmigten Gesamtbudgets abgeleitet. Auf der Basis der bereits in die Gesamtplanungen eingeflossenen Daten wird die Ausgabenplanung (Erstplanung) für die jeweiligen Planungsperioden erstellt. Verantwortlich ist im Projektbereich der Projektleiter (PL), in den übrigen Bereichen der Budgetverantwortliche (BV).

Ebenfalls von den obigen Mitarbeitern werden Planänderungen bei Folgeplanungen erstellt. Hierbei handelt es sich im wesentlichen um Plankorrekturen im Rahmen von Plan-Plan-Abweichungen. Sowohl Erst- als auch Folgeplanungen sollten im Bereich der Projekte mit dem zuständigen Projekt-Controller abgestimmt werden.

Monatlich, mindestens aber quartalsmäßig und bei Abschluß eines Meilensteins ist bei Projekten eine Neuschätzung des Restaufwandes zu verlangen und bei Abweichungen als Folgeplanung in das Rechenverfahren einzugeben.

Die Ausgabenplanung sollte vom PL/BV im Rahmen eines monatlichen Statusberichtes bzw. eines quartalsmäßigen Projektberichtes ergänzt werden durch folgende Zusatzinformationen:

Ausgabenpla-
nung zu ergän-
zen

⇒ Strukturierung Teilprojekte / Arbeitspakete,

⇒ Planung Arbeitspakete / Meilensteine,

⇒ Ausgabenplanung Arbeitspakete / Meilensteine,

⇒ Mittelabflußplanung etc.

Derartige einheitliche Projektberichte sind im weiteren Projektverlauf auch als Ergänzung der zentral erstellten Auswertungen des Rechenverfahrens anzufertigen.

Die Ausgabenplanung wird z.B. von der DV/Org-Leitung genehmigt und dem zuständigen Bereichsleiter im Finanz- und Rechnungswesen zur Information bzw. Abstimmung oder Genehmigung (insbesondere bei Planänderungen) übermittelt. Verfügungen über das genehmigte Budget können durch Gegenzeichnung vom Projekt-Controller erfolgen. Zugehörige Systemscheine, Verträge etc. sind ggf. zusätzlich von der DV/Org-Leitung zu unterschreiben. Der PL/BV hat für die Information des Betriebsrates soweit erforderlich Sorge zu tragen.

Berücksichti-
gung noch nicht
fakturierter Lei-
stungen

Um die tatsächlichen Ist-Daten zum Monatsende feststellen zu können, werden in unserem Beispiel zunächst die internen Personalkosten des laufenden Monats auf der Basis erbrachter Bearbeiteraufwände ermittelt. Weiterhin werden durch den PL/BV Summen-Meldungen über erbrachte, jedoch noch nicht fakturierte Fremdleistungen abgegeben, die zusätzlich zu den bereits vorgelegten Rechnungen zu berücksichtigen sind. Die Summen-Meldungen müssen so aufgebaut sein, daß ein „Ausziffern" gegen später vorgelegte Rechnungen möglich ist. Vorgelegte Rechnungen werden durch die Finanzbuchhaltung kontiert und durch Betriebsorganisation bzw. PL/BV hinsichtlich ihrer sachlichen und inhaltlichen Richtigkeit geprüft.

Die Ablage der Originalbelege und -verträge sollte generell einheitlich erfolgen bei einer zentralen Stelle und zusätzlich in Kopie bei sonstigen Organisations-Einheiten soweit erforderlich. Originale von Rechnungen verbleiben als Buchungsbelege in der Finanzbuchhaltung, Rechnungsduplikate gehen in die zentrale Ablage.

Das Rechenverfahren wie auch die für das Verfahren erforderliche Datenerfassung kann zentral bei der Betriebsorganisation durchgeführt und von dort an alle beteiligten Organisations-Einheiten verteilt werden. Im Rahmen der Berichterstattung sind die Ergebnisse gemeinsam mit den übrigen Plan- und Berichtsdaten über den PL/BV pro Planungs- und Berichtszeitraum weiter zu verteilen.

7.6.4   Systemunterstützung

Wie den oben dargestellten Anforderungen entnommen werden kann, handelt es sich bei der Organisation des DV-Controlling um ein komplexes Verfahren.

Da es sich um einen geschlossenen organisatorischen Ablauf handelt, empfiehlt sich auch die Abwicklung im Rahmen eines möglichst geschlossenen dv-gestützten Verfahrens.

Zentrale und einheitliche Abwicklung

Wesentlich ist in den dargestellten Anforderungen die zentrale Erfassung und Auswertung durch die Betriebsorganisation. Durch die Konzentration auf lediglich eine Stelle, die ihrerseits alle erforderlichen Auswertungen zentral verteilt, entfällt die Notwendigkeit eines dv-technisch aufwendigen Netzwerkes mit Zugriffsmöglichkeit für alle betroffenen Instanzen.

Neben dem zusätzlichen Sicherheitsaspekt, der mit einer derartigen Lösung in Hinblick auf das Interne Kontrollsystem (IKS) verbunden ist, besteht dadurch weiterhin auch die Möglichkeit, eine dv-technisch nur wenig aufwendige Lösung einzusetzen.

Bild 8.1:
Einordnung
Kapitel 8

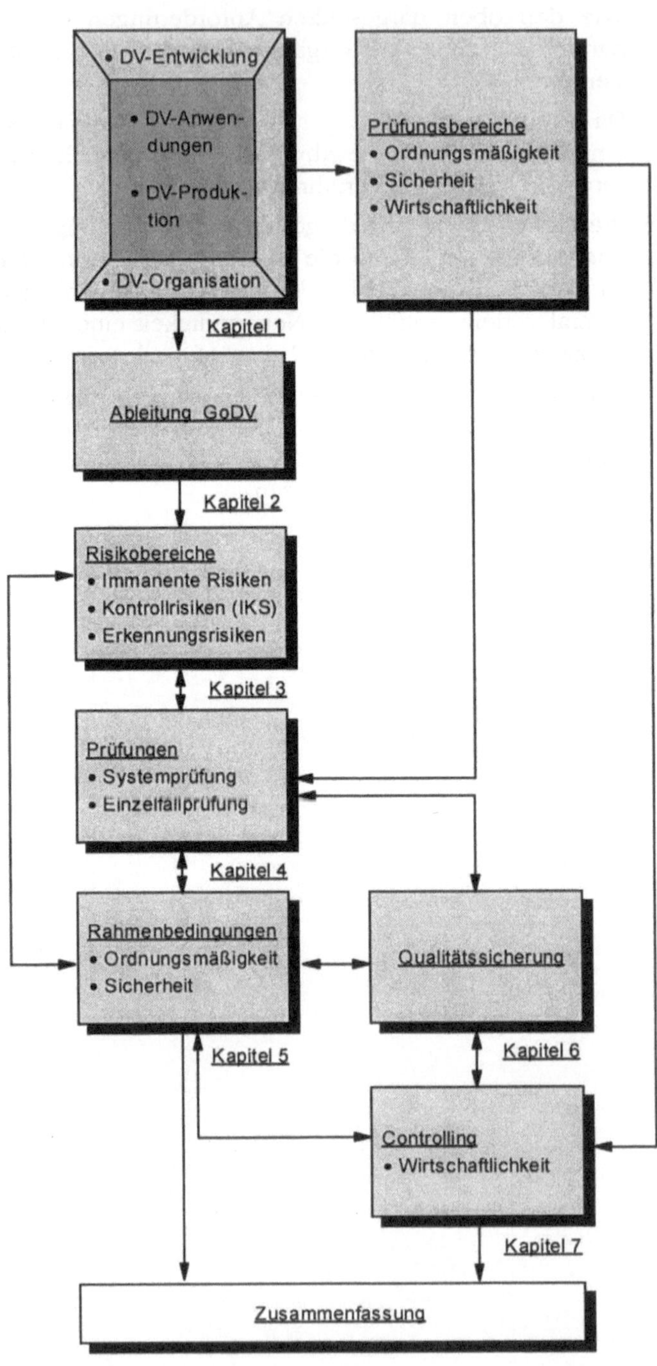

8   Das erreichte Ziel – Die Prüfer können kommen

Lassen Sie uns zum Abschluß dieses Buches einen Blick zurückwerfen. Indem wir uns schrittweise vom Gegenstand der DV-Revision und unseren Prüfungsbereichen bis hin zu wesentlichen Einflußfaktoren von Ordnungsmäßigkeit, Sicherheit und Wirtschaftlichkeit vorgearbeitet haben, konnten wir den Zusammenhang aller erforderlichen Voraussetzungen und Tätigkeiten der DV-Revision kennenlernen.

Es erscheint nun sinnvoll, eine *Zusammenfassung* des Erreichten zu versuchen und ein abschließendes Resumé zu ziehen (siehe Bild 8.1).

8.1   Die neue DV-Struktur: Übersicht und Zusammenfassung

Die Beachtung der GoDV hat in allen mit der DV befaßten Bereichen des von uns betrachteten Unternehmens Spuren hinterlassen.

Die DV-Anwendungen haben an Transparenz und Funktionssicherheit gewonnen, die Ordnungsmäßigkeitsaspekte sind hier wie auch in DV-Entwicklung und -Produktion verstärkt berücksichtigt. Die DV-Organisation ist in ihrer Struktur sowie Zielsetzung entsprechend angepaßt.

Vom IKS zum Controllingsystem

Die Risiken der DV werden in ausreichendem Umfang gesehen und ihre Indikatoren richtig gedeutet, das *Interne Kontrollsystem* dementsprechend kontinuierlich angepaßt. DV-Systemprüfungen, ergänzt durch Einzelfallprüfungen, werden regelmäßig auch von der Geschäftsleitung veranlaßt, Rahmenbedingungen der Ordnungsmäßigkeit und Sicherheit jeweils aktuell überprüft und sichergestellt.

Organisation und Verantwortungsbereiche sind klar definiert und die hier bestehenden Risiken identifiziert und unter Kontrolle. Die Hardware- und Software-Landschaft des Unternehmens ist in ihren Strukturen transparent und nachvollziehbar. Die Software-Entwicklung verläuft in geordneten Phasen unter Berücksichtigung externer wie interner Anforderungen. Anwendungen sind abgesichert und in stabilen Produktionsumgebungen ablauffähig.

Qualitätssicherung wird in allen wesentlichen Bereichen praktiziert, die Einführung eines *Qualitäts-Managementsystems* hat von der Revision über die DV bis hin zu sonstigen Unternehmensbereichen eine merkliche Verbesserung bezüglich der Erfüllung bestehender Anforderungen mit sich gebracht.

Das ebenfalls mittlerweile realisierte *Controllingsystem* führt zu umfassenden Wirtschaftlichkeitsbetrachtungen in allen Bereichen der DV von der operativen bis zur strategischen Ebene.

Es haben sich insgesamt neue DV-Strukturen herausgebildet, wobei sich neben den traditionellen Bereichen auch die DV-Revision, die Qualitätssicherung und das Controlling als wirkungsvolle Instanzen etabliert haben, die in alle wesentlichen Geschäftsprozesse eingebunden sind. Das Zusammenwirken dieser Instanzen hat zu einem neuen *Netzwerk* im Unternehmen geführt, das im Zusammenspiel hohe Synergieeffekte freisetzen kann (siehe Bild 8.2)

Bild 8.2:
Netzwerk neuer
DV-Strukturen

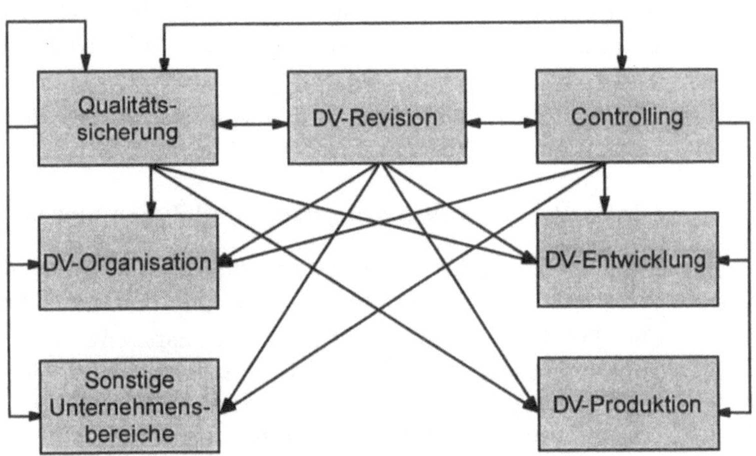

8.2   Wer profitiert mehr: Prüfer oder Unternehmen?

Das oben skizzierte Unternehmen – eine Vision? In dem dargestellten Umfang und in der Perfektion, sicher. Aber in Teilbereichen: durchaus möglich.

Prüfer mit neuem Selbstverständnis

Was folgert daraus für uns als DV-Prüfer? Wenn mit dem Selbstverständnis einer Revision gearbeitet wird, daß eine „erfolgreiche" Prüfung nur *diejenige* ist, bei der auch eine genügende Anzahl gravierender Beanstandungen erfolgt, hat es ein Prüfer in dem von uns skizzierten Unternehmen nun sicher deutlich schwerer. Wenn wir aber mit dem von uns neugewonnenen Selbstverständnis herangehen, daß die Revision auch als Initiator und Begleiter neuer Vorhaben und Verfahren auftreten sollte, hat es ein Prüfer sicherlich eher leichter, wenn er sich im Rahmen einer so entstandenen „neuen" DV-Struktur bewegt.

Wenn wir diese nochmals betrachten, stellen wir fest, daß die neuen organisatorisch wirksamen und „revisionsrelevanten" Systeme des

⇨ Internen Kontrollsystems,
⇨ Qualitäts-Managementsystems sowie
⇨ Controllingsystems

eine positive Rückkopplung auf sämtliche Bereiche im Rahmen der DV-Struktur des Unternehmens erzielen können (siehe Bild 8.3).

Bild 8.3:
„Revisionsrele-vante" Systeme

	Internes Kontrollsystem	Qualitäts-Management-system	Controllingsystem
DV-Revision		✓	✓
Qualitätssicherung		✓	✓
Controlling	✓	✓	✓
DV-Organisation	✓	✓	✓
DV-Produktion	✓	✓	✓
DV-Entwicklung	✓	✓	✓
Sonstige Unternehmens-bereiche	✓	✓	✓

Insgesamt profitiert so weniger der Prüfer als vielmehr das *Unternehmen*, da eine derartige Struktur in der Regel für sämtliche bestehende Unternehmenziele nur förderlich sein kann. Durch kritisches Hinterfragen und konstruktives Hinwirken auf neue Strukturen kommt somit der DV-Revision letztlich die Aufgabe zu, nicht nur rückblickend Beanstandungen zu formulieren, sondern vorausschauend die Basis für positive Veränderungen im Unternehmen zu legen.

So gesehen sollte sich der Kreis zu unserem Ausgangskapitel 1 geschlossen haben: Aus einer scheinbaren, vordergründig betrachteten Behinderung der Arbeit durch die DV-Revision wurde hier vielmehr die Chance genutzt zur Verbesserung der gesamten DV-Struktur des Unternehmens sowie der übrigen, ebenfalls betroffenen Unternehmensbereiche.

Anhang

 **1**   ## Risiko-Indikatoren

DV-Organisation

<u>Bereich Leitung und Management</u>

* Geringes Interesse bei der Geschäftsführung
* Keine klare Strategie in Bezug auf Einsatz von DV
* Keine Berücksichtigung neuer Trends
* Geringe Unterstützung von Unternehmenszielen durch DV
* Geringe Berücksichtigung der DV in der Geschäftsplanung
* Fehlendes Risikobewußtsein
* Prüfungsberichte mit Feststellung von Risiken
* Fehlende Funktionstrennung
* Fehlende / unklare Zuständigkeiten
* Keine interne Revision
* Fehlende Stellvertreter in Schlüsselpositionen
* Unerfahrene Mitarbeiter in Schlüsselpositionen

<u>Bereich Dokumentation</u>

* Fehlendes oder veraltetes Organigramm
* Fehlende oder veraltete Systemübersichten
* Fehlende oder veraltete Telefonlisten

<u>Bereich Mitarbeiter</u>

* Fehlender Datenschutz- und Datensicherheitsbeauftragter
* Hohe Anzahl unbesetzter Mitarbeiterposten
* Kurze Verweildauer der Mitarbeiter im Unternehmen
* Hohe Mitarbeiterfluktuation
* Geringe Motivation der Mitarbeiter
* Anzahl Mitarbeiter für Wartung höher als Anzahl Mitarbeiter in neuen Projekten
* Hohe Überstundenzahl
* Fehlende Schulungen für Mitarbeiter
* Starke Abhängigkeit von einzelnen Mitarbeitern
* Häufung von Aufgaben auf einzelnen Mitarbeiter

- Vereinigung von ausführenden und kontrollierenden Funktionen auf einzelne Mitarbeiter

Bereich Systemlieferanten / externe Dienstleister

- Starke Abhängigkeit von externen Firmen
- Unzureichende Vertragsgestaltung mit externen Firmen
- Rechtsstreit mit externen Firmen
- Ungeregeltes Verfahren zur Beschaffung von Hard-/Software
- Kein geregeltes Verfahren zur Ablage von Verträgen, Systemscheinen u.ä.

Bereich Zusammenarbeit mit Anwendern

- Kein Ansprechpartner der DV-Abteilung für Anwenderprobleme
- Geringes Ansehen der DV-Abteilung im Unternehmen
- Geringes Wissen über die Aufgaben der DV-Abteilung bei den Anwendern
- Häufige Anpassung der Organisation an Anwendungen

DV-Entwicklung

Bereich Leitung und Management

- Häufige Zeitplanabweichung bei Projekte
- Häufige Plankostenabweichung bei Projekten
- Häufige Änderung von Vorgaben und Zielen
- Häufige Überarbeitung von Planungen
- Häufige Verzögerung von Auslieferungsterminen
- Fehlende Änderungsverfahren
- Fehlende Freigabeverfahren
- Fehlende Testverfahren
- Fehlende Abnahmeverfahren
- Mehrjährige Projektlaufzeiten
- Fehlende bzw. veraltete Projektstatusinformationen
- Hoher Zeit- und Kostendruck

Bereich Zusammenarbeit mit Anwendern

- Geringe oder fehlende Kommunikation mit den Fachabteilungen
- Geringe Einbindung der Fachabteilung bei der Definition von Anforderungen
- Anwendungen mit redundanten Funktionalitäten und Daten
- Häufiger Wechsel von Ansprechpartnern aus den Fachabteilungen
- Geringe Einbindung der Fachabteilungen bei Auswahl von Standardsoftware
- Fehlende Untersuchungen zu alternativer Standardsoftware

- Viele Änderungen und Anpassungen bei Standardsoftware
- Eigenentwicklungen von Anwendern
- Fehlendes Wissen über die Anwenderbedürfnisse

<u>Bereich Projektabwicklung</u>

- Geringe bis fehlende projektbegleitende Dokumentation
- Geringer Einsatz von Entwicklungsmethoden
- Fehlende Projektstandards
- Geringer Einsatz von Entwicklungswerkzeugen
- Vielzahl von Reverse Engineering Projekten
- Vielzahl von Reengineering Projekten
- Häufige Migrationsprojekte
- Hohe Fehlerquote bei neuen Anwendungen

<u>Bereich Mitarbeiter</u>

- Hoher Anteil an unerfahrenen Mitarbeitern im Projektteam
- Hohe Fluktuation im Projektteam
- Wesentliche Wissensträger nur als externe Mitarbeiter

<u>Bereich Wartung</u>

- Hohes Wartungsaufkommen
- Hoher Rückstand bei Wartungsarbeiten
- Häufige Fehler (z.B. Abstürze) nach Änderungen
- Häufige Ad-Hoc-Änderungen
- „Historisch gewachsene" Anwendungen

DV-Produktion / DV-Anwendungen

<u>Bereich Sicherheit</u>

- Fehlende Zugangskontrollen beim Rechenzentrum
- Frei zugängliche Terminals / PC's
- Geringer Einsatz von Paßworten, Zugriffsschutz usw.
- Seltener Paßwortwechsel
- Zugriffsschutz / Paßwort nicht an Mitarbeiter, sondern an Funktionen gebunden
- Paßworte und Benutzerkennungen bei den Terminals / PC's notiert
- Vorhandensein ehemaliger Mitarbeiter als Benutzer
- Ungeregelte Vergabe von Zugriffsrechten
- Keine automatische Abmeldung von Benutzern bei anhaltender Inaktivität
- Weitgehende Eingriffsmöglichkeiten von Anwendern, die nicht dokumentiert werden
- Vorhandensein von Spielen oder „privater" Software
- Einsatz von Raubkopien, Shareware u.ä.
- Auftreten von Viren

- Ankopplungsmöglichkeit von außen (z.B. Externe Mitarbeiter über Modem)
- Unzureichende Administration von Netzwerken
- Ungeregeltes Sicherungsverfahren
- Häufiges Zurückspielen von Sicherungen
- Häufige Systemabstürze
- Häufiger Ausfall wegen Wartungs- / Reparaturarbeiten
- Unzufriedenheit der Anwender über Verfügbarkeit
- Unzureichendes Verfahren zur Archivierung bzw. Datenauslagerung
- Intensiver PC-Einsatz
- Unzureichender Brandschutz
- Unzureichende Sicherung gegen Stromausfall
- Unzureichende Sicherung gegen Einbruch
- Fehlender Katastrophenplan
- Unzureichender Versicherungsschutz

Bereich Dokumentation

- Fehlende oder veraltete Anwenderdokumentation

Bereich Systemlieferanten / externe Dienstleister

- Geringe Zufriedenheit mit Lieferanten
- Geringes internes Know-how über Anwendungen / Systeme
- Starke Abhängigkeit von Lieferanten
- Unzureichende vertragliche Regelungen bei Outsourcing
- Geringe Kontrollmöglichkeiten bei Outsourcing

Bereich Rechenzentrum

- Fehlende Statistiken zum Betrieb des Rechenzentrums
- Häufige Änderungen an Jobabläufen durch Operatoren
- Veraltete bzw. nicht bindende Jobablaufpläne
- Häufiger Einsatz von Aushilfskräften als Operatoren

Bereich Hard- / Software

- Platten- und Netzwerkskapazitäten knapp unter Vollauslastung
- Erweiterungsmöglichkeiten nicht mehr vorhanden
- „Exotische", wenig verbreitete Hard- / Software
- Überaltete, wartungsintensive Systeme
- Hohe Wartungskosten
- Schlechte Antwort- / Verarbeitungszeiten
- Vielzahl von unterschiedlichen Anwendungen verschiedener Hersteller
- Einsatz mehrerer unterschiedlicher Programmiersprachen, Datenbanksysteme u.ä.
- Einsatz von Anwendungen mit überlappender Funktionalität

- Wenige Plausibilitätsprüfungen
- Vielzahl manueller Schnittstellen zwischen Anwendungen
- Ungesicherte Schnittstellen zwischen Anwendungen
- Mehrfacheingaben gleicher Daten
- Umfangreiche „Nachbearbeitung" erfaßter Daten

2   Fragenkatalog gemäß FAMA

Quelle: FAMA-PC, Ein System zur PC-gestützten Systemprüfung, IDW-Verlag Düsseldorf, 1994

1   Beurteilung der Datenverarbeitungsorganisation im Allgemeinen

1.1   Aufbauorganisation

1. Bietet die Dokumentation zur Aufbauorganisation (Organigramme, Funktionsbeschreibungen, Arbeitsanweisungen etc.) einen hinreichenden Überblick über die DV-Abteilung und dern Einbindung in die gesamte Organisation?

2. Untersteht die DV-Abteilung einer Institution, die unabhängig gegenüber den die DV benutzenden Fachabteilungen ist (z.B. Controller, Verwaltungsvorstand)?

2.1. Falls nein: Ist trotzdem sichergestellt, daß die übergeordnete Instanz keinen Einfluß auf die Arbeiten für andere Fachbereiche nimmt?

3. Wird die DV-Abteilung von der übergeordneten Instanz wirksam kontrolliert?

4. Sind in der DV-Abteilung die folgenden Funktionen voneinander getrennt?
    - Anwendungsentwicklung
    - Systemprogrammierung
    - Arbeitsvorbereitung / -nachbereitung
    - Maschinenbedienung
    - Datenverwaltung

    Mit zunehmender Anzahl von DV-Mitarbeitern muß die Funktionstrennung genauer beachtet werden.

4.1. Falls nein: Ist trotzdem, insbesondere bei kleinen DV-Abteilungen, durch ein entsprechendes Kontrollsystem sichergestellt, daß für die Ordnungsmäßigkeit der Buchführung kritische Ereignisse frühzeitig erkannt werden?

5. Bleibt die Funktionstrennung auch bei Krankheit, Urlaub etc. oder gibt es Überschneidungen?

6. Hat die Geschäftsführung Abhängigkeiten von einzelnen Personen im Bereich der DV angemessen berücksichtigt?

1.2   Systementwicklung und Systempflege

1.2.1   Individualsoftware

1. Gibt es eine Gruppe (Ausschuß, Kommission), in der unter Beteiligung der Geschäftsleitung der Einsatz computergestützter Verfahren in einem Arbeitsgebiet beschlossen wird?

2. Wird für jedes umzustellende Arbeitsgebiet eine Projektgruppe gebildet, die die Detailarbeit ausführt?

3. Bestehen die Projektgruppen in der Regel aus Anwendungsentwicklern und Mitarbeitern der Fachabteilung?

4. Ist die prüfende Mitwirkung der Innenrevision bei der Systementwicklung vorgesehen?

5. Werden bedeutsame Verfahrensbeschlüsse von den Verantwortlichen der betroffenen Fachabteilungen bzw. der Geschäftsleitung gebilligt?

6. Ist es Aufgabe der Projektgruppe (oder der an der Aufgabe arbeitenden Mitarbeiter), auch den der DV-Bearbeitung vor- und nachgelagerten Arbeitsprozeß zu organisieren (z.B. Arbeitsanweisungen für Sachbearbeiter zu erstellen?

7. Ist festgelegt, in welcher Form die Programmvorgaben zu erstellen sind?

8. Bestehen Regeln und Standards für die Vergabe von Nummern und Bezeichnungen für Programme, Datenbanken / Dateien, Feldern?

9. Erfüllt die Form der Programmvorgaben zugleich die Anforderungen der Verfahrensdokumentation bzw. der Information über die sachlichen Verarbeitungsregeln (ausreichende, vollständige und verständliche Darstellung?

10. Bestehen Programmierrichtlinien zur Erhöhung der Programmtransparenz?

11. Ist sichergestellt, daß neue Programme oder Änderungen zu bestehenden Programmen vorerst nur als Testversion erstellt werden?

1.2.2   Standardsoftware

1. Gibt es eine Gruppe (Ausschuß, Kommission), in der unter Beteiligung der Geschäftsleitung der Einsatz computergestützter Verfahren in einem Arbeitsgebiet beschlossen wird?

2. Wird für jedes umzustellende Arbeitsgebiet eine Projektgruppe gebildet, die die Detailarbeit ausführt?

3. Bestehen die Projektgruppen in der Regel aus Anwendungsentwicklern und Mitarbeitern der Fachabteilung?

4. Ist die prüfende Mitwirkung der Innenrevision bei der Systementwicklung vorgesehen?

5. Werden bedeutsame Verfahrensbeschlüsse von den Verantwortlichen der betroffenen Fachabteilungen bzw. der Geschäftsleitung gebilligt?

6. Ist es Aufgabe der Projektgruppe (oder der an der Aufgabe arbeitenden Mitarbeiter), auch den der DV-Bearbeitung vor- und nachgelagerten Arbeitsprozeß zu organisieren (z.B. Arbeitsanweisungen für Sachbearbeiter zu erstellen?

7. Ist festgelegt, in welcher Form die Programmvorgaben zu erstellen sind?

8. Bestehen Regeln und Standards für die Vergabe von Nummern und Bezeichnungen für Programme, Datenbanken / Dateien, Feldern?

9. Erfüllt die Form der Programmvorgaben zugleich die Anforderungen der Verfahrensdokumentation bzw. der Information über die sachlichen Verarbeitungsregeln (ausreichende, vollständige und verständliche Darstellung?

10. Bestehen Programmierrichtlinien zur Erhöhung der Programmtransparenz?

11. Ist sichergestellt, daß neue Programme oder Änderungen zu bestehenden Programmen vorerst nur als Testversion erstellt werden?

12. Ist ein Pflichtenheft erstellt worden, das die Anforderungen an die zu erwerbende Software hinreichend tief gegliedert darstellt?

13. Befinden sich unter den in die Auswahl einbezogenen Anbietern Softwarehäuser mit Fachkompetenz auf dem fraglichen Anwendungsgebiet?

14. Wurde zur Software eine den betreffenden Anwendern verständliche, gegliederte Benutzerdokumentation geliefert?

15. Wird durch das Testat eines Wirtschaftsprüfers bestätigt, daß bei sachgerechter Anwendung der Fremdsoftware die GoB erfüllt werden können?

16. Ist die Einbindung der Standardsoftware in die vorhandene Softwareumgebung zufriedenstellend gelöst?

17. Sind Modifikationen an der Software ausreichend dokumentiert?

1.2.3   Freigabeverfahren

1. Besteht ein verbindliches Verfahren für die Freigabe von Programmen vor deren erstmaligem Einsatz zur Verarbeitung von Originaldaten?

2. Ist im Freigabeverfahren geregelt
    - der Umfang der vorzunehmenden systematischen Test durch die Systembetreuer,
    - der Umfang der Test durch die Fachabteilung,
    - die Zuständigkeit für die Freigabe durch die DV-Abteilung,
    - die Erstellung des Freigabeprotokolls?

3.   Ist das Freigabeverfahren mit der Revision abgestimmt?

4.   Wird auch für die Betriebssystemsoftware ein Freigabeverfahren eingehalten?

1.2.4   Kontrolle der Zugriffsberechtigung

1.   Existiert ein Zugriffsberechtigungsverfahren?

2.   Bietet das Zugriffsberechtigungsverfahren die Möglichkeiten
   * der Vergabe von ausreichend differenzierten Berechtigungen an Benutzer
   * der ausreichenden Identifizierung von Benutzern mit Hilfe von Paßworten oder
   * anderen Techniken?

3.   Ist die Zuständigkeit für die Vergabe / Pflege der Zugriffsberechtigungen eindeutig geregelt?

4.   Entspricht die Vergabe der Berechtigungen an die einzelnen Mitarbeiter dem „Prinzip der minimalen Berechtigung"?

5.   Wird überwacht, daß die Dialoge ordnungsmäßig beendet werden?

1.2.5   Datenorganisation

1.   Erfolgt bei der Anwendungsentwicklung eine systematische Erfassung aller erforderlichen Datenarten und deren Beziehungen untereinander (Erstellen eines Datenmodells)?

2.   Wird ein Datenbanksystem benutzt?

2.1.   Bestehen Regeln für die Vergabe eindeutiger Datei- und Datenfeldbezeichnungen und werden diese Regeln beachtet?

3.   Kann ein aktuelles Verzeichnis der im DV-System geführten Datenbestände nachgewiesen werden (Datenbestände des zentralen Systems; Datenbestände evtl. bestehender dezentraler Systeme)?

4.   Kann zu den Datenbeständen von 1.2.5.3. nachgewiesen werden, ob und welche sachlichen Beziehungen zwischen ihnen bestehen (z.B. Datenbestand enthält die verdichteten Daten, deren Einzeldaten in anderen Datenbeständen geführt werden; ein Datenbestand hat keine Beziehung zu anderen Datenbeständen)?

5.   Können die im DV-System geführten Datenarten (Adreßdaten, Kontierung, usw.) nachgewiesen werden (z.B. mit Hilfe eines Data-Dictionary)?

6.   Kann zu den einzelnen Datenarten nachgewiesen werden, durch welche Anwender ein Update (Erfassen, Ändern, Löschen) erfolgt?

7.   Ist festgelegt, welche Datenbestandsversion maßgeblich ist, wenn ein Datenbestand / Teile von ihm sowohl zentral als auch dezentral in die Verarbeitung einbezogen ist / sind?

8. Ist zu den einzelnen Datenbeständen festgelegt, welche Fachabteilung / Fachabteilungen für sie zuständig ist / sind?

1.3   Datenverarbeitung (DV-Produktion)

1.3.1   Arbeitsvorbereitung / Nachbereitung

1. Gibt es in der Arbeitsvorbereitung einen Terminplan für die periodisch durchzuführenden Verarbeitungsläufe?
2. Enthält der Maschinenbelegungsplan ausreichende Reserven?
3. Ist für jedes Anwendungssystem der Verarbeitungslauf eindeutig festgelegt (welche Dateien, welche Programme, welche Programmfolge)?
4. Ist für jedes Anwendungssystem festgelegt, welche Datenbestände in welchem Rhythmus zu sichern sind?
5. Ist sichergestellt, daß die Job-Zusammenstellung ausschließlich durch die Arbeitsvorbereitung vorgenommen wird?
6. Wie wird die ordnungsmäßige Verarbeitung der einzelnen Anwendungssysteme überwacht (z.B. durch Kontrolle der Systemprotokolle, Systemnachrichten etc.)?
7. Ist festgelegt, an welche Personen / Fachabteilungen die Verarbeitungsergebnisse in Form von DV-Listen oder Datenträgern zu liefern sind?
8. Ist sichergestellt, daß nur der genannte Personenkreis Zugriff auf die DV-Listen und Datenträger hat?

1.3.2   Datensicherung

1. Ist ein angemessenes Datensicherungskonzept vorhanden?
2. Werden Daten, Dateien, Programme nach dem Generationen-Prinzip gesichert?
3. Werden die gesicherten Datenbestände feuer- und einbruchssicher aufbewahrt?
4. Werden die wöchentlichen bzw. monatlich gesicherten Datenbestände auch außerhalb des Rechenzentrums gelagert?
5. Ist der Zugang zu den gesicherten Datenbeständen auf autorisierte Personen beschränkt?
6. Sind die gesicherten Datenbestände anhand der äußeren und inneren (maschinell lesbaren) Kennzeichnung eindeutig identifizierbar?
7. Gibt es ein Verzeichnis über die gesicherten Datenbestände?
8. Sind die Aufbewahrungsfristen für die Datenträger in Abstimmung mit der internen Revision / Fachabteilung / Steuerabteilung festgelegt und ist sichergestellt, daß ein vorzeitiges Überschreiben der gesicherten Daten verhindert wird?

9.   Ist sichergestellt, daß die Datenbestände während der Dauer ihrer Aufbewahrung mit der jeweils vorhandenen DV-Technik (Hardware, Betriebssystem, Anwendungsprogramme) bearbeitet werden können?

10.   Bestehen Anweisungen für die Rekonstruktion von Datenbeständen auf der Basis der gesicherten Datenbestände?

1.3.3   Operating

1.   Ist die Zugangsberechtigung zum Rechenzentrum eindeutig geregelt?

2.   Ist im Rahmen des Datensicherheitskonzeptes sichergestellt, daß ausschließlich die Anwender Zugriff auf Originaldaten und Programme der jeweiligen Anwendungssysteme haben?

3.   Ist eine Produktions- und Testumgebung vorhanden und ist sichergestellt, daß die Anwendungsentwickler nur Zugriff auf die Testdaten haben?

4.   Sind eindeutige Anweisungen für die Abwicklung der einzelnen Anwendungssysteme vorhanden?

5.   Enthalten diese Anweisungen folgende Angaben:
- Verarbeitungszeitplan,
- Jobablaufpläne,
- Datensicherung,
- Druckausgaben,
- Fehlermeldungen und Fehlerkorrekturanweisungen,
- Restart / Recovery-Anweisungen (Sicherung des ordnungsmäßigen Wiederanlaufs nach Systemabbrüchen?

6.   Wird die ordnungsmäßige Verarbeitung der Daten durch eine vorgesetzte Instanz anhand von aktuellen Unterlagen, Logbuch oder Maschinenprotokoll kontrolliert?

1.3.4   Betriebsbereitschaft der Hardware

1.   Wird die DV-Anlage vom Hersteller regelmäßig gewartet?

2.   Sind betriebsbedingte Unterbrechungen (Hardware- / Softwarefehler) häufig?

3.   Sind im Rechenzentrum die für die DV-Anlage erforderlichen klimatischen Bedingungen erfüllt (Temperatur, Luftfeuchtigkeit)?

4.   Ist sichergestellt, daß bei Störungen der Stromversorgung das DV-System die Verarbeitung bis zu einem definierten Ende fortsetzt, so daß ein geordneter Wiederanlauf gewährleistet ist?

5.   Ist das DV-System durch räumliche und organisatorische Maßnahmen hinreichend gegen Zerstörung (Brand, Einbruch etc.) geschützt?

6.   Sind Regelungen (Katastrophenplan, o.ä.) vorhanden, die sicherstellen, daß nach einem Totalausfall der DV der Betrieb zügig wieder aufgenommen werden kann (Ausweichrechenzentrum)?

1.4   Datenverarbeitung außer Haus

1.   Ist durch die vertraglichen Regelungen mit dem Rechenzentrum sichergestellt, daß die GoB eingehalten werden?

2.   Sind im Vertrag insbesondere die folgenden Sachverhalte geregelt
 * Folgen aus Terminverzögerungen beim Auftraggeber,
 * Folgen aus Terminverzögerungen beim Auftragnehmer,
 * Folgen aus fehlerhafter Bearbeitung,
 * Sorgfaltspflicht des Auftragnehmers,
 * Daten und Programmsicherung (Art; Fristen),
 * Eigentumsrechte / Verfügungsrechte an den Programmen,
 * Verfügungsrechte an der Dokumentation nach Vertragsende für die Dauer der Aufbewahrungspflicht?

3.   Ist vereinbart, daß der Abschlußprüfer des Buchführungspflichtigen in die Organisations- und Dokumentationsunterlagen Einsicht nehmen und sich über den Arbeitsablauf im Rechenzentrum informieren kann?

4.   Wird die Einhaltung der GoB im Rechenzentrum von einem neutralen Sachverständigen geprüft? (Dieser Punkt sollte im Bericht Erwähnung finden.)

1.5   Local Area Network (LAN)

1.   Bestehen Regeln für die Implementierung eines LAN?

2.   Legen diese Regeln fest, wer Besitzer, Benutzer und Verwalter von den im LAN geführten Informationen ist und welche Verantwortung diese Gruppen in der LAN-Umgebung besitzen?

3.   Werden dem Netzwerkadministrator Regeln für die folgenden Bereiche vorgegeben
 * Benutzeridentifikation und Paßwortverwaltung, Konventionen der Namensvergabe,
 * Aufzeichnung von Verstößen und deren Rückverfolgung,
 * Viruskontrolle,
 * Zugänge, Bewegungen und Änderungen von Benutzerzugriffen auf das LAN,
 * Zugriffe auf den Server,
 * Recovery nach Abstürzen?

4.   Benutzt der Netzwerkadministrator die verfügbaren Betriebssystemfunktionen, um die Benutzeraktivitäten auf den Servern zu kontrollieren bzw. auf die notwendigen Funktionen zu beschränken?

5.   Wird die Verarbeitung von Daten im LAN durch Programme vorgenommen, die Prüfungsanforderungen genügen?

6.   Wird verhindert, daß Benutzer auf den Source-Code zugreifen können?

7.   Sind Netzwerk-Management-Software, die eine Kontrolle der einzelnen Netzarbeitsplätze ermöglichen, nur dem Netzadministrator zugänglich?

8.   Ist das LAN-Betriebssystem geeignet, die einzelnen Benutzer zu identifizieren und deren Zugriffsberechtigung zu prüfen?

9.   Hat der Netzwerkadministrator Zugriff zu allen Tools und Einrichtungen, die für die schnelle Wiederherstellung des Ausgangszustands nach Hardware-, Software- und Übertragungsfehlern erforderlich sind?

10.   Wird die LAN-Ausstattung (Geräte, Leitungen usw.) durch organisatorische Abläufe und durch technische Einrichtungen physisch gesichert?

1.6   Telekommunikation und Netzwerke (Wide Area Network WAN)

1.   Besteht für die Organisation des Netzwerks eine risikoorientierte, mit dem Management abgestimmte Sicherheitsanweisung und wird diese regelmäßig überprüft?

2.   Ist bestimmt, wer Eigentümer, Benutzer und Verwalter von Informationen ist und welche Verantwortung die einzelnen Gruppen für die Netzwerke haben?

3.   Ist festgelegt, daß Telekommunikationsabläufe und Kontrollen vollständig dokumentiert werden?

4.   Ist diese Dokumentation auf dem aktuellen Stand und deckt sie alle Bereiche (Hard-, Software, Schalt-, Anschlußpläne, Übertragungsleitungen, alle Netzwerkaktivitäten, durch externe Stellen durchgeführte Arbeiten an der Hardware) ab?

5.   Werden alle Benutzer identifiziert und auf ihre Zugriffsberechtigung geprüft, bevor sie Zugriff auf das Netz erhalten bzw. Daten an sie übertragen werden?

6.   Wurden bestimmte Terminals zur Kontrolle des Netzwerks eingerichtet und ist der Zugriff auf solche Terminals auf Mitarbeiter beschränkt, die für die Netzwerkkontrolle verantwortlich sind?

7.   Wird die Benutzung von bestimmten Transaktionen, Kommandos, Programmen und Daten sowie die Versendung und der Empfang von bestimmten Nachrichten softwaremäßig auf bestimmte Terminals beschränkt?

8.   Deckt die Kommunikationshard- oder -software den Verlust oder die Verfälschung von Daten während der Übertragung auf?

9.   Falls Wählleitungen verwendet werden, werden die Anschlußnummern regelmäßig geändert?

10.   Werden alle anomalen Kommunikationen und Programmabbrüche analysiert, um deren Ursache herauszufinden und werden diese aufgezeichnet, um bestimmte Muster oder Trends zu entdecken, die darauf hindeuten, daß ein Versuch unternommen wird, in dieses Netz einzudringen?

11.   Ist die Datenkommunikationsausrüstung (Modem, Multiplexer usw.) vor unberechtigtem physischen Zugriff (so z.B. durch Unterbringung in verschlossenen Räumen bei denen der Zu- griff genau überwacht werden kann) an allen Stellen des Netzes geschützt?

12.   Sind alle Übertragungsleitungen und -kabel vor unberechtigten physischen Zugriffen geschützt (verschlossene Schaltschränke, einbetonierte Leitungen usw.)?

1.7   Benutzer-Systeme

1.   Ist festgelegt, in welchen Bereichen und in welchem Umfang IDV / Abfragesprachen im Unternehmen für die Rechnungslegung eingesetzt werden?

2.   Ist sichergestellt, daß durch diese IDV die zentralen Datenbestände nicht verändert werden können?

2.1.   Ist eindeutig festgelegt, aus welchen IDV-Anwendungen eine Datenübergabe in die zentralen Datenbestände erfolgt?

2.2.   Werden zu den aus IDV in die zentralen Datenbestände zu übernehmenden Daten Eingabekontrollen durchgeführt und werden diese Daten journalisiert?

3.   Ist ausgeschlossen, daß mit Hilfe der Abfragesprache Daten des auszuwertenden Datenbestands verändert werden können?

3.1.   Ist festgelegt, welche Mitarbeiter die Berechtigung zur Änderung von Daten haben?

3.2.   Ist diesen Mitarbeitern bekannt, welche Daten sie ändern dürfen (alle anderen nicht)?

3.3.   Ist der Verarbeitungsinhalt der einzelnen IDV-Anwendungen / Abfragen dokumentiert?

3.4.   Werden Änderungen dieser Verarbeitungsinhalte kontrolliert und dokumentiert?

3.5.   Sind die Ergebnisse der einzelnen IDV-Anwendungen / Abfragen nachweisbar?

2   Beurteilung der einzelnen Arbeitsgebiete

2.1   Belegwesen / Belegfunktionen

1. Enthalten die Belege – unabhängig von ihrer Form – die folgenden Inhalte:
   - eine hinreichende Erläuterung des Geschäftsvorfalls (Text oder Textschlüssel)
   - Beträge bzw. Angaben, aus denen sich die Beträge ergeben
   - Ausstellungsdatum, Buchungsperiode
   - Autorisation, individuell oder generell für die Vorgangsart
   - Kontierung
   - Ordnungskriterien für das Wiederauffinden?
2. Ist die Fachabteilung für Vollständigkeit und Richtigkeit der Belege – unabhängig von ihrer Form – verantwortlich?
3. Soweit verkürzte Eingaben möglich sind (z. B. nur Menge und kein Betrag; keine Kontierung), ist deren Ergänzung im DV-System durch Rückgriff auf Stamm- und Tabellendaten ohne Zweifel richtig möglich?

2.1.1   Konventionelle Belege

1. Sind konventionelle Belege durch Unterschrift / Handzeichen eines Befugten autorisiert?
2. Bestehen bei konventionellen Belegen Kontrollen, die eine vollständige und richtige Umsetzung der Beleginhalte in Eingabedaten des maschinellen Systems sicherstellen?

2.1.2   Nicht papiergebundene Belege

1. Ist bei den nicht papiergebundenen Belegen durch Verfahrenskontrollen sichergestellt, daß die Geschäftsvorfälle vollständig übernommen werden?
2. Ist bei den nicht papiergebundenen Belegen (DV-Datenträger, DFÜ, EDI, BDE) durch Verfahrenskontrollen sichergestellt, daß nur als Geschäftsvorfälle verifizierte Informationen übernommen werden?
3. Ist bei den nicht papiergebundenen Belegen sichergestellt, daß die einzelnen Geschäftsvorfälle nachgewiesen werden können (Einzelpostennachweis)?

2.1.3   Maschinenintern erzeugte Buchungen

1. Können für die maschinenintern erzeugten Buchungen anhand der Verfahrensdokumentation, der Belege für die variablen Eingabe-

werte und der Belege für die gespeicherten Konstanten (Stamm-
und Tabellendaten) nachgewiesen werden?

2. Ist für die maschinenintern erzeugten Buchungen der Einzelpostennachweis sichergestellt (Aufzeichnung des einzelnen Geschäftsvorfalls)?

2.1.4   Stamm- und Tabellendaten

1. Ist die Zuständigkeit für die Pflege der Stamm- und Tabellendaten
eindeutig und sachgerecht festgelegt?

2. Werden Eingaben und Änderungen von Stamm- und Tabellendaten
nur aufgrund der Anweisung eines Befugten vorgenommen?

3. Ist zu den Stamm- und Tabellendaten das Erfordernis der Aufbewahrung geklärt?

2.1.5   Aufbewahrung

1. Ist für die Belege – unabhängig von ihrer Form – die sechsjährige
Aufbewahrung vorgesehen?

2. Erfüllt die vorgesehene Form und das Verfahren der Aufbewahrung
die Anforderungen des § 257 HGB (bildlich empfangene Handels-
briefe und interne Buchungsbelege, die im Ursprung bildlich waren,
müssen bildlich wiedergegeben werden können)?

2.2   Datenerfassung, Datenübernahme und Datenfluß

2.2.1   Datenfluß vor der DV-Erfassung

1. Ist sichergestellt, daß alle Geschäftsvorfälle zeitnah zur DV-Erfas-
sung gelangen?

2. Kann zum Geschäftsjahresschluß festgestellt werden, ob und welche
im Unternehmen vorliegende Geschäftsvorfälle noch nicht in der
DV erfaßt wurden?

2.2.2   Erfassung bei Arbeitsgebieten mit Dialog-Verarbeitung

1. Bietet das für diese Arbeitsgebiete maßgebliche Zugriffsberechtigungsverfahren die Möglichkeit, die Zugriffsberechtigungen eines
Mitarbeiters auf seinen Zuständigkeitsbereich zu begrenzen?

2. Bietet das für dieses Arbeitsgebiet maßgebliche Zugriffsberechtigungsverfahren die Möglichkeit, den berechtigten Mitarbeiter zu
identifizieren (z. B. Paßwortverfahren)?

3. Ist der Benutzerstamm (die im DV-System gespeicherten Dialogbe-
rechtigten) bez. des Arbeitsgebiets aktuell (ausgeschiedene Mitarbeiter dürfen nicht mehr enthalten sein; für längere Zeit abwesende

Mitarbeiter – z.B. Erziehungsurlaub, Wehrdienst / Zivildienst – sollen nicht enthalten sein)?

4. Entsprechen die dem einzelnen Mitarbeiter zugeordneten Dialogberechtigungen seinen Zuständigkeiten in dem Arbeitsgebiet und sind diese mit dem Prinzip der Funktionstrennung vereinbar?

5. Ist die Vergabe und Pflege der Benutzerberechtigungen – wer legt die Berechtigung für einen Mitarbeiter fest; wer ändert den Benutzerstamm – eindeutig geregelt?

6. Sind die Mitarbeiter zur Geheimhaltung ihres persönlichen Paßwortes verpflichtet und wird die Verpflichtung beachtet?

7. Werden die Versuche unberechtigter Zugriffe aufgezeichnet und werden diese Aufzeichnungen kontrolliert?

8. Wird bei der Erfassung kontrolliert, ob die zur Erfassung vorliegenden Belege autorisiert sind?

9. Ist sichergestellt, daß im Dialog abgewiesene Geschäftsvorfälle – fehlerhaft, nicht plausibel – nach Klärung wieder zur Dialogerfassung gelangen?

10. Werden die im Dialog eingegebenen Geschäftsvorfälle hinsichtlich der Vollständigkeit systematisch abgestimmt (z. B. Kontrollsummen)?

2.2.3 Erfassung bei Arbeitsgebieten mit Stapelverarbeitung

1. Wird bei der Erfassung kontrolliert, ob die angelieferten Belege autorisiert sind?

2. Ist durch systematische Kontrollen sichergestellt, daß alle zur Erfassung vorliegenden Belege erfaßt werden (Fehlerdatei; Fehlerprotokoll)?

3. Ist sichergestellt, daß alle bei der Erfassung aufgrund der maschinellen Eingabekontrollen abgewiesenen Geschäftsvorfälle aufgezeichnet werden (Fehlerdatei; Fehlerprotokoll)?

4. Ist sichergestellt, daß alle zunächst abgewiesenen Geschäftsvorfälle nach Klärung wieder erfaßt werden?

2.2.4 Maschinelle Übernahme aus anderen Arbeitsgebieten

1. Erfolgen systematische Kontrollen zur Sicherstellung der Übernahme der bereitgestellten Geschäftsvorfälle?

2. Ist sichergestellt, daß alle bei der Übernahme aufgrund von Eingabekontrollen abgewiesenen Geschäftsvorfälle nach Klärung wieder zur Übernahme bereitgestellt werden?

2.2.5   Vollständigkeit der Verarbeitung

1. Ist durch die vorgesehenen Kontrollen / Abstimmungen sichergestellt, daß bei der maschinellen Verarbeitung und Speicherung keine Geschäftsvorfälle verloren gehen?

2. Werden die vorgesehenen Kontrollen / Abstimmungen auch praktiziert?

2.3   Prüfung der sachlichen Verarbeitungsregeln

1. Haben an der Systemeinführung mitgewirkt:
   - Organisatoren, die das Fachgebiet kennen?
   - Mitarbeiter der zuständigen Fachabteilung?
   - DV-Mitarbeiter?

2. Ist der Zeitplan der Systemeinführung eingehalten worden? (Wenn nein, dann informieren Sie sich über die Gründe und die Auswirkungen der Verzögerung.)

3. Sind zu den nachfolgenden Änderungen / Erweiterungen der DV-Anwendung genehmigte Aufträge vorhanden?

4. Sind zu dem Ersteinsatz und zu allen nachfolgenden Änderungen Freigabeprotokolle vorhanden, in denen durch die zuständigen Stellen die Berechtigung und die Richtigkeit der Änderung bestätigt werden?

5. Haben Sie sich zu einzelnen wesentlichen Änderungen / Erweiterungen von deren Richtigkeit überzeugt?

6. Wird die Richtigkeit der Daten bei der Eingabe hinsichtlich
   - Vollständigkeit der Angaben zu einer Eingabe (alle Mußeingaben vorhanden)
   - Richtigkeit der einzelnen Angaben durch
     - Toleranzkontrollen
     - Kombinationskontrollen
     - Formatkontrollen
     - Saldenkontrollen
     - Existenzkontrollen

   im erforderlichen Umfang geprüft?

6.1. Sind die Eingabeprüfungen während des gesamten zu prüfenden Zeitraumes wirksam gewesen (in den Datenbeständen dürfen keine Daten enthalten sein, die sich im Widerspruch zu den Eingabeprüfungen befinden)?

7. Ist sichergestellt, daß fehlerhafte Eingaben nicht mitverarbeitet werden?

8. Sind die in der Verfahrensdokumentation dargestellten Verarbeitungsregeln zu den von Ihnen ausgewählten Geschäftsvorfällen mit wesentlicher materieller Bedeutung richtig?

9. Stimmen die von Ihnen anhand der Verfahrensdokumentation geprüften Verarbeitungsregeln mit der in dem zu prüfenden Zeitraum erfolgten Verarbeitung überein (Prüfen anhand von einzelnen Geschäftsvorfällen)?

2.4   Aufzeichnung des Buchungsstoffes

1. Kann die Vollständigkeit des aufgezeichneten Buchungsstoffes nachgewiesen werden?

2. Kann auch bei Ausweis verdichteter Zahlen in angemessener Zeit auf die Einzelbelege zurückgegriffen werden?

3. Wird der aufgezeichnete Buchungsstoff nur in der Weise verändert, daß der ursprüngliche Inhalt weiterhin feststellbar ist?

4. Ist die Zuordnung der einzelnen Konten zu den Bilanz- / GuV-Positionen festgelegt und kann sie je Geschäftsjahr nachgewiesen werden?

2.4.1   Aufzeichnung des Buchungsstoffes auf nur maschinell lesbaren Datenträgern

1. Ist die Verarbeitungsbereitschaft der notwendigen Daten sichergestellt, indem

    - die Form der Speicherung einem Ordnungsprinzip unterliegt?
    - die Dauerhaftigkeit der Datenbestände gewährleistet ist?
    - Datenverlust durch Duplikate oder Rekonstruktionen in vertretbarer Zeit ersetzt werden können?
    - bei Veränderung der Anlagenkonfiguration, der verwendbaren Speichermedien, des Datenformates oder der sonstigen Organisation (z. B. Programmänderungen, Tabellen- und Schlüsseländerungen) sichergestellt ist, daß die Daten unverzüglich, vollständig und richtig auf das neue Format umgesetzt oder aber vor der Änderung in endgültiger Form ausgedruckt werden?

2. Ist die Betriebsbereitschaft der DV-Anlagen gegeben, indem

    - mit dem eingesetzten Betriebsystem sowohl die erforderlichen Programme als auch die gespeicherten Daten verarbeitet werden können?
    - die Kapazität der Anlagen so bemessen ist, daß auf die Anforderung noch durchzuführende Verarbeitung (inkl. Bildschirmanzeige bzw. Druckausgabe) in angemessener Zeit durchgeführt werden kann?
    - stets hinreichend geschultes Personal zur Verfügung steht?

3. Stehen die zur Verarbeitung benötigten Programme in angemessener Zeit zur Verfügung?

4.   Sofern keine Grundbücher und Konten ausgedruckt werden, ist dann vorgesehen, daß laufend ein Überblick über die Lage der Unternehmung gewonnen werden kann, z. B. durch eine geraffte DV-Auswertung des Buchungsstoffes?

2.4.2   Aufzeichnung des Buchungsstoffes auf Mikrofilm

1.   Ist für die Mikroverfilmung eine Verfahrensbeschreibung vorhanden?
2.   Ist die vollständige Umsetzung von Belegen / Datenbeständen auf Mikrofiche nachvollziehbar und kontrollierbar?
3.   Sind die Verantwortlichkeiten im Hinblick auf die ordnungsmäßige Aufbewahrung und Einhaltung der Aufbewahrungsfristen der Mikrofiche eindeutig geregelt und besteht eine Ordnung zum Wiederauffinden?
4.   Ist sichergestellt, daß der Inhalt der Mikrofiche jederzeit gelesen werden kann?

2.4.3   Aufzeichnung des Buchungsstoffes auf DV-Ausdrucken

1.   Wird anhand von Ausdrucken die Journal- und Kontenfunktion erfüllt?
2.   Werden ausgedruckte Journale und Konten geordnet archiviert?
3.   Falls automatische Buchungen von einem Programm erzeugt werden:
     Werden diese Buchungen in den Grundbüchern und Konten ausgewiesen?

2.4.4   Aufbewahrung

1.   Werden Grundbücher und Konten zehn Jahre aufbewahrt?
2.   Wird der Jahresabschluß innerhalb einer dem ordnungsmäßigen Geschäftsgang entsprechenden Zeit ausgedruckt?
3.   Wird der Jahresabschluß als Listausdruck (Original) zehn Jahre aufbewahrt?

2.5   Verfahrensdokumentation

1.   Enthält die Dokumentation eine Darstellung des Zusammenhangs des betreffenden Arbeitsgebietes mit dem Gesamtsystem der Buchführung?
2.   Ist die Form der Darstellung derart, daß ein sachverständiger Dritter den Inhalt in zumutbarer Zeit erfassen kann?
3.   Enthält die Dokumentation Aussagen zu
     * Fachliche Aufgabenstellung
     * Beschreibung der Datenerfassung und der Dateneingaben

- Verarbeitungsregeln
- Kontrollen und Abstimmungen
- Fehlerbehandlung
- Beschreibung der Datenausgaben
- Maßnahmen der Datensicherung
- Nachweis der Einhaltung des Freigabeverfahrens?

4. Besteht die Dokumentation des Arbeitsgebiets ferner aus ablauf- und / oder programmbezogenen Dokumentationsteilen (Handbuch, Programmpakete), die einen ordnungsmäßigen Verarbeitungsablauf sicherstellen?

5. Ist die Dokumentation insgesamt geordnet?

6. Sind in der Dokumentation die Änderungen des Abrechnungsverfahrens so vermerkt, daß die zeitliche Geltung einzelner Versionen ersichtlich ist?

2.6 Datenverarbeitung außer Haus

1. Sind die einem Außenstehenden übertragenen Buchführungsaufgaben
   - Belegerstellung
   - Kontierung
   - Erfassung und
   - Verarbeitung (Erstellung der Buchführung)
   vertraglich festgelegt?

2. Ist die Bearbeitung von Fehlerhinweisen und abgewiesenen Geschäftsvorfällen zwischen beiden Parteien eindeutig abgegrenzt?

3. Sind beim buchführungspflichtigen Auftraggeber die zur korrekten Abwicklung der Buchführung erforderlichen Organisationsbeschreibungen (z.B. Schlüsselverzeichnisse, Erfassungsanweisungen) vorhanden?

4. Wurde vom Buchführungspflichtigen festgestellt, daß die vom Rechenzentrum eingesetzten Programme im Hinblick auf den Buchungsstoff des Auftraggebers die gesetzlichen Aufzeichnungs- und Bilanzierungsvorschriften erfüllt?

5. Wird vom Auftraggeber nach der Vereinbarung die vollständige und richtige Verarbeitung kontrolliert, z.B. durch Abstimmung, Belegnummernfolge usw.?
   Es sind mindestens die gleichen Anforderungen wie an die Fachabteilungen bei Verarbeitung im eigenen Rechenzentrum zu stellen.

6. Ist beim Verbleib der aufbewahrungspflichtigen Unterlagen im Rechenzentrum der Zugriff durch den Buchführungspflichtigen jederzeit möglich?

3   Bericht DV-Systemprüfung

Quelle: Kontext Beratungs- und Prüfungsgesellschaft für EDV-Systeme mbH, Anzing

UNVERBINDLICHES

LESEEXEMPLAR

Nr. 1

Rückgabe zur Ausfertigung der

endgültigen Berichte erforderlich!

Bericht

DV-Systemprüfung
1993

CharterBoot GmbH, Musterstadt

INHALTSVERZEICHNIS

A	**Auftrag und Auftragsdurchführung**

Wir haben im Rahmen der Jahresabschlußprüfung des Geschäftsjahres 1993 bei der Internationalen CharterBoot GmbH, Musterstadt, im folgenden CharterBoot genannt, eine DV-Systemprüfung durchgeführt.

Unsere Prüfung umfaßte die Verarbeitung der wesentlichen DV-Anwendungen sowie das in diesem Bereich bestehende Interne Kontrollsystem (IKS).

Weiterhin erstreckte sich unsere Prüfung auf die Frage, ob im Zusammenwirken der Finanzbuchhaltung mit den vorhandenen Zuliefersystemen eine

- ordnungsmäßige,
- sichere und
- vollständige

Verarbeitung sichergestellt ist.

Maßstab für die Beurteilung war dabei insbesondere die Stellungnahme des Fachausschusses für moderne Abrechnungssysteme (FAMA) beim Institut der Wirtschaftsprüfer (IDW).

Die Prüfung wurde im November 1993 in den Räumen der Gesellschaft durchgeführt.

Die Prüfungsergebnisse basieren auf den uns vorgelegten Unterlagen sowie Auskünften von Mitarbeitern von CharterBoot.

Der Ordnung halber weisen wir darauf hin, daß unsere Prüfung nach Art und Umfang nicht auf die Aufdeckung von Manipulationen und sonstigen Unregelmäßigkeiten gerichtet war.

Unserem Auftrag liegen die beigefügten Allgemeinen Auftragsbedingungen für Wirtschaftsprüfer und Wirtschaftsprüfungsgesellschaften, die auch gegenüber Dritten Gültigkeit haben, zugrunde.

B	**Feststellungen und Empfehlungen**

1	**Ausgangssituation**

Bei CharterBoot handelt es sich um ein Unternehmen der EuroMarina-Gruppe. Kerngeschäft ist der Service für nationale wie internationale Wasserfahrzeuge in der Musterstädter Werft, darüber hinaus erfolgt auch die Vercharterung sowie der Verkauf von Wasserfahrzeugen im Rahmen weiterer Sparten (siehe auch Anlage 1).

Im Rahmen des Jahresabschluß 1993 erfolgte eine erstmalige Bestandsaufnahme sowie Prüfung der DV-Anwendungen unter besonderer Berücksichtigung des Zusammenwirkens der unterschiedlichen Komponenten untereinander sowie mit der Finanzbuchhaltung.

Da somit noch keine Veränderungen in Bezug auf Feststellungen vorheriger Prüfungsberichte untersucht werden konnten, wird der Schwerpunkt des Berichtes auf die erstmalige Darstellung des Gesamtzusammenhangs gelegt.

2 Organisation und Ausstattung der DV-Abteilung

2.1 Personelle Organisation

Die DV-Abteilung von CharterBoot (siehe Anlage 1) besteht aus einem Mitarbeiter, der neben der Leitung des Bereichs alle anfallenden Tätigkeiten vom Operating über Programmierung bis zur Anwenderbetreuung übernimmt.

Eine strikte Funktionstrennung, wie in größeren DV-Abteilungen üblich, kann somit nicht realisiert werden.

Aufgrund der vielfältigen Aufgaben, die während der derzeitigen Migrationsphase (siehe hierzu Punkt 3.4) noch umfangreicher sind, erscheint das mit einem solchen Personalstand verbundene Ausfallrisiko insgesamt erheblich.

Wir empfehlen eine Überprüfung des in diesem Bereich bestehenden Risikos sowie die Prüfung geeigneter Maßnahmen zur Gewährleistung einer unterbrechungsfreien Fortsetzung des Tagesgeschäftes.

2.2 Hardwareausstattung

Bei CharterBoot sind derzeit zwei DV-Systeme Bell Midrange BM 2000 MICRO/XA SSU (Betriebssystem BME) sowie ein unix basiertes DV-System Bell BM 8000 SSU im Einsatz.

Hieran angeschlossen sind ca. 40 Terminals, weiterhin vorhanden sind ca. 30 PCs sowie ca. 30 unterschiedliche Drucker. Für die Zeiterfassung sind 11 Erfassungsterminals der Firma TimeCapt im Einsatz.

Die Kommunikation zwischen den Bell-Systemen erfolgt über ein lokales Netz, die PCs sind z.T. über Novell Netware vernetzt. Ein im Personalbereich für Lohn- und Gehalt eingesetzter PC verfügt über eine Standleitung zur Muttergesellschaft EuroMarina. Ein weiterer im Stand-alone-Betrieb verwendeter PC des Finanz- und Rechnungswesens verfügt über eine Modemverbindung über Fernsprechleitung zur Dresdner Bank sowie zur EuroBank.

Eine weitgehend gepflegte Hardware-Auflistung konnte seitens der DV-Abteilung auf Wunsch bereitgestellt werden; die letzte vollständige Konfigurationsübersicht datiert demgegenüber von Mai 1992 und ist in weiten Teilen nicht mehr aktuell.

Wir empfehlen die Erstellung einer aktuellen Übersicht zu Hardware-Konfigurationen und Kommunikation sowie deren Pflege im Zusammenhang mit geplanten Veränderungen (siehe hierzu Punkt 2.4).

2.3 Anwendungssoftware

Als wesentliche Standardsoftware-Pakete sind die Finanzbuchhaltung XS-FIBU (ehemals Bell-FB) sowie die Materialwirtschaft MIW auf je einer BM 2000 im Einsatz (siehe hierzu auch Anlagen 2 und 3).

Für die Version A.03 von Bell-FB liegt ein Testat der Deutschen Warentreuhand-Gesellschaft vom 12.07.86 vor.

Als Ergänzung zur Finanzbuchhaltung wird die sogenannte Transfer-Software verwendet, die Erweiterungen zu Offenen-Posten-Listen, Rechnungseingangsbuch etc. beinhaltet. Auf der BM 8000 befindet sich die Standardsoftware SMS für Kundenauftragsverwaltung, Bestellwesen sowie ebenfalls Materialwirtschaft.

In allen Bereichen sind vereinzelte zusätzliche Abfrageprogramme seitens der DV-Abteilung von CharterBoot erstellt worden, mit denen bestimmte Fragestellungen (Debitoren ohne Umsätze für verschiedene Geschäftjahre, Ermittlung gleicher Teilenummern in der Materialwirtschaft etc.) auf der Basis von BME-Query- oder selbsterstellten Cobol-Programmen beantwortet wurden.

Weitere Standard-Pakete für Textverarbeitung sowie in der Finanzbuchhaltung für das Cash-Management in Verbindung mit den Hausbanken kommen als Insellösungen auf PCs zum Einsatz.

Eine vollständige Aufstellung aller eingesetzten Software-Komponenten wurde uns nicht vorgelegt. Wir empfehlen auch hier die Erstellung einer aktuellen Übersicht sämtlicher verwendeten Komponenten sowie deren Pflege im Zusammenhang mit geplanten Veränderungen (siehe hierzu Punkt 2.4).

2.4 Geplante Veränderungen

Aufgrund der Ausrichtung von MIW auf die Bedürfnisse von Kreuzfahrt-Schiffen und der damit geringeren Berücksichtigung besonderer Anforderungen von CharterBoot (z.B. Wartung von Wasserfahrzeugen ohne vorliegende Historie) erfolgt derzeit eine Migration von MIW zu SMS (siehe hierzu auch Punkt 3.4).

Hiermit verbunden ist die Einstellung des Betriebs der BM 2000 mit der Anwendung MIW im Verlauf des Geschäftsjahres 1994 sowie die Verlagerung der Materialwirtschaft nach SMS auf die bereits für Fakturierung genutzte BM 8000.

Inwieweit der Bereich Finanzbuchhaltung mittelfristig auf ein SAP-System im Hause EuroMarina oder bei CharterBoot umgestellt wird, ist derzeit noch offen.

3 DV-Anwendungen

3.1 Übersicht und Ablauf

Das Zusammenspiel der wesentlichen Anwendungen in den Bereichen Materialwirtschaft, Fakturierung sowie Finanzbuchhaltung ist in vereinfachter Form in Anlage 2 dargestellt mit zugehörigen Erläuterungen in Anlage 3.

Arbeitszeiterfassung sowie Materialverbrauch werden über die Materialwirtschaft MIW abgewickelt. Die sich ergebenden Lagerbestandsveränderungen werden manuell in die Finanzbuchhaltung XS-FIBU übernommen. Materiallisten aus MIW dienen als Anlagen zu Ausgangsrechnungen, die im Bereich Werft / Kundenauftragsverwaltung (KAV) über das Ship Maintenance System SMS und im Bereich Werft / Materialwirtschaft (MAWI) über Textverarbeitung erstellt werden.

Lediglich die Ausgangsrechnungen aus SMS werden über eine maschinelle Schnittstelle in die Finanzbuchhaltung XS-FIBU übernommen. Bei dem erforderlichen File Transfer, der täglich von der Debitorenbuchhaltung vorgenommen wird, handelt es sich um ein technisch wenig komfortables Verfahren, für das eine umfangreiche Verfahrensanweisung besteht.

Wir empfehlen die Überprüfung des Verfahrens sowie die Vereinfachung durch entsprechende Batch-Jobs.

Bei Rechnungen, die über Textverarbeitung erstellt werden, erfolgt die Buchung seitens der Debitorenbuchhaltung anhand von weitergeleiteten Kopien. Letzteres ist neben dem Bereich Werft / MAWI ebenfalls im Bereich Charter sowie Schiffs-Verkauf der Fall, womit in den Bereichen kein durchgängiges DV-Verfahren besteht, das die Vollständigkeit und Richtigkeit sicherstellt (siehe hierzu auch Punkt 3.2).

3.2 Internes Kontrollsystem

Die wesentlichen Bereiche des Internen Kontrollsystems in Verbindung mit der Finanzbuchhaltung sind im Bild in Anlage 2 dargestellt als strichpunktierte Linien und zeigen tägliche sowie monatliche Abstimmungen.

Die täglich durch SMS erstellte Rechnungsliste im Bereich Werft / KAV geht gemeinsam mit den zugehörigen Rechnungskopien an die Finanzbuchhaltung. Aufgrund eines Fehlers beim Druck der Rechnungsliste muß täglich die letzte, nicht gedruckte Position manuell hinzugefügt werden.

Wir empfehlen kurzfristig eine Fehlerbehebung durch den Hersteller Seppmaier+Partner zu veranlassen.

Die Schnittstellen-Anwendung SS-SMS erzeugt ein Journal mit detaillierten Kontierungsangaben zu den in die Finanzbuchhaltung übernommenen Posten, das seitens der Debitorenbuchhaltung abgestimmt wird.

Einmal monatlich erfolgt die zusätzliche Abstimmung der übertragenen Summen mit den gebuchten Ausgangsrechnungen. Die durch ein Abfrage-programm selbsterstellte Liste wird durch den Leiter der DV-Abteilung be-reitgestellt, da die Funktion standardmäßig in XS-FIBU nicht vorhanden ist und angabegemäß noch keine Einweisung der Buchhaltung erfolgte.

Wir empfehlen die Überprüfung dieser Handhabung sowie die Erstellung einer Verfahrensdokumentation (siehe hierzu auch Punkt 3.3).

In den übrigen Bereichen werden jeweils mit Textverarbeitung erstellte Übersichten, die auch Angebote enthalten (Werft / MAWI), Ordner mit Kopien (Charter) oder Einzelkopien (Verkauf) zur Abstimmung herange-zogen.

Da aufgrund des Verfahrens die Kontrolle in Bezug auf Vollständigkeit und Richtigkeit nicht zwingend sichergestellt sowie hiermit eine erhöhte Fehleranfälligkeit verbunden ist, empfehlen wir die baldige Übernahme der Bereiche auf SMS und damit die Einführung eines homogenen Verfah-rens, wie bereits von CharterBoot geplant (siehe hierzu Punkt 3.4).

Weiterhin empfehlen wir die Dokumentation durchgeführter Abstimmun-gen und Kontrollen durch den jeweiligen Mitarbeiter zu veranlassen sowie die Regelung des Verfahrens (was wird wie von wem abgestimmt, abge-zeichnet etc.) in einer entsprechenden Organisationsanweisung (siehe hierzu auch Punkt 3.3) festzuhalten.

3.3   Verfahrensdokumentation

Der in Anlage 2 dargestellte Verarbeitungsablauf ist derzeit nur unzurei-chend dokumentiert. Die vorhandenen Informationen sind nicht in allen Punkten vollständig, aktuell und von Dritten nachvollziehbar.

Vorhanden sind Bedienerhandbücher zu den eingesetzten Standardsoft-ware-Paketen, wobei jedoch nicht in allen Fällen eine Vollständigkeit si-chergestellt ist.

Keine Vollständigkeit der Dokumentation besteht z.B. bezüglich der bei XS-FIBU vorhandenen Schnittstellen-Module (Menüpunkt 21), der Trans-fer-Module sowie der selbsterstellten Abfrage- und Auswerteprogramme. Zum Transfer-Modul „Buchungspfad" wurde festgestellt, daß es angabe-gemäß zwar seit mehreren Jahren im Einsatz ist und bezahlt, jedoch sei-tens der Finanzbuchhaltung nicht mehr benötigt wird.

Eine Dokumentation der Schnittstellen-Anwendung zwischen SMS und XS-FIBU seitens des Herstellers liegt nicht vor. Nicht nachvollzogen werden konnte z.B., auf der Basis welchen Währungskurses (SMS oder XS-FIBU) eine Umrechnung von Währungsbeträgen erfolgt, da die Rechnungsliste von SMS Währungsbeträge, das Journal der Schnittstelle jedoch umgerechnete DM-Beträge ausweist.

Wir empfehlen die Überprüfung der vorhandenen Dokumentation sowie die Vervollständigung und Ergänzung zu einer Benutzer- und Verfahrensdokumentation mit zugehörigen Organisationsanweisungen, aus der die in Anlage 2 grob dargestellten Abläufe sowie Datenflüsse hervorgehen.

Neben einer Erhöhung der Transparenz und Unabhängigkeit von einzelnen Mitarbeitern kann damit auch eine wesentliche Vorarbeit in Hinblick auf die künftige Migration und die weitere Ablösung von Altanwendungen geleistet werden.

Bezüglich des schrittweise anzustrebenden Dokumentationsstandes unter Einbeziehung selbsterstellter Anwendungen empfehlen wir eine Anlehnung an den für den Bereich der Finanzbuchhaltungen geltenden Standard.

Grundsätze für eine ordnungsgemäße DV-Dokumentation sind:

- Vollständigkeit,
- Richtigkeit,
- Übersichtlichkeit,
- Klarheit und
- Nachvollziehbarkeit.

Die DV-Dokumentation ist für eine externe Prüfung und für die interne Revision ein wichtiges Hilfsmittel, sich von der Richtigkeit und Vollständigkeit des Abrechnungssystems zu überzeugen. Weiterhin erleichtert sie auch Anwendern sowie neuen Mitarbeitern die Einarbeitung und trägt zum vertiefenden Verständnis der jeweiligen Systeme bei.

Um den Anforderungen der Abgabenordnung (AO) und der Handelsgesetze (HGB) für dv-gestützte Rechenwerke zu entsprechen, empfehlen wir, die DV-Dokumentation gemäß Erlaß der Finanzminister der Länder und des Bundesfinanzministeriums von 1978 (Grundsätze ordnungsgemäßer Speicherbuchführung mit Begleitschreiben) vorzunehmen.

Erläuternd hierzu empfehlen wir, die vom Fachausschuß für moderne Abrechnungssysteme (FAMA) des Instituts der Wirtschaftsprüfer in Deutschland e.V. herausgegebenen Stellungnahmen zu verwenden und die DV-Dokumentation wie in Anlage 4 beschrieben aufzubauen.

3.4   Geplante Veränderungen

Im Zuge der Migration der Anwendung MIW nach SMS erfolgt bis zum Ende des laufenden Geschäftsjahres die Übertragung der Bestandsdaten aus MIW zu SMS. Die bis zum Jahresende 93 reichende Planung wird angabegemäß eingehalten.

Aufgrund fehlender Möglichkeiten der Arbeitszeiterfassung in SMS gemäß dem Standard von MIW, der eine Erweiterung von SMS erforderlich machen würde, soll die Erfassung der Daten zunächst manuell in SMS nachgezogen werden. Eine kurzfristige vollständige Ablösung von MIW ist damit nicht möglich und kann erst in Zusammenhang mit dem künftig ebenfalls vorgesehenen Einsatz von BDE (Betriebsdatenerfassung) erfolgen.

Wesentliche Planungsarbeiten im Zusammenhang mit Migration und Integration von SMS erfolgen durch einen externen Berater des CharterBoot. Ein Fachkonzept sowie eine detaillierte Planung der weiteren Schritte wurde uns nicht vorgelegt.

Wir empfehlen die Erstellung eines Fachkonzeptes sowie einer zugehörigen Planung, die eine ausreichende Transparenz der anstehenden DV-Vorhaben sicherstellt.

4   Weitere Feststellungen

4.1   Zugriffsberechtigungen

Der Zugriff auf die Finanzbuchhaltung XS-FIBU erfolgt derzeit über die Eingabe einer User-ID sowie eines Paßwortes auf BME-Ebene sowie eines weiteren Paßwortes auf Mandantenebene von XS-FIBU. Die Paßworte der Sachbearbeiter auf beiden Ebenen wurden bisher nicht gewechselt und können untereinander als bekannt angesehen werden.

Aufgrund der Notwendigkeit der gegenseitigen Vertretung wird keine systemgestützte Funktionstrennung realisiert. Die Möglichkeiten von XS-FIBU zur Vergabe von Benutzerberechtigungen auf Modulebene sowie für Zugriffe auf Sachgebiete werden nur eingeschränkt genutzt. Am 09.06.93 gelöschte Benutzerberechtigungen ausgeschiedener Mitarbeiter sowie die der Mitarbeiterin der Debitorenbuchhaltung enthielten Systemverwalterberechtigungen für BME-Dienstprogramme, Programmentwicklung etc.

Der Zugriff auf SMS erfolgt derzeit über die Eingabe einer User-ID auf Unix-Ebene sowie einer User-ID auf SMS-Ebene. Paßworte werden hier derzeit keine verwendet.

Wir empfehlen eine Neuorganisation sowie Dokumentation von Benutzerberechtigungen für sämtliche im Einsatz befindlichen Anwendungskomponenten. Im Zusammenhang mit der Ausweitung der Anwendung SMS auch für weitere Benutzer erscheint eine Neuregelung unabdingbar.

Weiterhin empfehlen wir auch in diesem Bereich die Erstellung von Organisationsanweisungen mit dem Ziel, das zugrundeliegende künftige Verfahren festzulegen und zu beschreiben. Neben dem Vergabeverfahren von Zugriffsberechtigungen, der Behandlung von Paßwörtern sowie der Kombination mit Benutzerrechten sollte auch die Zugriffsbeschränkung auf nicht zulässige bzw. nicht verwendete Systemfunktionen geregelt werden.

4.2   Zugangssicherung

Die Tür zum DV-Bereich kann nur mit einer Code-Karte geöffnet werden, über die nur wenige Mitarbeiter verfügen. Eine zusätzliche Sicherung der DV-Systeme erfolgt nicht.

Besuchern des DV-Bereichs wird auf Klingeln geöffnet. Aufgrund der fensterlosen Tür können Besucher nicht durch Augenschein überprüft werden.

Aufgrund der mehrfachen Sicherung des Zugangs durch unterschiedliche, nur mit Code-Karten oder vom Empfang zu öffnende Türen sowie die Sicherung zum Hafengelände hin kann die Zugangssicherung jedoch insgesamt als ausreichend betrachtet werden.

4.3   Datensicherung

Im Rahmen des normalen Zyklus von Gesamtsicherungen auf Datenträger der Systeme BM 2000 (täglicher Wechsel von geraden und ungeraden Tagen) sowie der BM 8000 (Kassetten für jeden Wochentag) erfolgt eine Einlagerung in einen Stahlschrank im gleichen Stockwerk des Gebäudes.

Angabegemäß erfolgt eine ca. monatliche Zusatzsicherung aller Systeme sowie eine Auslagerung in die Räumlichkeiten des DV-Leiters.

Wir empfehlen die Erstellung einer Organisationsanweisung sowie die Führung von Bestandsverzeichnissen, die eine Übersicht liefern zu täglichen und monatlichen Datensicherungen sowie deren Standort und Ersteller.

4.4   Katastrophenplanung

Bei Totalausfall der Rechner BM 2000 sowie BM 8000 werden durch die Firma Bell kurzfristig Ersatzrechner auf der Basis eines entsprechenden Vertrages bereitgestellt.

C   Zusammenfassung und Schlußbemerkung

Im Rahmen unserer EDV-Systemprüfung haben wir schwerpunktmäßig das Zusammenwirken der wesentlichen Anwendungs-Komponenten sowie die hier bestehenden internen Kontrollen im Zusammenspiel mit der Finanzbuchhaltung untersucht.

Auf unsere Feststellungen haben wir an entsprechender Stelle hingewiesen.

Unsere Empfehlungen wiederholen wir in Stichworten:

- Überprüfung der personellen Ausstattung im DV-Bereich,

- Erstellung einer aktuellen Übersicht zur Hardware-Konfiguration sowie Kommunikation,

- Erstellung einer aktuellen Übersicht aller eingesetzter Software-Komponenten,

- Vereinfachung des File Transfers im Rahmen der Schnittstelle SMS / XS-FIBU,

- Veranlassung Fehlerbehebung Rechnungsliste SMS,

- Überprüfung Handhabung Liste „Gebuchte Ausgangsrechnungen",

- Integration der Fakturierung Werft / MAWI, Charter etc. in SMS wie vorgesehen,

- Erstellung Organisationsanweisung und Dokumentation bei Abstimmungen und Kontrollen Finanzbuchhaltung,

- Erstellung einer ordnungsmäßigen Benutzer- und Verfahrensdokumentation,

- Erstellung eines transparenten Fachkonzeptes sowie zugehöriger Planung in Bezug auf Migrationsvorhaben,

- Neuorganisation und Dokumentation von Benutzerberechtigungen, Vergabe von Zugriffsrechten und Behandlung von Paßworten,

- Erstellung Organisationsanweisung sowie Bestandsverzeichnisse zu durchgeführten Datensicherungen.

Kontext Beratungs- und Prüfungsgesellschaft
für EDV-Systeme mbH

Anzing, den 10.12.1993

Anlagen

Anlage 2

Zusammenspiel Fibu / Zuliefersysteme
(Ist-Zustand, stark vereinfacht)

Legende

SMS — DV-Anwendung

— · — · — · — Abstimmkreise IKS
(Internes Kontrollsystem)

⟶ Datenfluß

KAV — Kunden-Auftragsverwaltung

MAWI — Materialwirtschaft

Erläuterungen:
Eingesetzte Software-Pakete und Ablauf siehe Anlage 3

Bild Anhang 3.1: Zusammenspiel Fibu / Zuliefersysteme

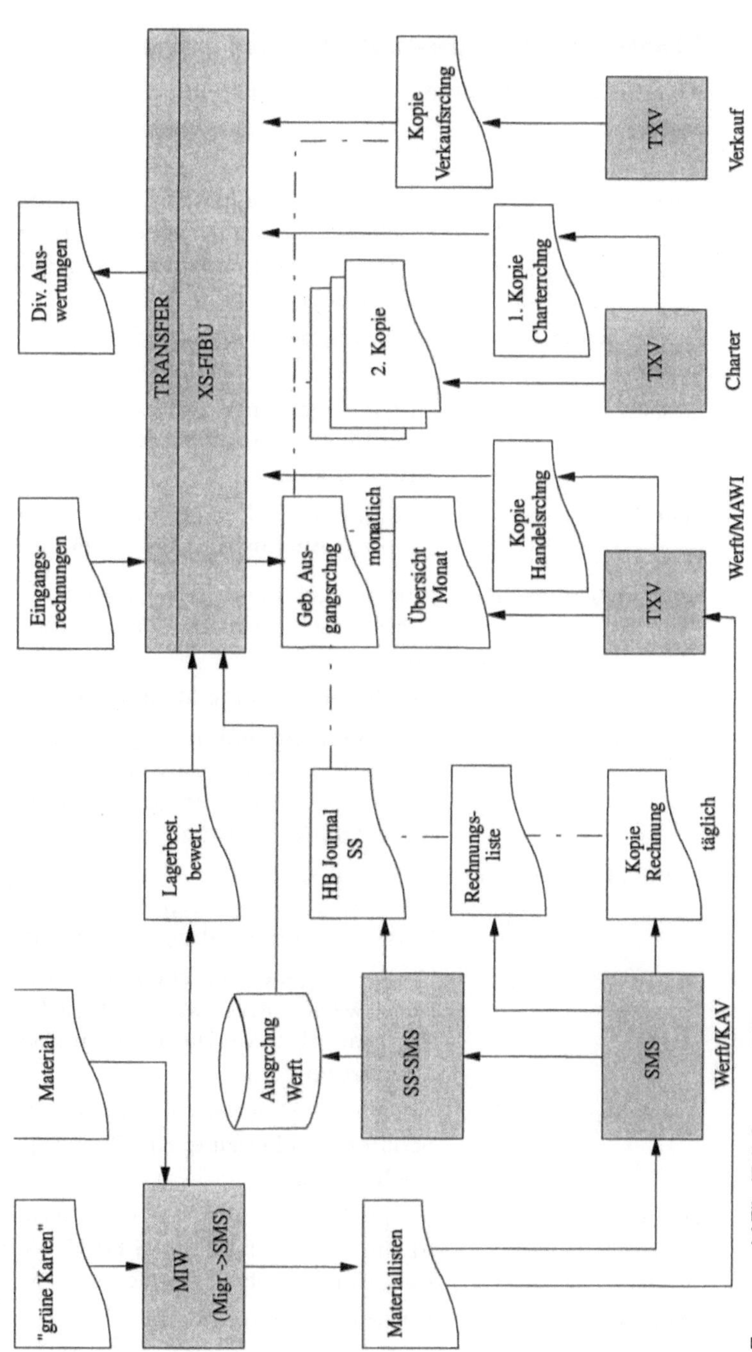

Erläuterungen zu eingesetzten Software-Paketen

(Grobe Übersicht zur Anlage 2, Erläuterungen in alphabetischer Reihenfolge)

Ausgrchng Werft	Durch Schnittstellen-Anwendung SS-SMS in Datei FIBUDAT bereitgestellte Ausgangsrechnungen Werft, die von SMS an Finanzbuchhaltung XS-FIBU weitergegeben werden
Div. Auswertungen	Auswertungen Finanzbuchhaltung XS-FIBU sowie Transfer-Software (OP-Listen etc.)
Eingangsrechnungen	Eingangsrechnungen, Erfassung im Rechnungseingangsbuch (Transfer-Software) durch Kreditorenbuchhaltung
Erste Kopie Charterrchng	1. Kopie ausgehender Charter-Rechnung; Weitergabe zur Buchung an Debitorenbuchhaltung
Geb. Ausgangsrchng	Journal gebuchter Ausgangsrechnungen in XS-FIBU; erstellt durch CharterBoot Query-Anwendung
Grüne Karten	Arbeitszeiterfassung Mitarbeiter Werft
HB Journal SS	Debitoren-Kreditoren-Hauptbuch -Journal der Schnittstellen-Batch-Anwendung SS-SMS; Journal der aus SMS übernommenen Ausgangsrechnungen mit Einzel-Kontierung
Kopie Handelsrchng	Kopie ausgehender Handelsrechnungen im Bereich Werft / Materialwirtschaft; Weitergabe zur Buchung an die Debitorenbuchhaltung
Kopie Rechnung	Kopie ausgehender Rechnungen aus SMS im Bereich Werft / KAV; werden täglich gemeinsam mit Rechnungsliste an die Debitorenbuchhaltung weitergegeben
Kopie Verkaufsrchng	Kopie ausgehender Rechnungen für Verkauf von Schiffen; Weitergabe zur Buchung an Debitorenbuchhaltung
Lagerbest. bewert.	Manuelle Erfassung von Lagerbeständen aus MIW in Finanzbuchhaltung XS-FIBU, Verbrauchsermittlung durch Bestandsvergleich
Material	Erfassung Material Werft

Materiallisten	Auflistung Materialverbrauch aus MIW, Verwendung als Anlage für Rechnungen im Bereich Werft / KAV (Kunden-Auftrags-Verwaltung mit SMS) sowie Werft / Materialwirtschaft (Handelsrechnungen)
MIW	Standardsoftware Materialwirtschaft und Zeiterfassung, Hersteller Crulle Data; Migration nach SMS in Arbeit
Rechnungsliste	Täglich erstellte Liste von Ausgangsrechnungen aus SMS im Bereich Werft / KAV; Positionen werden über SS-SMS an die Finanzbuchhaltung XS-FIBU weitergegeben. Z.Zt. noch Fehler beim Druck der letzten Zeile
SMS	Ship-Maintenance-System, Standardsoftware für die Bereiche Materialwirtschaft, Kundenauftragsverwaltung (KAV), Arbeitsvorbereitung, Wartung und Bestellwesen; Hersteller Seppmaier + Partner, Saarbrücken
SS-SMS	Schnittstellen-Batch-Anwendung, die aus SMS kommende Ausgangsrechnungen an die Finanzbuchhaltung XS-FIBU weiterleitet; Hersteller Seppmaier + Partner, Saarbrücken
Transfer	Ergänzungs-Module zur Finanzbuchhaltung XS-FIBU, Hersteller Transfer-Software GmbH, Eching • Dynamische Buchungsmasken • Liste Rundungsdifferenzen • Sachkonten-OP-Buchführung • Rechnungseingangsbuch • Buchungspfad (ohne Verwendung)
TXV	Standardsoftware Textverarbeitung (WinWord) zur Erstellung und Verwaltung von Rechnungen im Bereich Werft / Materialwirtschaft, Charter und Verkauf
Übersicht	Mittels Textverarbeitung erstellte Monats-Übersicht ausgehender Handelsrechnungen im Bereich Werft / Materialwirtschaft; Übergabe einmal monatlich an Debitorenbuchhaltung zu Abstimmzwecken

XS-FIBU   Finanzbuchhaltung; ursprünglich als BELL-FB von
                   Bell, Stuttgart, entwickelt; mittlerweile übernom-
                   men und umbenannt durch Verwaltungs-Systeme
                   GmbH (VSG), Mindelheim

Zweite Kopie   Ordner mit 2. Kopie ausgehender Charter-Rech-
                   nungen; Übergabe einmal monatlich an Debito-
                   renbuchhaltung zu Abstimmzwecken

4   Arbeitsplan Prüfung Standardsoftware

Quelle: Kontext Beratungs- und Prüfungsgesellschaft für EDV-Systeme mbH, Anzing

ARBEITSPLAN

Prüfung Standardsoftware

Prüfung Standardsoftware
(Rechnungswesen) auf Erfüllung
handels- und steuerrechtlicher
Vorschriften der Bundesrepublik
Deutschland

INHALTSVERZEICHNIS

1 Vorbemerkung

Standardsoftware-Pakete, die in der Bundesrepublik Deutschland im Bereich des Rechnungswesens eingesetzt werden, müssen den geltenden handels- und steuerrechtlichen Vorschriften entsprechen.

Die Prüfung bezüglich der Erfüllung dieser Anforderungen kann sich an dem im folgenden aufgestellten Arbeitsplan orientieren, der die wesentlichen Vorschriften und deren Interpretationen berücksichtigt.

Der Arbeitsplan kann zur Vorbereitung einer Testat-Erteilung durch ein Wirtschaftsprüfungsunternehmen herangezogen werden und geht auf die hierfür wesentlichen Prüfungspunkte ein.

2 Durchführung der Prüfung

2.1 Beurteilungsmaßstab

Als Beurteilungsmaßstab für die Prüfungshandlungen sind heranzuziehen:

- „Grundsätze ordnungsmäßiger Buchführung (GoB)", Handels- und steuerrechtliche Vorschriften gemäß
- HGB §§ 238, 239, 242, 243, 257 (Handelsgesetzbuch),
- AO §§ 140 - 148 (Abgabenordnung),
- EStR Abschnitt 28 - 31 (Einkommensteuer-Richtlinien),
- Erlaß der Finanzminister der Länder sowie des Bundesministers der Finanzen „Grundsätze ordnungsmäßiger Speicherbuchführung (GoS)", BStBl 1978, S. 250-254,
- Stellungnahme vom Fachausschuß für moderne Abrechnungssysteme (FAMA) des Instituts der Wirtschaftsprüfer in Deutschland e.V.: FAMA 1/1987 „Grundsätze ordnungsmäßiger Buchführung bei computergestützten Verfahren und deren Prüfung",

- AWV-Leitfaden zur Erstellung von Verfahrens-Dokumentationen für Datenverarbeitungs-Buchführungen,
- Normen DIN 66285 zur Prüfung von Anwendungen,
- Normen DIN 66230 bis 66232 zu Dokumentation.

2.2   Vorgehen

Die Prüfung ist auf der Basis von zwei unterschiedlichen Ansätzen abzuwickeln, die sich ergänzen:

- Prüfung aus dv-technischer Sicht (formelle Programmprüfung),
- Prüfung aus buchungstechnischer Sicht (materielle Programmprüfung).

Die Prüfung soll sich dabei orientieren an den folgenden Grundsätzen ordnungsmäßiger Buchführung:

- Vollständigkeit,
- Richtigkeit,
- Zeitgerechtigkeit,
- Klarheit,
- Belegbarkeit,
- Verfügbarkeit bzw. Sicherheit,
- Nachvollziehbarkeit bzw. Prüfbarkeit.

Zusammengeführt werden die Ergebnisse aus obiger Prüfungstätigkeit in der Software-Beurteilungsmatrix, die eine Übersicht und Zusammenfassung ermöglicht (siehe hierzu Punkt 3.1).

2.2.1   Prüfung aus dv-technischer Sicht

Im Mittelpunkt der Prüfung steht die Ordnungsmäßigkeit der Dokumentation und der dort beschriebenen Funktionen.

- Basis-Dokumentation
  Die insgesamt zugrundezulegende Dokumentation ist als Katalog in der Anlage aufgeführt.

- Dokumentation Anpassungen
  Bei ausländischen Standardsoftware-Paketen wird in der Regel die obige Basis-Dokumentation nur für das Herstellungsland vorliegen. Für einen Einsatz in der Bundesrepublik Deutschland sind die Anpassungen in entsprechender Form wie das Basis-Paket selbst zu dokumentieren. Auch hierfür kann der Dokumentations-Katalog im Anhang herangezogen werden.

- Ordnungsmäßigkeit Datenein- und -ausgabe, Datenhaltung und Abrechnung auf Basis der Verfahrensdokumentation

Zu prüfen sind

- Datenerfassung, Datenübernahme und Datenfluß mit Kontrollen und Plausibilitätsprüfungen,

- Sachliche Verarbeitungsregeln.

Besonderes Augenmerk ist zu legen auf die Prüfbarkeit der Buchhaltung als formelles Ordnungsmäßigkeitskriterium im Sinne der

- Belegfunktion (Nachweis Geschäftsvorfall),
- Journalfunktion (Speicherung Buchungsstoff),
- Kontenfunktion (Buchung Geschäftsvorfall).

- Sicherheitskonzept

  Wesentliche Aspekte dieses Punktes sind insbesondere

  - Behandlung Benutzerberechtigungen,
  - Zugriffsbeschränkungen und -kontrollen auf Programme und Daten,
  - Datensicherung und Wiederanlauf.

  Auf der Basis der vorhandenen Technischen Dokumentation ist u.a. das Vergabeverfahren von Benutzerberechtigungen, die Erfassung von Paßworten sowie die Kombination mit Benutzerrechten und Zugriffsbeschränkung auf nicht zulässige bzw. nicht verwendete Systemfunktionen zu prüfen.

- Schnittstellen und Parametrisierbarkeit

  Zu prüfen sind

  - Schnittstellen zu vor- oder nachgelagerten Systemen (soweit nicht bereits unter Datenein- und -ausgabe betrachtet),

  - Gestaltungsmöglichkeiten durch variable Systemseuerungen.

    Hierzu ist zu untersuchen, inwieweit Flexibilität und Parametrisierbarkeit des Standardsoftware-Paketes die Einhaltung der Ordnungsmäßigkeit noch zwangsweise sicherstellt oder auf den Anwender verlagert.

2.2.2 Prüfung aus buchungstechnischer Sicht

Im Mittelpunkt dieses Prüfungsansatzes steht die materielle Programmprüfung, bei der das tatsächliche Systemverhalten untersucht wird sowie die Übereinstimmung des Systemverhaltens mit der Verfahrensdokumentation.

- Prüfung mit Hilfe von Testfällen

  Auf der Basis eines systematisch angelegten Testdatenbestandes ist das Systemverhalten zu prüfen.

Enthalten sind hierbei auch bewußt falsche Daten oder Buchungskonstellationen, um eine Prüfung der systeminternen Kontrollmechanismen und deren Wirksamkeit zu ermöglichen.

- Sachlogische Programmprüfung

  Auf der Basis eines systematisch angelegten Testdatenbestandes ist die Übereinstimmung des Systemverhaltens mit der Verfahrensdokumentation zu prüfen.

  Auch hierbei ist das Fehlerverhalten, soweit dokumentiert, mit einzubeziehen.

3 Prüfungsergebnisse

3.1 Beurteilungsmatrix

Die gemäß Punkt 2 erzielten Prüfungsergebnisse werden in einer Software-Beurteilungsmatrix zusammengefaßt (siehe Kapitel 6.3) und anhand der aufgeführten Grundsätze ordnungsmäßiger Buchführung – soweit anwendbar – bewertet.

Diese Software-Beurteilungsmatrix ist als Hilfsmittel zu benutzen, erkannte Schwachstellen des Standardsoftware-Paketes aufzuzeigen und dem Software-Hersteller als Verbesserungs-Anforderung zu übermitteln.

3.2 Prüfvermerk / Testat

Basierend auf den aufgeführten Prüfungshandlungen wird durch den zuständigen Wirtschaftsprüfer ein Prüfvermerk bzw. Testat für die geprüfte Programmversion erteilt.

In einem uneingeschränkten Prüfvermerk ist die Bestätigung enthalten, daß das geprüfte Standardsoftware-Paket bei sachgerechter Anwendung eine den Ordnungsmäßigkeitsgrundsätzen entsprechende Buchführung unter Berücksichtigung von handels- und steuerrechtlichen Bestimmungen sowie der FAMA-Stellungnahme ermöglicht.

Bezüglich Einzelfragen und Prüfungsfeststellungen sowie einer möglichen Einschränkung des Prüfvermerkes wird auf den zugrundeliegenden Prüfungsbericht verwiesen.

5   Dokumentationsbestandteile

VERFAHRENSDOKUMENTATION

Organisationsdokumentation

* Organisationshandbücher
* Arbeitsanweisungen
* Arbeitspläne, Arbeitsplatz-, Arbeitsablaufbeschreibungen
* Durchführungsrichtlinien
* Betriebsvereinbarungen

DV-Dokumentation

Entwicklungsdokumentation

* Pflichtenheft, Fachlicher Entwurf, Lastenheft o.ä.
    * Zweck und Zielgruppe der Anwendung
    * Einbettung in die DV- und organisatorische Umgebung
    * Funktionen
    * Daten
    * Schnittstellen
    * Zusammenspiel Daten – Funktionen – Schnittstellen
    * Formate
    * Plausibilitäten
    * Zeitliche Rahmenbedingungen
    * Mengengerüste
    * Reihenfolgen und Abhängigkeiten
    * Zustände
    * Migrationskonzepte
    * Sonstige Rahmenbedingungen (Antwortzeiten, gesetzliche Regelungen, Speicherbedarf, Einführungsstrategie)
* Systementwurf, Technischer Entwurf, Technisches Design, o.ä.
    * Festlegung der technischen Basis (z.B. Programmiersprachen)
    * Technische Umsetzung der fachlichen Daten (z.B. Datenbankentwurf)
    * Technische Umsetzung der fachlichen Funktionen (z.B. Modularisierung)
    * Technische Umsetzung von Schnittstellen (z.B. Datenaustauschformate)
    * Technische Umsetzung von Migrationskonzepten

- Technische Konzepte (z.B. Systemfehlerbehandlung)
- Programm- / Moduldokumentation o.ä.
    - Exportierte Leistungen
    - Interne Leistungen
    - Importierte Leistungen und Daten
    - Parameter
    - Kommentierter Sourcecode (abhängig von der technischen Basis)
- Testdokumentation
    - Abnahmetests
    - Entwicklertests

Einsatzdokumentation

- Anwendungshandbuch
    - Problembeschreibung, Aufgabenstellung, Lösungsverfahren
    - Allgemeine Konzepte (z.B. Menü, Funktionstasten, Hilfesystem, Berechtigungen)
    - Einbettung in die DV-Landschaft, Rahmenbedingungen (Übersicht, Voraussetzungen, Mengengerüste etc.)
    - Menüs / Funktionen (Dialog, Batch) mit Verzeichnis
    - Eingabe-Belege mit Verzeichnis
    - Bildschirm-Masken mit Verzeichnis und Beschreibungen zu Datenfeldern, Tastaturbelegungen und Plausibilitätsprüfungen
    - Ausgabelisten mit Verzeichnis und Verteilungsplan
    - Darstellung des Abstimmverfahrens
    - Abstimmformulare
    - Prüf- und Verarbeitungsregeln
    - Verzeichnis der Rechenformeln
    - Verzeichnis der automatisch erzeugten Arbeitsgänge (z.B.Buchungen)
    - Schlüsselverzeichnisse (für Felder, die verschlüsselte Daten enthalten, z.B. 1=15% MwSt, 2=7% MwSt etc.)
    - Verzeichnis der Fehlermeldungen
    - Fehlerkorrekturanweisungen
    - Sachgebietsanweisungen
    - Datenflußplan über die der EDV vor- und nachgelagerten Arbeiten
    - Beschreibung Zusammenwirken mit anderen Anwendungen
    - Datensicherungs- / -archivierungsanweisungen (z.B. bei PC-Anwendungen, sofern der Benutzer hierfür verantwortlich ist)
- Systemhandbuch
    - Beschreibung Basissystem und Hilfsmittel (Generatoren, CASE o.ä.)

- Interner Anwendungsablauf (Flußpläne, Aufrufhierarchien etc.)
- Datenmodell
- Zugriffsregelungen bezüglich Datenschutz / Datensicherheit
- Verzeichnis Stamm-, Bestands-, Bewegungs- und Hilfsdateien, Datenbanken, Tabellen, Sichten o.ä.
- Verzeichnis der Programm- / Modulzugehörigkeit je Datenbestand (Dateien, Datenbanken, Tabellen, Sichten o.ä.)
- Formate der Datensätze
- Beschreibungen Datenfelder
- Verzeichnis Export- / Import-Schnittstellen
- Verzeichnis der Einzelprogramme, Module
- Verzeichnis der Prüfroutinen (Integritätsregeln u.ä.)
- Verzeichnis der benötigten Peripheriegeräte
- Hinweise auf Testdaten und Ablauf Systemtests

- Betreiberhandbuch

  - Verarbeitungszeitpläne
  - Erfassungsanweisungen (z.B. Belegerfassung)
  - Job-Abläufe
  - Operatoranweisungen
  - Listen-Nachbearbeitungsanweisungen
  - Datensicherungs- und -archivierungsanweisungen

- Programmakte

  - Verbale Beschreibung des Einzelprogramms
  - Datei-, Datenbank-, Tabellen-, Schnittstellen-, Gerätezuordnung
  - Querverweise auf an anderer Stelle dokumentierte Sachverhalte
  - Parameterverzeichnis, Format-, Verwendungsbeschreibung
  - Verzeichnis der programmierten Schalter und Weichen
  - Ablaufbeschreibung mit Entscheidungstabellen, Blockdiagrammen, Pseudocode, Entwurfssprachen, Petrinetzen o.ä.
  - Verzeichnis importierter / exportierter Makro-Routinen, Include-Dateien, Funktionen, Prozeduren o.ä.
  - Codierungsliste mit ausreichender Erläuterung der Befehle („Inline"- Dokumentation), aufgebaut nach Regeln strukturierter / normierter Programmierung (bei Verwendung von Programmiersprachen)
  - Liste mit Regeln, Formeln o.ä. (bei Verwendung von Generatoren, Tabellenkalkulationen etc.)
  - Testdaten und Testergebnisse
  - Bearbeiterinformationen, Änderungsnachweise, Freigaben
  - Änderungsanweisungen
  - Betriebshinweise

Querverweise auf an anderer Stelle dokumentierte Sachverhalte sind möglich.

Begleitende Dokumentation

- Änderungsanträge (z.B. bezüglich Anwendungserweiterungen)
- Problemmeldungen (z.B. bezüglich Fehlverhaltens der DV-Anwendung)
- Schulungsunterlagen
- Review- / Abnahme- / Freigabeprotokolle
- Berichte Qualitätssicherung
- Berichte Programmprüfung
- Testprotokolle
- Absturzprotokolle
- Planungen, Fortschrittsberichte und Budgetverfolgungen
- Verträge und Schriftverkehr mit Herstellern
- Anträge auf Einrichtung / Löschung von Berechtigungen.

6   Rahmenbedingungen Ordnungsmäßigkeit / Sicherheit

Übersichten

- DV-Organisation: Aufbau- und Ablaufstrukturen
- DV-Entwicklung: Methoden, Werkzeuge, Umgebungen
- DV-Anwendungen: Software-Landschaften, Zusammenspiel, Schnittstellen
- DV-Produktion: Hardware-Landschaften, Komponenten, Software-Umfeld

DV-Organisation

- Funktionstrennung (Minimum: „4-Augen-Prinzip")
- Transparenz Organisationsstruktur
- Festlegung Aufgabenbereiche, Zuständigkeiten, Arbeitsabläufe
- Dokumentation: Organigramme, Organisationshandbücher, Arbeitsanweisungen

DV-Entwicklung

- Entwicklungs- und Produktionsumgebung
- Festlegung Verfahren, Methoden und Werkzeuge
- Anforderungskatalog Software-Entwicklung
- Änderungs- / Problemmeldungsverfahren
- Change-Management-Verfahren
- Konfigurationsmanagement

DV-Anwendungen

- Berechtigungskonzepte: organisatorisch, dv-technisch
- Mehrstufige Schutzkonzepte: Zugang, Zugriff
- Funktionalität, Protokolle, Dokumentation

DV-Produktion

- RZ-Ablauf : Manuale, Organisationsanweisungen
- Zugangsregelungen und -kontrollen
- Datensicherung mit Auslagerungen, Archivierung
- Notfall- und Katastrophenplanung
- „Goldene" Sicherheitsregeln

Dokumentation

- Verfahrensdokumentation:
    - Organisationsdokumentation
    - DV-Dokumentation
    - Begleitende Dokumentation
- Strukturen

7   Aspekte der Qualitätssicherung

Analytische QS-Maßnahmen

<u>Formale Prüfungen</u>

Dokumentation

- Layout-Standard
- Gliederungs-Standard
- Normenkonformität
- Verweise
- Formulierungen
  - Keine Verwendung des Konjunktivs (sollte, müßte, könnte usw.)
  - Einfache, klare, exakte und präzise Beschreibungen
  - Erläuterung von Begriffen
  - Einheitliche Begriffsbezeichnungen und -schreibweisen
- Verzeichnisse
  - Inhalt
  - Abbildung
  - Stichwort
  - Abkürzung

Modelle (Daten, Funktionen, Prozesse u.ä.)

- Vollständigkeit
- Konsistenz
- Plausibilität
- Beschreibungsstandard
- Einheitlichkeit Detaillierungsebene

Anwendungen

- Analysen (statisch)
  - Komplexität der Programme (z.B. Abfragen mit komplexen Bedingungen)
  - Komplexität der Datenstrukturen (z.B. mehrdimensionale Tabellen)
  - Komplexität von Schnittstellen (z.B. Anzahl Parameter)
  - Programmpfade, die nie durchlaufen werden
  - Mißbrauch von GOTO-Anweisungen
  - Mehrfache Ein- und Ausgänge im Programm
  - Wiederholung gleichen Programmcodes
  - Daten, die definiert sind, jedoch nie benutzt werden
  - Bedingungen, die stets wahr / falsch sind

- • Komplexität und Häufigkeit von Datenein- und -ausgabe-Operationen
  - • Konstanten im Programm anstatt symbolischer Konstanten
  - • Verhältnis Code zu Kommentaren
- • Test (dynamisch)
  - • Modultest
  - • Funktionstest
  - • Integrationstest
  - • Systemtest
  - • Regressionstest
  - • Lasttest
  - • Abnahmetest
- • Ressourcenbedarf (dynamisch)
  - • Messung Platzbedarf
  - • Messung Zeitbedarf
  - • Benchmarks
- • Verträglichkeit mit Systemumgebung

<u>Nichtformale Prüfungen</u>

Reviews

vollständige Prüfung von

- • Dokumentation

Inspektion

stichprobenartige Prüfung von

- • Pseudocode
- • Programmcode
- • Testfällen und Testdaten

Migration

<u>Migrationsprobleme</u>

- • Mangelnde Kenntnis der Altanwendungen
- • Behandlung veralteter technischer und fachlicher Konzepte
- • Festlegung der passenden Migrationsstrategie
- • Berücksichtigung Abhängigkeiten Organisation ⇔ DV (z.B. Arbeitsabläufe, Funktionen)
- • Berücksichtigung von Abhängigkeiten zwischen Anwendungen
- • Festlegung der Übergangsstrategie
  - • Sukzessiver Übergang mit Parallelbetrieb
  - • Ad hoc Übergang mit Fallback-Möglichkeiten usw.
  - • Abgleich von Alt- und Neudaten
  - • Ermittlung von Konvertierungs- und ggf. Rekonvertierungsregeln
  - • Ermittlung von Verfahren zur Prüfung und Absicherung von Konvertierungen

<u>Migrationsumfang</u> (auch Kombinationen möglich)

- Integration vorhandener Hard- / Software unter neuen Oberflächen (Runderneuerung)
- Ergänzung vorhandener Hard- / Software durch neue Hard- / Software
- Teilweise Ablösung vorhandener Hard- / Software durch neue Hard- / Software
- Vollständige Ablösung vorhandener Hard- / Software durch neue Hard- / Software
- Umfang Entwicklung und Wartung
- Umfang Standardsoftware
- Umfang Organisatorische Maßnahmen
- Auslagerung von DV-(Teil)bereichen

<u>Fragestellungen bei Einführung neuer Standardsoftware-Komponenten</u>
(z.T. abhängig vom Migrationsumfang)

- Vorgehen Auswahl: Marktprüfung, Lastenheft, Bewertungsmethoden
- Systembasis (HW-Voraussetzungen, System-SW etc.)
- Funktionalität (werden gewünschte Bereiche abgedeckt?)
- Erweiterbarkeit (eigene Zusätze möglich, -User-Exits-, Source / Objektprogramme, Haftung, Versionsmanagement?)
- Parametrisierbarkeit (individuelle Ausprägungen möglich?)
- Modularität (Abgrenzung von unnötigen Komponenten?)
- Flexibilität (Bausteine individuell kombinierbar / generierbar?)
- Offenheit durch Schnittstellen (Zusammenwirken mit anderen / eigenen Komponenten möglich?
- Standards (individuell oder allgemein verbreitet?)
- Nutzungsrechte (Anpassungen, Standard?)
- Dokumentation, Testate (Transparenz, Ordnungsmäßigkeitsaspekte?)
- HW-Voraussetzungen (nur auf bestimmter HW einsetzbar?)
- Auswirkungen auf die Organisation / betriebliche Abläufe:
    - Anpassung Organisation ⇔ Standardsoftware
- Sicherstellung Wartung / Weiterentwicklung
    - Marktstellung Anbieter
    - Verbreitungsgrad
    - Einflußmöglichkeiten
    - Service-Leistungen
    - Versionsmanagement
    - Anwendervereinigungen
- Unternehmenspolitische Auswirkung
    - Abhängigkeiten
    - Verlust von Identität / Individualität / Alleinstellungsmerkmalen
    - Erfüllung Unternehmensziele
    - Nutzung durch Konkurrenz
    - Einführungsstrategie

<u>Fragestellungen bei der Auslagerung von DV-(Teil)bereichen</u>

- Vorgehen Auswahl Outsourcingunterrnehmen: Marktprüfung, Anforderungsprofil, Bewertungsmethoden
- Vertragsgestaltung, Leistungsumfang und Flexibilität
  - Funktionalität (werden gewünschte Bereiche abgedeckt?)
  - Service-Angebot (Hotline, Druck- und Versandaufträge, usw.)
  - RZ-Leistungen
  - Standards
  - Berichtswesen
- Risikotransfer und Kontrollmöglichkeiten
  - Gewährleistung, Haftung
  - Datenschutz, Datensicherheit, Archivierung
  - IKS und Rahmenbedingungen der Ordnungsmäßigkeit und Sicherheit im Outsourcingunternehmen
- Leistungsverrechnung
- Technische Voraussetzungen
  - Systembasis (Hard- / Software)
  - Ablauf der Auslagerung
  - Datenübernahme
  - Überwindung der räumliche Trennung
    - Netztechnologien
    - Kommunikationskosten
    - Zeitliche Aspekte
- Auswirkungen auf die Organisation / betriebliche Abläufe:
  - Anpassung Organisation an Outsourcingunternehmen
- Sicherstellung des technischen Stands
  - Marktstellung Anbieter
  - Aktualität der Hard- / Software
  - Einflußmöglichkeiten
- Unternehmenspolitische Auswirkung
  - Abstimmung mit Unternehmenszielen (z.B. Konzentration auf Kerngeschäft)
  - Abhängigkeiten
  - Verlust von Identität / Individualität / Alleinstellungsmerkmalen

8 DV-Controlling Verfahren

Das im folgenden skizzierte DV-Controlling Verfahren lehnt sich an eine Neuentwicklung für unsere XY-GmbH an, die zuvor über keine spezielle Methode zur Verfolgung der eigenen DV-Ausgaben verfügte. Für sie wurde ein komfortables, mehrstufiges Verfahren der Budgetierung und Verfolgung von Mittelabflüssen entwickelt. Wir wollen im folgenden die

- Kennzahlen,
- Organisatorischen Anforderungen,
- Datenerfassung Belegarten sowie
- Auswertungen und Tabellen

des Verfahrens näher betrachten.

1 Kennzahlen

Bei der Konzeption des Verfahrens wurde davon ausgegangen, daß über eine Reihe von *Kennzahlen* die Entwicklung der DV-Ausgaben überwacht werden sollte. Folgende Kennzahlen wurden dabei vorgesehen:

Erstplanung:

- Plan-Ausgaben Projekt Gesamt (nach Projektdefinition / Anforderungsanalyse),
- Planungszeitraum in Jahren,
- Plan-Ausgaben aufgeteilt nach
    - Geschäftsjahren,
    - Monaten (für laufendes Geschäftsjahr).

In die Erstplanung fließen folgende Werte des Rechenverfahrens ein (siehe Kapitel 7.6):

- Gesamtbudget Projekt,
- Gesamtbudget Jahr,
- Ausgabenplanung (Erstplanung).

Folgeplanung (I):

Vergleich von Soll-Werten: *Plan-Plan-Abweichungen*, z.B.:

- Plan-Ausgaben Projekt Gesamt,
- Plan-Ausgaben laufendes Geschäftsjahr,
- Plan-Restausgaben (Basis Neuschätzung / Neuerfassung),
- Plan-Restausgaben laufendes Geschäftsjahr (Basis Neuschätzung / Neuerfassung),
- Plan-Mehr- / Minderausgaben (Vergleich Vorplan) (=Frühwarnsignal 1, aktuelle Planänderung),

- Plan-Mehr- / Minderausgaben kumuliert (Vergleich Erstplan) (=Frühwarnsignal 2, gesamte Mehr- / Minderausgaben inkl. früher erfolgter Planänderungen),
- Plan-Mehr- / Minderausgaben laufendes Geschäftsjahr.

In die Folgeplanung (I) fließen folgende Werte des Rechenverfahrens ein:

- Gesamtbudget Projekt,
- Gesamtbudget Jahr,
- Ausgabenplanung (Erstplanung),
- Ausgabenplanung (Folgeplanung).

<u>Folgeplanung (II):</u>

Vergleich von Soll-Ist-Werten: *Plan-Ist-Abweichungen*, z.B.:

- Ist-Ausgaben lfd. Monat,
- Ist-Ausgaben kumuliert inkl. laufendem Monat,
- Mehr- / Minderausgaben laufender Monat (=Frühwarnsignal 3),
- Mehr- / Minderausgaben kumuliert inkl. laufendem Monat (=Frühwarnsignal 4),
- Plan-Ausgaben Projekt Gesamt (inkl. Plan-Plan-Abweichungen),
- Plan-Ausgaben laufendes Geschäftsjahr (inkl. Plan-Plan-Abweichungen),
- Plan-Mehr- / Minderausgaben laufendes Geschäftsjahr (inkl. Plan-Plan-Abweichungen),
- Plan-Mehr- / Minderausgaben Gesamt (inkl. Plan-Plan-Abweichungen).

In die Folgeplanung (II) fließen folgende Werte des Rechenverfahrens ein:

- Gesamtbudget Projekt,
- Gesamtbudget Jahr,
- Ausgabenplanung (Erstplanung),
- Ausgabenplanung (Folgeplanung),
- Auftragserteilungen,
- Summen-Meldungen,
- Interne Personalkosten,
- Rechnungen.

2 Organisatorische Anforderungen

Das Verfahren basiert auf der Kontierung von Plan- und Ist-Daten mit Hilfe von

- Kostenstellen (Haupt- und Unterkostenstellen) sowie
- Kostenarten.

Während die *Hauptkostenstellen* z.B. Projekte sind, umfassen die jeweiligen *Unterkostenstellen* die erforderlichen Teilbereiche / -projekte (siehe Bild Anhang 8.1). Unterkostenstellen werden im Projektbereich aufgrund der Bedürfnisse der Projektleiter für Teilprojekte angelegt.

Im Bereich der *Kostenarten* werden demgegenüber z.B. budgetierte Ausgaben bei Hardware, Software, Eigen- und Fremdpersonal, Wartung und Weiterbildung erfaßt. Die Kostenarten sind in unserem Beispiel identisch mit *Konten* der Finanzbuchhaltung. Die Kostenarten werden entweder durch zentrale Erfassung in die Controlling-Anwendung übernommen (siehe Bild Anhang 8.2) oder durch Übernahme aus der Finanzbuchhaltung mittels File-Transfer.

**Bild
Anhang 8.1:**
Struktur
Kostenstellen /
Kostenarten

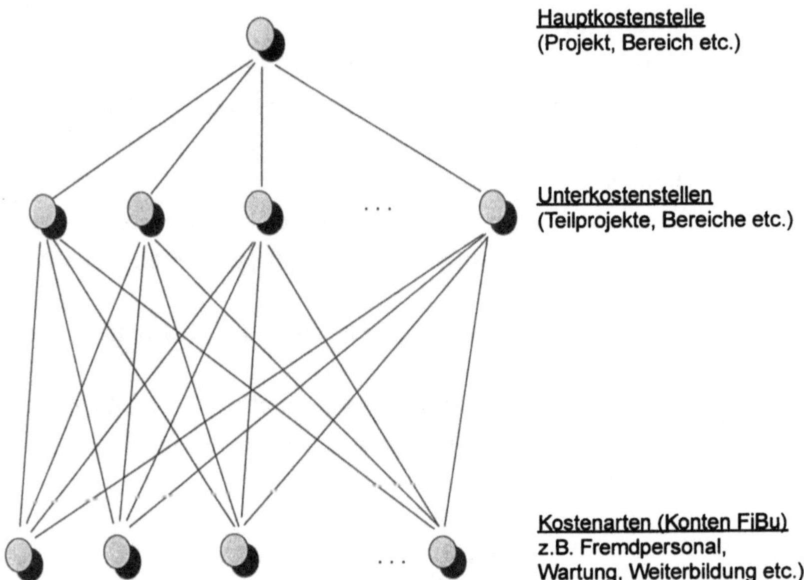

Im Bereich der internen Personalkosten handelt es sich um eine Kombination beider Verfahren: Während die *Bearbeiteraufwände* (Bearbeiter-Stunden) erfaßt werden, können durch Umrechnung der Personalkosten aus der Finanzbuchhaltung auf die Bearbeiter-Stunden die anzusetzenden internen Personalkosten rechnerisch ermittelt werden.

Bei den maschinell aus der Finanzbuchhaltung übernommenen Daten kann sich z.T. eine zeitliche Verzögerung gegenüber den direkt erfaßten Werten ergeben, was jedoch tolerierbar ist. Die aufgeführten *Auswertungen* können als Ausdruck oder als ASCII-Datei zur Verfügung gestellt werden.

3   Datenerfassung Belegarten

Im Rahmen des Controlling-Verfahrens ist die Erfassung der in Kapitel 7.6 aufgeführten Belegarten erforderlich, weiterhin sind Auszifferungen und Abstimmungen vorzunehmen (siehe Bilder Anhang 8.2, 8.3).

Grundsätzlich werden alle Belegarten des Verfahrens mit den erforderlichen Angaben zur Hauptkostenstelle (HKS), Unterkostenstelle (UKS) sowie Kostenart (KA) versehen. Diese Daten werden bei der zentralen Erfassung der Daten in der Controlling-Anwendung miterfaßt.

Auftragserteilungen werden zusätzlich mit einer *Referenznummer* versehen, die auch auf *allen zugehörigen* Summen-Meldungen sowie späteren Rechnungen angegeben wird.

**Bild
Anhang 8.2:**
Zusammenspiel
Erfassung / Da-
tenübernahme

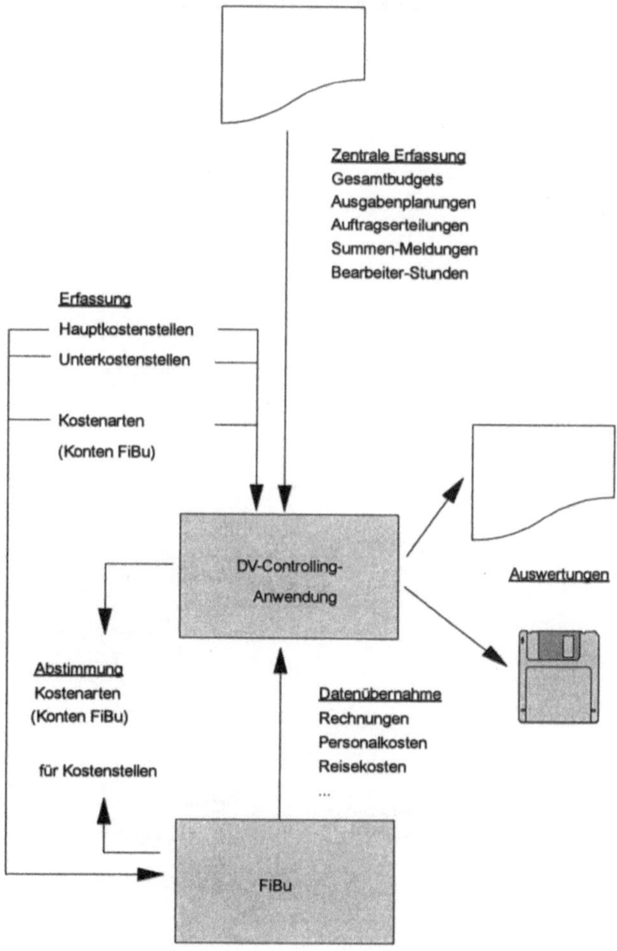

Jeweils zum Monatsende werden die geleisteten *Bearbeiter-Stunden* zur Ermittlung der internen Personalkosten erfaßt. Weiterhin wird vom PL / BV für alle erbrachten, jedoch noch nicht fakturierten Fremdleistungen eine *Summen-Meldung* abgegeben (Datum: Monatsultimo).

Für jede zu einer Auftragserteilung zugehörige Summen-Meldung wird vom PL / BV manuell eine lfd. Nr. *(OP-Nr)* aufsteigend vergeben, die auch auf den später eingehenden Rechnungen vermerkt wird. Um zwischen Summen-Meldungen und Rechnungen einen Bezug herstellen zu können, sind Summen-Meldungen möglichst für solche Einheiten zu vergeben, die auch als einzelne Rechnung erwartet werden. Die Referenznummern wie auch die OP-Nummern werden ebenfalls bei den Belegarten miterfaßt.

Bild
Anhang 8.3:
Datenerfassung
Belegarten

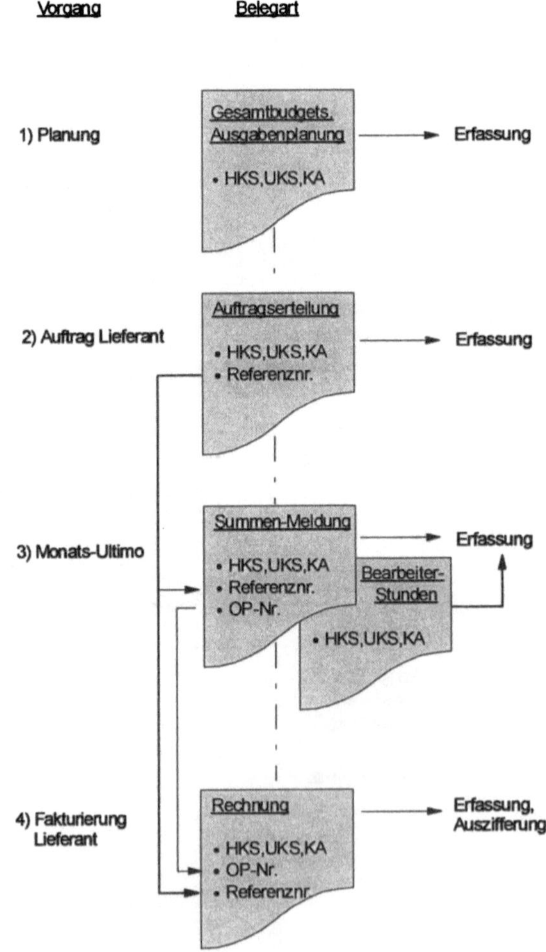

Nach Eintreffen der *Rechnung* wird diese zunächst (vom PL / BV) auf sachliche Richtigkeit geprüft und von ihm mit den entsprechenden Angaben zur HKS, UKS und KA versehen (=Kontierung), weiterhin notiert der PL / BV manuell auf der Rechnung die Referenznummer der betreffenden Auftragserteilung sowie die OP-Nr der zugehörigen Summen-Meldung.

Sollten Rechnungen Positionen von mehreren Summen-Meldungen enthalten, sind auf der betreffenden Rechnung außer der Referenznummer alle betreffenden OP-Nummern der jeweiligen Summen-Meldungen anzugeben. Sollten umgekehrt mehrere Rechnungen für eine Summen-Meldung eingehen, ist auf jeder Rechnung die OP-Nummer der betreffenden Summen-Meldung anzugeben.

Bei der nachfolgenden Erfassung der Rechnungen werden außer der Kontierung und der Referenznummer auch die OP-Nummer(n) der Rechnung erfaßt. Bei diesem Vorgang werden außerdem alle gemäß OP-Nr zugehörigen Summen-Meldungen der Rechnung „gelöscht" (Status Summen-Meldung: „ausgeziffert").

Während bei den Summen-Meldungen durch die Abgabe zum Monatsende eine periodengerechte Zuordnung sichergestellt wird, ist dies bei den nachfolgenden Rechnungen nicht automatisch der Fall. Diese Rechnungen weisen ein Rechnungsdatum auf, das in der Regel der betreffenden Periode nachgelagert ist. Aus diesem Grund wird als maßgebliches Datum bei der Auszifferung das Datum der zugehörigen Summen-Meldung übernommen und das tatsächliche Rechnungsdatum lediglich als Zusatzinformation abgelegt.

Beim Ausziffern werden intern in der Controlling-Anwendung die Beträge der Summen-Meldungen subtrahiert und stattdessen die der Rechnung hinzuaddiert. Zwischen Rechnungen und Summen-Meldungen grundsätzlich bestehende geringe Differenzen werden dabei toleriert.

<u>Anmerkung zur Abstimmung mit der Finanzbuchhaltung</u>

Bei Bedarf können außer Rechnungen auch andere ausgewählte Belegarten wie z.B. Auftrags- erteilungen und Summen-Meldungen von der Finanzbuchhaltung auf entsprechenden *Statistikkonten* gebucht werden. In diesem Fall ergibt sich eine Erweiterung des organisatorischen Beleglaufs auch an die Finanzbuchhaltung.

Bezüglich der buchhalterischen Behandlung dieser Positionen bei Abstimmung, Weiterbuchung, Aufteilung in aktivierbare und nicht aktivierbare Beträge, Berücksichtigung von Abschreibungen etc. muß von der Finanzbuchhaltung ein eigenes Konzept erarbeitet werden, das unser DV-Controlling ergänzt.

4 Auswertungen und Tabellen

Für die Anwendung wird ein mehrstufiges Verfahren der Auswahl von Auswertungen festgelegt. Hierbei besteht die Möglichkeit, flexibel nach unterschiedlichen Kriterien auszuwählen wie

- Projekte,
- Zeiträume,
- Planstatus,
- Detaillierungsgrad etc.

Über ein Plandatum kann auf bestimmte Planungen eines *Plandaten-Pools* zugegriffen werden, der eine Historie von Plandaten umfaßt. Neben dem Plandaten-Pool wird auch ein entsprechender *Istdaten-Pool* geführt.

Bild
Anhang 8.4:
Auswertungs-
stufen

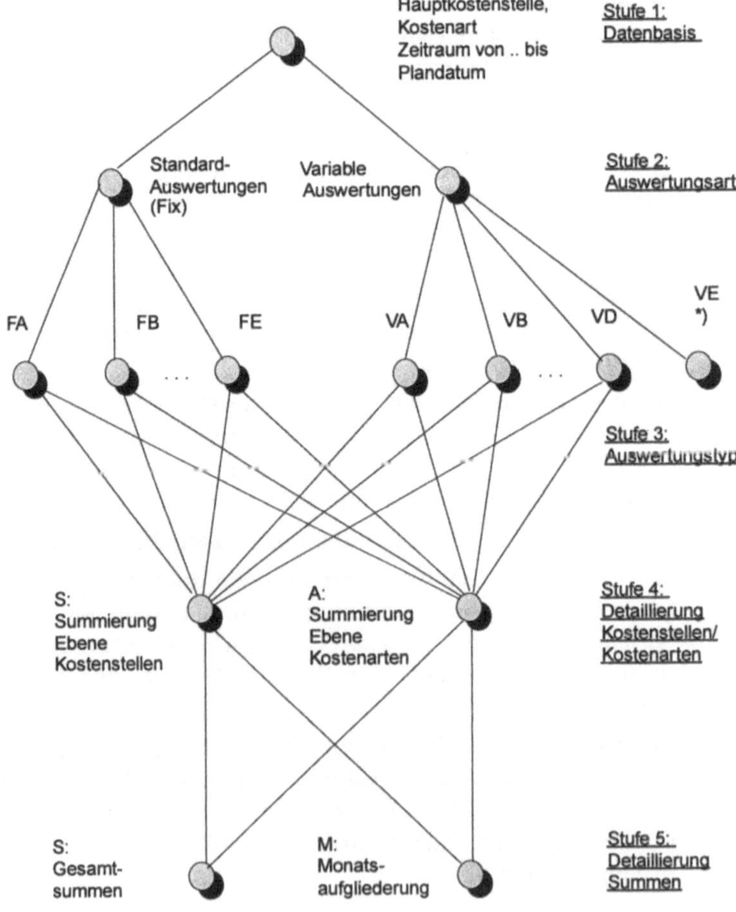

Weiterhin kann die gewünschte *Auswertungsart* angegeben werden, wobei sowohl eine Anzahl festgelegter Standard-Auswertungen abrufbar sind als auch flexible Auswertungen nach individueller Vorgabe. Zu allen Summenangaben in den jeweiligen Tabellen sind zusätzlich die zugrundeliegenden Einzelposten darstellbar.

Im folgenden wird ein Auszug aus dem Auswahlverfahren bis hin zur gewünschten Auswertungsform dargestellt. Es wird dabei wiederum auf unser Fallbeispiel des Projektes VERTRAG 2000 der XY GmbH zurückgegriffen. Da es sich hier allerdings um eine Abwicklung durch externe Auftragnehmer handelt, sind interne Personalkosten im Beispiel nicht enthalten.

Abkürzungen:

HKS:	Hauptkostenstelle (Bereich, Projekt etc.)
UKS:	Unterkostenstelle (Bereich, Teilprojekt etc.)
KA:	Kostenart (Konto FiBu)
KA:	Kostenart (Konto FiBu)

Auswahl Auswertung in Stufe 1 – 5 (siehe Bild Anhang 8.4):

Auswertungsstufe 1 (Definition Datenbasis)

nnnnnn:	*Hauptkostenstelle*	
	190200	Verträge
	190400	Rechnungswesen etc.
tt.mm.jj-tt.mm.jj:	*Zeitraum von-bis* (Datum bis = Stichtag)	
tt.mm.jj:	*Datum der Planung* (nur bei Auswertungen mit Plandaten)	

Auswertungsstufe 2 (Definition Auswertungsart)

xxx:	*Auswertungsart*	
	Fix	Standard-Auswertung (Fix)
	Var	Variable Auswertung

Auswertungsstufe 3 (Definition Auswertungstyp)

Standard-Auswertungen (Fix, F):

xx   *Auswertungstyp*

    FA   *Übersicht Ausgabenplanung:*
Gesamtbudget; Mehrjahresbudget Projekt

    FB   *Übersicht Belegarten:*
Plan; Auftragserteilungen; Summen-Meldungen; Interne Personalkosten; Rechnungen

FC   *Plan / Ist-Vergleich:*
Plan; Ist; Mehr-Minder Ist / Plan = Frühwarnsignale 3 / 4 je nach Zeitraum

FD   *Plan / Vorplan-Vergleich:*
Plan; Vorplan; Mehr-Minder Plan / Vorplan = Frühwarnsignal 1; Plan-Rest
bis Ende Planperiode

FE   *Plan / Erstplan-Vergleich:*
Plan; Erstplan; Mehr-Minder Plan / Erstplan = Frühwarnsignal 2; Plan-Rest
bis Ende Planperiode

Variable Auswertungen (Var, V):

xx: *Auswertungstyp*

VA   (1 Belegart *)

VB   (2 Belegarten *)

VC   (3 Belegarten *)

VD   (4 Belegarten *)

VE   (Einzelposten-Journal *)

*) aus Belegarten:
Gesamtbudgets
Ausgabenplanungen
Auftragserteilungen
Summen-Meldungen
Interne Personalkosten
Rechnungen

Auswertungsstufe 4 (Detaillierung Kostenstellen / Kostenarten)

x: Detaillierung Kostenstellen / Kostenarten

S: Summierung auf Ebene UKS mit Summe HKS
A: pro UKS: Summierung auf Ebene KA

Auswertungsstufe 5 (Detaillierung Summen)

x: Detaillierung Summen

S: Gesamtsummen
M: Monatsaufgliederung

(FA) Übersicht Ausgabenplanung 190200/01.01.90-31.12.92/01.07.90 (Werte in TDM)			
HKS 190200 Verträge	**Planwerte 1990**	**Planwerte 1991**	**Planwerte 1992**
UKS 190210 Vertragsabwicklung			
KA 1630110 Anschaffungen HW	40	120	50
KA 1630111 Anschaffungen SW	20	30	10
KA 1630112 Fremdpersonal	210	540	480
Summe UKS 190210	270	690	540
UKS 190215 Registratur			
KA 1630110 Anschaffungen HW	0	120	0
KA 1630111 Anschaffungen SW	10	40	0
KA 1630112 Fremdpersonal	170	200	310
Summe UKS 190215	180	360	310
Summe HKS 190200	450	1.050	850

<u>Auswertungstyp:</u> FA

(Übersicht Ausgabenplanung -Mehrjahresbudget-)

<u>Stufe 1:</u> nnnnnn   = 190200
　　　　　tt.mm.jj - tt.mm.jj = 01.01.90 - 31.12.92
　　　　　tt.mm.jj   = 01.07.90

<u>Stufe 2:</u> xxx = Fix
<u>Stufe 3:</u> xx = FA
<u>Stufe 4:</u> x   = A
<u>Stufe 5:</u> x   = S

Bild
Anhang 8.6:
Beispiel Aus-
wertungstyp FB

(FB) Übersicht Belegarten 190200/01.01.91-31.03.91/01.12.90 (Werte in TDM)				
HKS 190200 Verträge	**Planwerte**	**Auftrags- erteilungen**	**Summen- Meldungen**	**Rechnungen**
UKS 190210 Vertragsabwicklung				
KA 1630110 Anschaffungen HW	40	60	10	0
KA 1630111 Anschaffungen SW	30	35	0	35
KA 1630112 Fremdpersonal	170	400	20	200
Summe UKS 190210	240	495	30	235
UKS 190215 Registratur				
KA 1630110 Anschaffungen HW	120	140	30	90
KA 1630111 Anschaffungen SW	0	0	0	10
KA 1630112 Fremdpersonal	60	120	12	55
Summe UKS 190215	180	260	42	155
Summe HKS 190200	420	755	72	390

<u>Auswertungstyp:</u> FB
(Übersicht Belegarten)

<u>Stufe 1:</u> nnnnnn   = 190200
             tt.mm.jj - tt.mm.jj = 01.01.91 - 31.03.91
             tt.mm.jj   = 01.12.90

<u>Stufe 2:</u> xxx = Fix
<u>Stufe 3:</u> xx = FB
<u>Stufe 4:</u> x   = A
<u>Stufe 5:</u> x   = S

(FC) Plan/Ist-Vergleich 190200/01.01.91-31.03.91/01.12.90 (Werte in TDM)			
HKS 190200 Verträge	**Planwerte**	**Ist-Werte =** **Summen-M.** **+ Rechngen**	**Mehr-Minder** **Ist / Plan**
UKS 190210 Vertragsabwicklung			
KA 1630110 Anschaffungen HW	40	10	- 30
KA 1630111 Anschaffungen SW	30	35	+ 5
KA 1630112 Fremdpersonal	170	220	+ 50
Summe UKS 190210	240	265	+ 25
UKS 190215 Registratur			
KA 1630110 Anschaffungen HW	120	120	+ 0
KA 1630111 Anschaffungen SW	0	10	+ 10
KA 1630112 Fremdpersonal	60	67	+ 7
Summe UKS 190215	180	197	+ 17
Summe HKS 190200	420	462	+ 42

<u>Auswertungstyp:</u> FC
(Plan/Ist-Vergleich)

<u>Stufe 1:</u> nnnnnn   = 190200
             tt.mm.jj - tt.mm.jj = 01.01.91 - 31.03.91
             tt.mm.jj   = 01.12.90

<u>Stufe 2:</u> xxx = Fix
<u>Stufe 3:</u> xx = FC
<u>Stufe 4:</u> x   = A
<u>Stufe 5:</u> x   = S

**Bild
Anhang 8.8:**
Beispiel Aus-
wertungstyp FD

(FD) Plan/Vorplan-Vergleich 190200/01.01.91-31.03.91/01.12.90 (Werte in TDM)			
HKS 190200 Verträge	**Planwerte**	**Vorplan- werte**	**Mehr-Minder Plan/Vorplan**	**Plan-Rest**
UKS 190210 Vertragsabwicklung				
KA 1630110 Anschaffungen HW	40	40	+ 0	+ 80
KA 1630111 Anschaffungen SW	30	20	+ 10	+ 0
KA 1630112 Fremdpersonal	170	135	+ 35	+ 390
Summe UKS 190210	240	195	+ 45	+ 470
UKS 190215 Registratur				
KA 1630110 Anschaffungen HW	120	120	+ 0	+ 0
KA 1630111 Anschaffungen SW	0	20	- 20	+ 40
KA 1630112 Fremdpersonal	60	50	+ 10	+ 150
Summe UKS 190215	180	190	- 10	+ 190
Summe HKS 190200	420	385	+ 35	+ 660

<u>Auswertungstyp:</u> FD
(Plan/Vorplan-Vergleich)

<u>Stufe 1:</u> nnnnnn   = 190200
         tt.mm.jj - tt.mm.jj = 01.01.91 - 31.03.91
         tt.mm.jj   = 01.12.90

<u>Stufe 2:</u> xxx = Fix
<u>Stufe 3:</u> xx = FD
<u>Stufe 4:</u> x   = A
<u>Stufe 5:</u> x   = S

**Bild
Anhang 8.9:**
Beispiel Aus-
wertungstyp VA

(VA) Auftragserteilungen 190200/01.01.91-31.03.91 (Werte in TDM)				
HKS 190200 Verträge	**Werte 01/91**	**Werte 02/91**	**Werte 03/91**	**Summe**
UKS 190210 Vertragsabwicklung				
KA 1630110 Anschaffungen HW	30	30	0	60
KA 1630111 Anschaffungen SW	35	0	0	35
KA 1630112 Fremdpersonal	100	150	150	400
Summe UKS 190210	165	180	150	495
UKS 190215 Registratur				
KA 1630110 Anschaffungen HW	140	0	0	140
KA 1630111 Anschaffungen SW	0	0	0	0
KA 1630112 Fremdpersonal	40	40	40	120
Summe UKS 190215	180	40	40	260
Summe HKS 190200	345	220	190	755

Auswertungstyp: VA
Belegart: Auftragserteilung

Stufe 1:   nnnnnn   = 190200
           tt.mm.jj - tt.mm.jj = 01.01.91 - 31.03.91
           tt.mm.jj   = entfällt

Stufe 2: xxx = Var
Stufe 3: xx = VA
Stufe 4: x   = A
Stufe 5: x   = M

**Bild
Anhang 8.10:**
Beispiel Aus-
wertungstyp VE

<u>(VE) Rechnungen</u> 190200/01.01.91-31.01.91						
Text	Datum	Datum Summen- Meldung	Betrag	HKS	UKS	KA
Kontext GmbH Hr. Meier	10.03.91	31.01.91	12.270,34	190200	190215	1630112
Kontext GmbH Fr. Werner	28.02.91	31.01.91	10.040,12	190200	190210	1630112
Summe			22.310,46			

<u>(VE) Rechnungen</u> 190200/01.01.91-31.01.91 (Fortsetzung)						
Text	Referenz nr.	OP-Nr.	Status			
Kontext GmbH Hr. Meier	4711	2	-			
Kontext GmbH Fr. Werner	4711	3	-			
Summe						

<u>Auswertungstyp:</u> VE
<u>Belegart:</u> Rechnung

<u>Stufe 1:</u> nnnnnn   = 190200
           tt.mm.jj - tt.mm.jj = 01.01.91 - 31.01.91
           tt.mm.jj   = entfällt

<u>Stufe 2:</u> xxx = Var
<u>Stufe 3:</u> xx = VE
<u>Stufe 4:</u> x   = entfällt
<u>Stufe 5:</u> x   = entfällt

9   Abbildungsverzeichnis

10   Literaturverzeichnis

[1] Fuchs, H.: Systemtheorie, Handwörterbuch der Organisation, C.E. Poeschel Verlag Stuttgart, 1973

[2] Bundesdatenschutzgesetz (BDSG), Schutz personenbezogener Daten, Erster bis fünfter Abschnitt

[3] Betriebsverfassungsgesetz (BVG), Mitbestimmungsrechte, §§ 87, 90, 91

[4] Vergleichsordnung (VerglO), Einsicht in Bücher, §§ 17, 40, 45, 100

[5] Strafgesetzbuch (StGB), Vorlegung von Büchern, Datenfälschung, Computersabotage, Datenausspähung, §§ 202-205, 263-283, 303

[6] Gesetz gegen den unlauteren Wettbewerb (UWG), Verrat von Geschäftsgeheimnissen, Verwertung, §§ 17-18

[7] Handelsgesetzbuch (HGB), Drittes Buch. Handelsbücher, Erster Abschnitt

[8] Abgabenordnung (AO), Buchführungspflichten, §§ 140-147

[9] Leffson, U.: Die Grundsätze ordnungsmäßiger Buchführung, IDW-Verlag Düsseldorf, 1987

[10] Schuppenhauer, R.: Grundsätze für eine ordnungsmäßige Datenverarbeitung (GoDV), IDW-Verlag Düsseldorf, 1992

[11] Merkblatt für die Prüfung von Rechnungswerken, die mit ADV erstellt sind (ADV-Merkblatt), Bundesminister der Finanzen und Finanzministerien der Länder, Bonn 1980

[12] Grundsätze ordnungsmäßiger Buchführung bei computergestützten Verfahren und deren Prüfung, Stellungnahme FAMA 1/1987, WPg 1/2, IDW-Verlag Düsseldorf, 1988

[13] Bundesdatenschutzgesetz (BDSG), Anlage zu 9 Satz 1

[14] Grundsätze ordnungsmäßiger Speicherbuchführung (GoS) mit Begleitschreiben, BMF 1978, BStBl. 1978 I, S. 250

[15] Zwank, H.: Die Grundsätze ordnungsmäßiger Speicherbuchführung (GoS), DStZ 1981, Nr. 14

[16] Leitfaden zur Erstellung von Verfahrensdokumentationen für EDV-Buchführungen, AWV-Fachinformation vom Juli 1979

[17] Mindestanforderungen der Rechnungshöfe des Bundes und der Länder zum Einsatz der Informationstechnik (IT-Mindestanforderungen), Beschluß der Konferenz der Präsidenten der Rechnungshöfe des Bundes und der Länder v. 6. bis 8.5.1991 in Bremerhaven – Stand Mai 1991 –)

[18] Deutsches Institut für Normung e.V.,

DIN 66230:	Informationsverarbeitung, Programmdokumentation, 1981
DIN 66231:	Informationsverarbeitung, Programmentwicklungsdokumentation, 1982
DIN 66232:	Informationsverarbeitung, Datei-, Datensatz- und Datenfelddokumentation, 1985 (Vornorm)
DIN 66285:	Informationsverarbeitung, Software Pakete, Qualitätsforderungen und Prüfbestimmungen, 1994 (Entwurf)
DIN ISO 9000:	Normen zu Qualitätsmanagement und zur Darlegung von Qualitätsmanagementsystemen, 1993
DIN ISO 9001:	Qualitätsmanagementsysteme, Model zur Darlegung des Qualitätsmanagementsystems bei Design / Entwicklung, Produktion, Montage und Kundendienst, 1993 (Entwurf)
DIN ISO 9002:	Qualitätsmanagementsysteme, Model zur Darlegung des Qualitätsmanagementsystems in Produktion, Montage und Kundendienst, 1993 (Entwurf)
DIN ISO 9003:	Qualitätsmanagementsysteme, Model zur Darlegung des Qualitätsmanagementsystems bei Endprüfung, 1993 (Entwurf)
DIN ISO 9004:	Qualitätsmanagement und Elemente eines Qualitätsmanagementsystems, 1993 (Entwurf)
DIN ISO 10011:	Leitfaden für das Audit von Qualitätssicherungssystemen, 1992
DIN ISO 10013:	Leitfaden für die Entwicklung von Qualitätsmanagement-Handbüchern, 1993 (Entwurf)

Beuth Verlag GmbH Berlin

[19] Heiting, W., Reusch, G., Scharwey, K.-H., Stanczyk, J.: Vorschlag für eine Formulierung von GoD, Online 1981, S. 343 f.

[20] Brockhaus Enzyklopädie, F.A. Brockhaus GmbH Mannheim, 1994

[21] Liebtrau, G.: Die Feinplanung von DV-Systemen, Vieweg Verlag Wiesbaden, 1994

[22] Pohl, H., Weck, G. (Hrsg.): Handbuch 1, Einführung in die Informationssicherheit, Oldenbourg Verlag München Wien, 1993

[23] Horster, P.: Das Risiko gering halten, Business Computing 4/94

[24] ohne Autor: Standardrisiken und Katastrophen, EDV und Kommunikation 5/94

[25] FAMA-PC, Ein System zur PC-gestützten Systemprüfung, IDW-Verlag Düsseldorf, 1994

[26] Odenthal, R.: Voraussetzungen für den erfolgreichen Einsatz einer Prüfsoftware im Revisionsbereich, WPg 9/94

[27] Minz, R.: Computergestützte Jahresabschlußprüfung, IDW-Verlag Düsseldorf, 1987

[28] CULPRIT/EDP-AUDITOR: CA Computer Associates, Darmstadt
SIROS: Ton Beller GmbH, Bensheim
ACL: ACL Services Ltd., Vancouver Canada
REVEX: IDW-Verlag, Düsseldorf
KONAUDIT: Kontext GmbH, Anzing

[29] de Haas, J.: Kombination zweier Verfahren bringt nützliche Erkenntnisse, CW 29/93

[30] Kersten, H.: Einführung in die Computersicherheit, Oldenbourg Verlag München Wien, 1991

[31] Chroust, G.: Modelle der Software-Entwicklung, Oldenbourg Verlag München Wien, 1992

[32] Lehner, F.: Softwarewartung, Carl Hanser Verlag Verlag München Wien, 1991

[33] Sneed, II.M.: Software Qualitätssicherung, Verlagsgesellschaft Rudolf Müller GmbH Köln, 1988

[34] Schmidtmann, F.: Die Bedeutung von Dokumentationsunterlagen bei Prüfung computergestützter Buchführungen, Die steuerliche Betriebsprüfung 5/81

[35] Windhöfel, P.: Eine Software-Inventur zeigt Mängel und Stärken der DV auf, CW 06/95

[36] Knopf, H.: Die ISO 9000-Zertifizierung ist ein bürokratischer Kraftakt, CW 45/94

[37] de Haas J., Zerlauth, S.: Ein Migration-Engineer muß immer mit Methode arbeiten, CW 50/90

[38] Zerlauth, S.: Der DV-Controller muß Spezialist und Generalist in einer Person sein, CW 29/93

[39] Allwermann, R.: Von der Effizienz zur Effektivität, Business Computing 3/94

[40] Nagel, K.: Nutzen der Informationsverarbeitung, Oldenbourg Verlag München Wien, 1988

[41] Kellerbach, U.: Beim Anwendungs-Controlling ist die Nutzenfrage entscheidend, CW 2/94

[42] Vasak, D., Woitschitzky, D.: RZ-Kosten: Beim Personal wird am meisten eingespart, CW 2/94

[43] Zilahi-Szabó, M.G.: Leistungs- und Kostenrechnung für Rechenzentren, Forkel-Verlag Wiesbaden, 1988

[44] Weltz, F., Ortmann, R.: Projektkosten und -termine: Unterschätzung als Methode, CW 18/92

[45] Rinza, P., Schmitz, H.: Nutzwert-Kosten-Analyse, VDI-Verlag Düsseldorf, 1992

[46] Noth, T., Kretzschmar, M.: Aufwandschätzung von DV-Projekten, Springer-Verlag Berlin Heidelberg, 1986

[46] Weltz, F., Ortmann, R.: Projektkosten und Termine selten richtig eingeschätzt, CW 15/92

[47] Knöll, H.-D., Busse, J.: Aufwandsschätzung von Software-Projekten in der Praxis, Wissenschaftsverlag Mannheim / Wien / Zürich Bibliographisches Institut & F.A. Brockhaus AG Mannheim, 1991

[48] Bauer, A., Holzer, J., Weidner, K.: Firewalls und Codierung: Hohe Hürden für ungebetene Besucher, CW 08/95

11 Abkürzungsverzeichnis

ABAP	Advanced Business Application Programming-Language (SAP)
ACL	Audit Command Language
ADV	Automatisierte Datenverarbeitung
AO	Abgabenordnung
AP	Arbeitsplatz
AWV	Ausschuß für wirtschaftliche Verwaltung in Wirtschaft und öffentlicher Hand e.V.
BDE	Betriebsdatenerfassung
BDSG	Bundesdatenschutzgesetz
BFH	Bundesfinanzhof
BFP	Bewertete Function Points
BGB	Bürgerliches Gesetzbuch
BM	Bearbeitermonate
BMF	Bundesministerium der Finanzen
BStBl	Bundessteuerblatt
BT	Bearbeitertage
BV	Budgetverantwortlicher
BVG	Betriebsverfassungsgesetz
bzw.	beziehungsweise
CARTS	Control Assessment and Record of Tests (Kontrollbeurteilungen und Test-Nachweise)
CASE	Computer Aided Software Engineering
CEF	Computer Environment Form (Fragebogen zum Computer-Umfeld)
CEN	Comité Européen des Normalisation
COM	Computer Output Microfilm
CPU	Central Processor Unit (Zentraleinheit)
CW	Computerwoche
C&L	Coopers & Lybrand
DASMA	Deutschsprachige Anwendergruppe für Software Metrik und Aufwandschätzung e.V.
DBMS	Data Base Management System
DDP	Distributed Data Processing (Verteilte Verarbeitung)
DFÜ	Datenfernübertragung
DIN	Deutsches Institut für Normung e.V.

d.h.	das heißt
DM	Deutsche Mark
DStZ	Deutsche Steuer-Zeitung
DV	Datenverarbeitung
DV/Org	Abteilung Datenverarbeitung/Organisation
EDI	Electronic Data Interchange
EDV	Elektronische Datenverarbeitung
EF	Einfluß-Faktoren
EN	Europäische Norm
EStR	Einkommensteuer-Richtlinien
etc.	et cetera
EU	Europäische Union
f. ff.	folgende
FAMA	Fachausschuß für moderne Abrechnungssysteme
FiBu	Finanzbuchhaltung
FP	Function Points
ggf.	gegebenenfalls
GoB	Grundsätze ordnungsmäßiger Buchführung
GoDV	Grundsätze ordnungsmäßiger Datenverarbeitung
GoS	Grundsätze ordnungsmäßiger Speicherbuchführung
GUIDE	Arbeitskreis/Vereinigung IBM-Anwender
GuV	Gewinn- und Verlustrechnung
HGB	Handelsgesetzbuch
HKS	Hauptkostenstelle
I	Römisch 1
ID	Identifikation
IDV	Individuelle Datenverarbeitung (Benutzersysteme)
IDW	Institut der Wirtschaftsprüfer e.V.
IEC	International Electrotechnical Committee
II	Römisch 2
IFPUG	International Function Point User Group
IKS	Internes Kontrollsystem
ISO	International Standards Organization
IT	Informationstechnologie
KA	Kostenart
KEF	Kritische Erfolgsfaktoren
LAN	Local Area Network (Lokales Netzwerk)
lt.	laut
MA	Mitarbeiter

o.ä.	oder ähnliches
OP	Offene Posten
PAIT	Prelimanary Assessment of Information Technology Controls (Vorläufige Beurteilung der IT-Kontrollen)
PEP	Personaleinsatzplanung
PC	Personalcomputer
PL	Projektleiter
PM	Projektmanagement
QM	Qualitäts-Management
QS	Qualitätssicherung
REMO	Referenzmodell für sichere IT-Systeme
RZ	Rechenzentrum
S.	Seite
SIP	Strategische Informationsplanung
sog.	sogenannte (r)
Std-SW	Standardsoftware
StGB	Strafgesetzbuch
SW	Software
TDM	Tausend DM
TQM	Total Quality Management
u.a.	unter anderem
u.E.	unseres Erachtens
UKS	Unterkostenstelle
u.U.	unter Umständen
USt	Umsatzsteuer
UWG	Gesetz gegen den unlauteren Wettbewerb
VerglO	Vergleichsordnung
vgl.	vergleiche
WAN	Wide Area Network
WP	Wirtschaftsprüfer
WPg	Die Wirtschaftsprüfung (Fachzeitschrift)
z.B.	zum Beispiel
ZM	Zusammenfassende Meldung (USt-EU)
ZPO	Zivilprozeßordnung
z.T.	zum Teil

12   Sachwortverzeichnis

A

ABAP, 81; 113; 126
ABC-Analysen, 95
Abgabenordnung, siehe AO
Abgang, vertrauliche Daten, 139
Abhängigkeitsrisiken, 59; 100; 121
Ablauf, Bericht Systemprüfung, 258
Ablauf, Controlling-Verfahren, 224ff.
Ablauf, organisatorischer, 121
Abnahme, fachliche, 125
Abnahme, technische, 125
Abnahmeprotokolle, 116
Abnahmeverfahren, 63
Abrechnungssysteme, 3; 5; 32; 39, 69
Abschreibungen, 94; 123; 204; 223
Abstimmkreise, 88
Abstimmsummen, 62
Abstimmungen, 30; 63; 88; 91; 104; 107
Abstürze, 55
Abwehrhaltung, Geprüfte, 11
ACL, 92
ADV, 25; 31ff.
ADV-Merkblatt, 25; 31ff.; 38
Aktiva, werthaltige, 123
Alarmanlagen, 51; 134
Altanwendungen, 50; 161; 202
Amortisationsrechnung, 178; 181
Analyse, 169; 204; 221
Analyse, Projekte, 213
Analyse, Wartungsaufkommen, 127
Anforderungsanalyse, 88; 122; 209
Anlagegüter, 187
Anlagevermögen, 94
Annahmen, finanzmathematische, 178
Annuitätsmethode, 178; 182
Ansätze, objektorientierte, 119
Anschaffungskosten, 204
Antwortzeiten, 193
Anwendungsbetreuer, 192
Anwendungshandbuch, 36; 119f.
Anwendungskomponenten, 128; 137
Anwendungskontrollen, 62; 138
Anwendungsprogrammierung, 101
Anwendungssoftware, 26; 47; 190
Anwendungssoftware, Bericht, 257
Anwendungsspezifikation, 87
Anwendungsstau, 160
AO, 5; 17; 19; 22; 25; 29
Arbeitsabläufe, 37; 99; 100ff.; 131; 152; 160
Arbeitsanweisungen, 26; 49f.; 60; 62; 99; 116f.;
    120; 140; 148
Arbeitsnachbereitung, 62; 131; 133; 135; 192
Arbeitsnachbereitung, FAMA-Fragenkatalog, 241
Arbeitspakete, 226
Arbeitsplan, 83; 157f.
Arbeitsplan Prüfung Standardsoftware, 269
Arbeitsverwaltung, 13
Arbeitsvorbereitung, 62; 131; 133; 135; 192
Arbeitsvorbereitung, FAMA-Fragenkatalog, 241
Archivierung, 51; 131; 133; 135
Archivierungszyklen, 134
Audits, 146
Aufbauorganisation, FAMA-Fragenkatalog, 237
Aufbewahrung, FAMA-Fragenkatalog, 247; 251

Aufbewahrungsfristen, gesetzliche, 21; 23f.; 122;
    131; 134
Aufgaben, Zuordnung, 99ff.
Aufgaben-Mitarbeiter-Matrix, 219
Aufgabenanalyse, 209
Aufgabenstruktur, 203; 209
Aufgabentrennung, 59; 62
Aufsichtsbehörden, 13
Auftrag, Bericht Systemprüfung, 255
Auftragsvolumen, 95
Aufwandschätzung, 195f.; 207ff.; 221
Aufwandsrechnung, 223
Aufwandsvergleichsrechnung, 179; 203f.
Aufwendungen, außerordentliche, 176
Aufwendungen, betriebsfremde, 176
Aufzeichnung, zeitnahe, 20
Aufzeichnungen, 20ff.; 26
Ausfallrisiken, 100; 133
Ausgaben, Function Point, 211; 215
Ausgabenarten, 222f.
Ausgabenplanung, 222; 224ff.
Ausgabenrechnung, 223
Ausgabenvergleichsrechnung, 203f.
Ausgangskonto, 18
Auslagerung, Datenbestände, 131; 135
Auslastungsgrad, 193
Ausweichrechenzentren, 135
Auswertungen, DV-Controlling Verfahren, 290
Automatisierungsgrad, 193
AWV, 29ff.
AWV-Leitfaden, 25; 30; 33; 116

Ä

Änderungsanforderungen, 49; 127ff.
Änderungsanträge, 116; 148; 154; 159
Änderungsdokumentation, 31
Änderungshäufigkeit, 208
Änderungsmanagement, 63
Änderungsverfahren, 49; 121; 128

B

Barwertverfahren, 181
Basis, Infrastruktur, 187
Basissoftware, 105; 140
Batchfunktionen, 105; 215
Bauarbeiten, 130
BDSG, 5; 25ff.; 39
Beanstandungen, DV-Prüfer, 230
Bearbeiteraufwand, 207; 219; 222; 226
Bearbeiterleistung, 219
Bearbeitermonat, 207; 213; 216
Bearbeitertag, 207; 219
Bedieneroberfläche, 48
Bedrohung, 54
Begleitende Dokumentation, 116; 120
Begleitende Dokumentation, Bestandteile, 277
Belegarten, DV-Controlling Verfahren, 287
Belegbarkeit, 20; 23; 25; 157
Belege, FAMA-Fragenkatalog, 246
Belegfunktionen, 22ff.; 30
Belegfunktionen, FAMA-Fragenkatalog, 246
Belegläufe, 117
Belegnummern, 23
Belegverweise, 24
Belegwesen, 63
Belegwesen, FAMA-Fragenkatalog, 246

QM-Handbuch der Softwareentwicklung

von Dieter Burgartz

1995. XVIII, 185 Seiten mit Diskette. (Zielorientiertes Business-Computing; hrsg. von Fedtke, Stephen) Gebunden.
ISBN 3-528-05493-X

Aus dem Inhalt: Qualitätsmanagement – Qualitätssicherung – DIN ISO 9000 – Software – Softwareentwicklung – Zertifizierung – Qualitätsmanagementelemente – Qualitätsmerkmale der Software.

Qualität ist eine wachsende Forderung des Marktes, dient der Erfüllung der Kundenerwartung und der Vermeidung von Fehlern und Verlusten in den Prozessen zur Erstellung einer Software. Mit den DIN ISO 9000 - Normen sind Richtlinien zur Festlegung, Darstellung und Verwirklichung von Qualitätsmanagementsystemen gegeben, die ein System von konstruktiven, analytischen und administrativen Maßnahmen zur Sicherstellung der Erfüllung der Qualitätsanforderungen fordern. Für die Erstellung eines unternehmensspezifischen Qualitätsmanagementsystems ist das Qualitätsmanagementhandbuch das wichtigste Dokument. Das Buch zeigt, was ein solches Handbuch enthalten muß und wie es erstellt wird. Mustertexte und Leitfäden zeigen auf, auf was zu achten ist, und weisen den Weg zu einem normengerechten Handbuch, das Voraussetzung für die Zertifizierung eines Qualitätsmangementsystems ist. Die Texte des Musterhandbuches, die weitgehend direkt übernommen werden können, sind auf der beiliegenden Diskette enthalten.

Über den Autor: Dipl.-Math. Dieter Burgartz studierte Mathematik, Informatik und Physik in Bonn. Seit 1973 ist er in der Softwarebranche tätig als Projektleiter, Geschäftsbereichsleiter und Geschäftsführer. Außerdem ist er Fachautor und Berater für Informationstechnologie, Projektmanagement, Qualitätsmanagement und DV-Controlling.

Verlag Vieweg · Postfach 15 46 · 65005 Wiesbaden

Qualitätsoptimierung der Software-Entwicklung

von Georg Erwin Thaller

1993. VIII, 417 Seiten. (Zielorientiertes Software-Development; hrsg. von Fedtke, Stephen) Gebunden mit Schutzumschlag. ISBN 3-528-05287-2

Aus dem Inhalt: Software in der modernen Industriegesellschaft – Software-Entwicklung und das Capability Maturity Model – Der Weg zum Erfolg: Projektmanagement, Configuration Management, Qualitätssicherung, Peer Reviews, Metriken, Optimizing.

Dieses Buch ist das erste einer Reihe, die es sich zum Ziel gesetzt hat, die Effizienz und die Qualität der Software-Entwicklung zu optimieren. In Fragen der Qualitätsverbesserung, die für viele Unternehmen geradezu überlebensnotwendig wird, ist das Capability Maturity Model (CMM) von herausragender Bedeutung. Mit ihm kann dem Programm-Wildwuchs in Unternehmen effektiv und Schritt für Schritt begegnet werden: durch Verfolgung der Kosten und des Aufwandes, Qualitätskontrolle, Training, quantitative Messungen und, last not least, ständiges „Optimizing".

Über den Autor: Dipl. Ing. Georg Erwin Thaller ist Projektbeauftragter im Bereich Qualitätssicherung und in der EDV-Beratung und -Schulung tätig. Im übrigen ist er als Buchautor bekannt als jemand, der nicht nur kompetent ist, sondern auch schreiben kann.

Verlag Vieweg · Postfach 15 46 · 65005 Wiesbaden